鹈鹕丛书
A PELICAN BOOK

人类的演化（修订版）

Human Evolution

[英]罗宾·邓巴 著　　余彬 译

上海文艺出版社

献给

扎伊拉、贾里德和亚伦

目录 | Contents

致　谢

本书中所采用的研究结果，很大部分来自英国科学院的世纪研究项目"从露西到语言：社会大脑考古学"。而我们这个故事中很多重要情节的形成，得益于由利华休姆信托基金会（Leverhulme Trust）出资、社会网络（SocialNets）和ICTe-Collective两大欧盟科研巨头联手、并由欧洲研究委员会（European Research Council）高等研究基金（Advanced Grant）赞助的研究项目。我对所有参与这些项目的同行无比感激，没有他们的投入和奉献，这本书就不可能问世。艾利·皮尔斯（Ellie Pearce）为本书绘制了地图以及图1.1、图1.2和图6.5，线条画都出自亚伦·邓巴（Arran Dunbar）之手。

第一章
CHAPTER I

几个事先的说明

人类演化的故事比任何其他故事都更让我们着迷。我们的好奇心似乎永远得不到满足，我们总是在不断地叩问：我们是谁？我们来自何方？一直以来，一说起这个故事，总离不开考古学中的那些冷冰冰的石头和骨头。这也不是没道理，因为只有这些看得见摸得着的实物，给我们提供了确定性，给了我们可以依循的凭据。近半个世纪以来，考古学家们轻易不敢绕过这些"铁证"，因为他们可不想被说成是在凭空编故事。可是，单凭这些骨头和化石，也许并不能完整地讲述人类进化过程中的真实故事，这里所说的进化，指的是社会和认知的进化。那是一个漫长的进程，步履缓慢而犹疑，但是，它是人类进化到现代人的真实路径。其实，我们真正想探寻的答案，就隐藏于这段进程之中，它会告诉我们，人类何以成为人类（相对猿类而言）？人类何以走到今天？

我们人类属于类人猿（great apes），因为我们身上所携带的生物学、基因学和生态学上的特质，大体上和类人猿共享。

如今，比较统一的观点是，与我们属于同科的还有两种黑猩猩（genus Pan，黑猩猩属）、两种（抑或四种）大猩猩（genus Gorilla，大猩猩属）和两种（或三种）红猩猩（genus Pongo，猩猩属）。在它们中，只有红猩猩不是生活在非洲大陆上。现在，只有在东南亚的婆罗洲和苏门答腊岛上，才能发现它们的身影。而在一万多年前的上一个大冰期结束时，它们还广泛分布于中南半岛和中国大陆的南部。

直到1980年前后，关于人和类人猿关系的传统观念还认为，人和类人猿无疑同属一科，但我们和我们的祖先构成了有别于其他猿类的亚科（subfamily）。因为和猿类相比，我们有着一系列很明显的不同之处：我们直立行走，类人猿四肢着地行走；类人猿的脑容量以灵长类的标准来衡量已经算很大，但是，我们的脑容量更要大得多；我们有文化，而类人猿只有行为。这些区别显示了在早期猿类即有不同的分支，一条通向现代人类，另一条通向现代的其他猿类。红猩猩的这条分支能通过化石追溯到大约一千六百万年前，如果由此类推，我们和猿类的共同祖先应该至少也有那么久远的历史。

但是，在20世纪80年代，故事发生了巨大的变化。因为从这时起，生物科技的发展使得我们能够从基因上分析不同物种之间的相似度（相对于仅仅依赖解剖学的结果）。不久我们就发现，从基因的角度来看，黑猩猩与人类的相似度明显高于其他猿类，大猩猩紧随其后排在第二。但是，从一千六百万年前开始就居住在东南亚的红猩猩和我们的相似度却并不高。而在非洲生活的几种猿类（类人猿、大猩猩和黑猩猩）形成了一条共同的支线，这条支线的分叉点离现在要近得多，大约是在六百万到八百万年前（图1.1）。我们并不是类人猿科之下一个独立的亚科，而是从属于非洲猿类亚科。由于我们和黑猩猩拥有共同的祖先，所以，黑猩猩（而不是第三纪中新世（［Miocene］的随便某种猿类）就成了人类支线十分恰当的类比参照物，从很多角度来讲，黑猩猩都是早期的人类支线，也就是南方古猿（australopithecine）及其直接先祖的最好的模板。

为了把故事讲清楚，让我来简单重复一下非洲猿科的进化过程，以及我们在这个过程中所处的位置。有了这些背景知识，我再进一步描述我们人类的支线从非洲猿亚科分离出来之后的五个重要演化阶段。这些阶段，或可称为转变过程，构成了我所要讲述的这个人类演化故事的框架。

非洲猿猴的故事

现存的类人猿（其中包括红猩猩），其祖先是生活在中新世早期的猿类。大约两千万年前，各种猿类突然大量繁衍，这种现象起初发生在非洲，而后又蔓延到欧洲和亚洲（图1.1）。到了大约一千万年前，由于气候日益干燥，湿润温暖

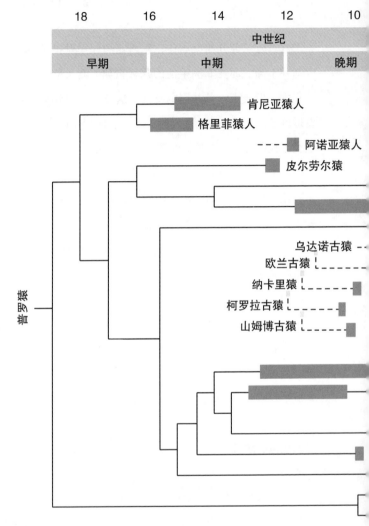

图 1.1

根据地质年代画的猿科图谱,中新世的非洲和欧亚有很多猿(普罗猿及其后代),但大部分在中新世末期热带森林收缩时灭绝了。深色长方形表示仍存活,浅色表示已灭绝。

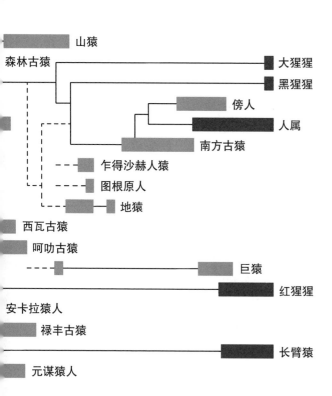

虚线表示尚未确定的关系（比如最早期的人亚科、乍得沙赫人猿、图根原人以及地猿和人科的关系）。

参考 Harrison（2010）。

的热带森林面积大大减少，而这些森林就是当时种类繁多的中新世时期猿类的家园。数十种活跃于当时的猿类因此灭绝，取而代之的是生存能力更强的猿猴，这些猿猴在之前的亚非大陆灵长类中并不起眼。随后，非洲猿类中的一条支线顽强地存活了下来，并且成为了现存非洲猿类的共同祖先。之后，大约在八百万年前，成为大猩猩的那条支线分离了出来。又过了大约两百万年，最终诞生现代人类的支线开始形成，人类和黑猩猩的祖先同属于这条支线（这就是通常所说的最后共同祖先［Last Common Ancestor］，简称为LCA）。这条支线，之后走上了它独自的进化轨道。又过了很久，大约在两百万年前，差不多就是在人属（genus Homo）现身于东非的时候，黑猩猩的支线开始一分为二，演化成普通的黑猩猩和倭黑猩猩（bonobo，也就是 pygmy chimpanzee）。按照惯例，分类学学者现在把猿科动物（包括人类）称为人科（hominids），在 LCA后分离出来的最后成为人类的支线中所有动物称为人亚科（hominins）。早期文献会分别用"homininoids"和"hominids"这两个词指代两者，不过，我使用的是目前学界通用的术语。

而人类的祖先，当时还毫不起眼地混迹于各种猿类之中，在大约六百万年前，默默地开始了进化历程。在非洲中部，残留着大片中新世的大森林，我们的祖先就在那个时候开始进入这片森林边缘更为开阔的平地。虽然猿类有时候也能在平地上活动，但是，按它们的天性，它们是生活在树上的动物，习惯于手脚并用地窜上参天大树，或者在林地上的树枝间攀爬和悠荡。而我们这条支线的决定性特点，也就是双足行走（bipedalism）的特点，在和黑猩猩分开后不久就形成了，据推测，这可能就是为了适应在没有大树的广阔平地上行走。

人类的祖先是双足行走的猿类，古人类学家就是利用了这个物种在解剖学上的特征，来寻找我们最早的祖先。现在，普遍的看法是，最早的人亚科化石属于乍得沙赫人（Sahelanthropus tchadensis），但也有人怀疑，它们并不属于人亚科，而"仅仅是另一种猿类"。这只几乎完整的头骨是在德乍腊（Djurab）沙漠发现的，那里是西非乍得撒哈拉沙漠的南部边缘。这个头骨的发现有两大重要性，一是在于它的年代（距今约七百万年前，所以非常接近于 LCA），二是在于它的发现地距离其他早期人亚科发现地的东非有数千千米，且距离现代猿类在西非居住区域的北方也有数千千米（这表明森林和林地一度向更北面的方向延伸，切入了当今撒哈拉沙漠所在的地域）。虽然一些古人类学家认为，这只头骨属于某一种猿类，但更多人则依据它的枕骨大孔（头骨中脊柱穿过的孔）的位置，确认了头骨主人双足行走的姿势，以此推断应该把它归入人亚科。越是接近猿类和人亚科分开的时期，其化石标本的界限越是模糊，难以区分，所以很难将那个时期的化石精确归类。

图根原人（Orrorin tugenensis）化石是目前已知的第二古老的人亚科化石，距今大约六百万年，发现于东非肯尼亚的图根山。这个发现不同于沙赫人的头骨化石，原人的化石主要包括四肢骨骼、颌骨以及数颗牙齿。从原人的大腿骨和髋关节的角度来看，*几乎可以确定无疑地判断出原人是双足行走的，虽然它们同时也表现出非常善于攀爬的特征。从这点说，原人好像和一百万年后在东非和南非大量出现的南方古猿有很多共同点，可以确认它是人亚科中最早期的一员。接着，来到了距今大约四百五十万年前，这个时期的化石被大量发掘，证明了人亚科支线在这个时期又分裂成了更多不同的种类，于是南方古猿的时代来临了。在当时，很有可能同时出现了多达六种南方古猿，它们中的大多数都散居在非洲的不同区域（图1.2）。

南方古猿的繁衍非常成功，一时间，它们的生活空间覆盖了撒哈拉沙漠南部的大部分区域。虽然它们在被发现之初曾经引起了考古界的轰动，在当时被确认为人类支线的祖先成员；然而，后来的研究证明它们无非是双足行走的猿类，就大脑容量来说和现代的黑猩猩几无差别。和黑猩猩一样，它们很可能也属于食果类动物（frugivore），在能弄到肉的时候也吃一点儿。它们后来很有可能也开始使用石头工具，在这一点上可以关联到能人（Homo habilis），后者现在被认为

---

* 猿的大腿骨是直接挂在和骨盆相连的关节上的，这种生理结构造成的结果是，当猿直立行走时，必须以膝盖为支点晃动身体以保持平衡，因此走路时会摇摇摆摆。而对于双足行走的人科物种来说，因为大腿骨和髋关节之间的角度，形成了双膝内向弯曲的状态，因此不管哪只脚着地，身体重心都会落在膝盖上方。

是一种过渡期的南方古猿。但是，这些工具充其量就是原始粗陋的趁手石块，拿这些石块做工具，类似于现在西非的黑猩猩也会拿着石头当锤子用。

从一百八十万年前再向后数一百五十万年，称雄的是直立人（Homo erectus），这是一个人亚科物种，在所有人亚科类动物中，这个物种很可能存在了最长的时间。严格意义上来讲，这个物种属于生物学家口中的年代种（chronospecies），意思是一种随时间的推进而变化的种。考虑到这个物种在地球上超长的存在时间，这种提法倒是合情合理。在它的早期，也就是匠人（Homo ergaster）期前后，这个物种基本上在非洲生活，而到了后期（也就是进入了真正意义上的直立人时期），这个物种已经遍布欧亚大陆。这个阶段（距今约一百五十万年前或更早）演化的意义在于人亚科物种第一次走出非洲，进入了欧亚大陆，也是第一次制造出了加工过的工具（1859 年，在法国北部圣阿舍尔，出土了属于阿舍利文化的手持斧头）。这一时期的特别之处在于它的稳定性。在将近一百五十万年中，直立人脑容量的增加相当有限，而他们所使用的石头工具，在形状的变化上更是乏善可陈。这种长期的稳定性在人亚科演化的历史上是很独特的。

而后，在距今约五十万年前的某个时段里，一个新的物种从非洲匠人和直立人中脱颖而出，最终，它们成了第一批古人类（archaic humans），也就是海德堡人（Homo heidelbergensis）。

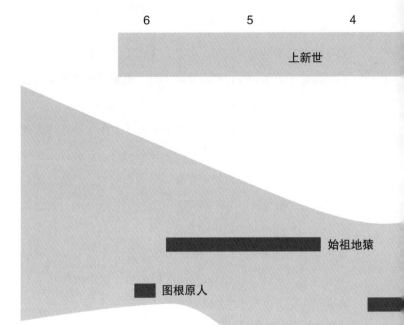

图 1.2

这是六百万年人类进化过程中出现的几种主要的物种及其时点。在大部分的历史阶段中，出现了数个人亚科物种同时存在的现象。最早的物种都属于南方古猿属，然后在大约两百万年前（MYA），分离出一支粗壮型南方古猿，这条支线最终进化成解剖学意义上的现代人。

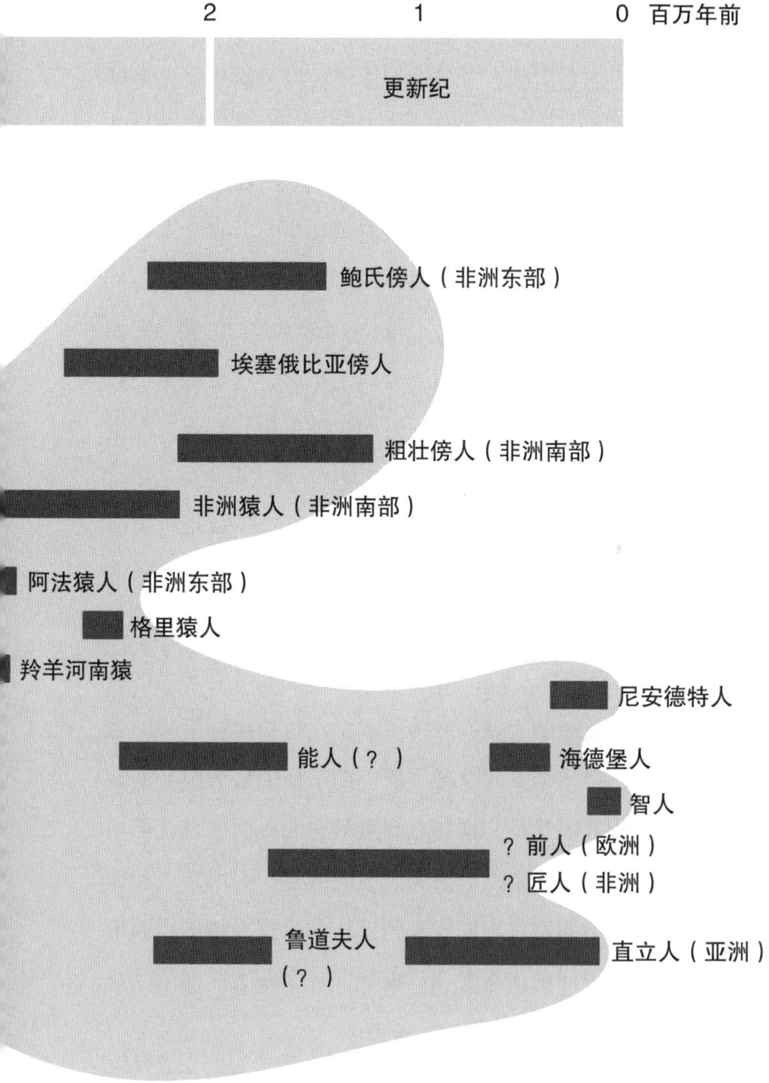

	2	1	0 百万年前

更新纪

鲍氏傍人（非洲东部）

埃塞俄比亚傍人

粗壮傍人（非洲南部）

非洲猿人（非洲南部）

阿法猿人（非洲东部）

格里猿人

羚羊河南猿

尼安德特人

能人（？）　　海德堡人

智人

？ 前人（欧洲）

？ 匠人（非洲）

鲁道夫人
（？）

直立人（亚洲）

它们的出现标志着大脑容量的爆发性增长以及物质文化多样化的起点。当然，从匠人到海德堡人之间也有过不同的过渡性物种，但是其中琐细的差别可以忽略不计。匠人群体渐渐淡出非洲和欧洲，被古人所替代，但是在东亚，直立人群体顽强地生存了下来，直到六万年前仍然在这个区域生存着。被称为霍比特人的弗洛勒斯人（Homo floresiensis）就是它在形体上较为矮小的变种，直到一万两千年前，这个群体仍然生活在印尼群岛上，以地质学的时间尺度来讲，那就像发生在昨天。

　　这个阶段的演化还有另一层重大的意义——这批古人的迁徙，推动了第二波向欧洲和西亚进发的行程，从而最终造就了欧洲人的原型尼安德特人（或称尼人，Homo neander-thalensis）。尼安德特人长了一副特别适应高纬度生存环境的身板，在欧洲和北亚的大冰期寒冷气候中，得以生存下来。他们四肢短小，身体结实，这种体征有助于他们最大限度地减少从四肢手脚散失热量，这一点和生活在北极圈的现代因纽特人（或称为爱斯基摩人）很像。不同的是，因纽特人和他们在西伯利亚的同胞是近期才来到这样的生存环境的，而尼安德特人将此特征的优势发挥到极致，从而在大冰期的欧亚大陆生存了大约二十五万年。

　　与此同时，在距今约二十万年前，在更南面的非洲，古人正在经历着另一种演化，这种演化的结果就是我们自己这个物种，被称为解剖学意义上的现代人（anatomically modern human，AMH 现代人，或可简称为现代人），更科学的命名是智人（Homo sapiens）。解剖学意义上的现代人和古人相比，身材变得纤细了，而且大脑容量在持续增加。现代基因学的发展使得我们可以利用俗称的分子时钟（molecular clock）来测算某条支线进化的时间。分子时钟的原理是利用两个物种之间 DNA 的不同数量及自然变异的速率，来计算两条支线分开了多少时间。观测的重点是自然选择范围之外的基因组，也就是说，分子时钟测算的只是 DNA 中自然变异部分的稳定速率，这一点很重要。决定我们的身体特征的那部分 DNA 会在自然选择的过滤下，发生急速的变化。通过对线粒体 DNA（mtDNA）*的研究，有基因证据显示，AMH 现代人起源于一个相对较小的族群，那是生活在距今二十万年前后的大约五千个女性。当然这并不是说在那个时候那个族群总共只有五千个女性，它只是表明，现代人类的基因都是由那五千个女性贡献的。

至于是什么推动了这种全新的演化，人们还没有明确的答案。传统观念认为，气候的变化是导致新物种形成的重要原

---

* 线粒体是传统细胞内部的小型发电站，为细胞提供能量，使之不断运行。和定义了我们身体的传统核心 DNA 不同，线粒体有着自己的 DNA。因为线粒体是细胞核（定义了我们身体的传统核心 DNA 就藏在这里）外围细胞质的一部分，精子只有细胞核而没有细胞质，所以它们只通过雌性遗传。最初的线粒体是自由生长的细菌，在地球上生命进化的早期就进入了多核组织的细胞内，在那里建立起一种极为成功的共栖关系。因为宿主细胞的包容，它们得以高效地生存和繁衍。

因，智人的形成很可能也不例外。不管怎样，我们的物种迅速地在非洲各地繁衍开来，取代了古人的位置。至于古人为什么会这么快速地被智人取代，仍然是个谜。要知道，在被智人取代之前，古人在非洲还有欧洲至少已经生活了三十万年。

之后，在距今约十万年前，AMH 现代人在非洲东北部的一条支线迅速在地域上扩张，到距今七万年前，已经跨过红海，占据了亚洲的南部海岸，最终在距今约四万年前到达了澳洲。* 抵达澳洲这件事，本身就是一个巨大的成就，因为这个旅程必须跨越从巽他陆架（Sunda Shelf，现代印尼和婆罗洲）到莎湖陆架（Sahul Shelf，新几内亚，再连接到澳洲大陆）† 之间九十千米宽的深海海沟，这说明他们应该已经拥有了较大的船只。在我们要讲述的这个故事中，解剖学意义上的现代人开启了一个非常重要的转变阶段，因为伴随着他们的出现而来的文化是前所未有的。在距今约五万年前的这段时

---

* 人类很晚才到达美洲（大约在一万六千年前），当时，他们很可能穿过裸露于陆地之上的白令海峡，然后，很快地由北向南遍布于北美洲和南美洲，期间，可能经过连续的三波迁徙（爱斯基摩人就是第三波，也就是最后一波迁徙过来的）。最近出现了一个有争议的观点，认为北美洲在更早的时期就被梭鲁特人（Solutrean）入侵了。他们从欧洲西南部出发，搭着北极的冰块渡过大西洋，在大约两万年前到达北美洲，成为美国东南部神秘的克洛维斯人（Clovis Folk）（《梭鲁特大西洋假设》，Stanford 和 Bradley，2002 年）。这个假说的前提是，克洛维斯人最终因为后期西伯利亚人的入侵而灭绝了，也有可能是完全被他们同化了（以至于没有留下任何基因痕迹）。不出意料，这个梭鲁特假说成为了引发众多争论的话题。

† 海沟在生物学上非常重要，在海沟的两侧，只有几种相同的鸟类，这条海沟成了澳洲和亚洲（包括地球上的其他区域）这两大主要动物区的分割线。它也被称作华莱士线，以现代进化论的共同发现者阿尔弗雷德·拉塞尔·华莱士（Alfred Russel Wallace）的名字命名。

期里，武器、工具、首饰及工艺品等在数量和质量方面相比以前发生了巨大的变化，更不要说在那个时期还出现了诸如帐篷、灯具等一系列实用性的物件以及大型的船只。

现代人离开非洲向亚洲进发，在途中的黎凡特（Levant）第一次遭遇尼安德特人。在这次的正面交锋中，现代人很有可能遭到了尼安德特人的抵制而不能进入欧洲，迫使他们沿着阿拉伯半岛的南部海岸，往东进入了亚洲。在东亚，他们很有可能与直立人的残余相遇，更为确定的是，在亚洲，他们和另一种叫作丹尼索瓦人（Denisovan）的古人相遇，因为有与之杂交的迹象。关于丹尼索瓦人，我们对他们的了解只能凭借几根骨头化石，那是在南西伯利亚的阿尔泰山的一处洞穴中发现的几根骨头，距今约有四万一千年。这个洞穴，在不同的时期，还有尼安德特人和现代人居住过。通过对丹尼索瓦人的基因组的分析，可以得知他们和尼安德特人有着共同的祖先，这个洞穴的所在之处，很可能是在尼安德特人之前的早期古人往东扩张的一个终点。

让我们再回到欧洲，此时，古人族群渐渐变得越来越适应北方寒冷的气候，进而演化成了尼安德特人。在距今约二十五万年前到四万年前，尼安德特人毫无争议地成为欧洲的主宰，直到现代人的出现。和后来历史上其他的入侵族群一样，现代人也是从俄罗斯草原进入欧洲的东部，抵达西欧的大致时间不过在三万两千年前。这两个族群共同生存了很长一段时间，直到大约两万八千年前，尼安德特人最终在伊比利亚半岛绝迹。尼安德特人或许是人类进化史上最大的谜团，在时间上和基因上他们都和我们最接近，灭绝的时点离现在也不远，这一切都让我们费解又着迷。何况，他们已经适应了北方的气候，比起我们的祖先 AMH——解剖学上的现代人，他们在欧洲生存的时间更长，可是到底是什么原因让他们消失了踪影？关于这个问题，我们现在先按下不表，在以后的章节中再展开深入的探究。

为什么说我们不是类人猿

首先，让我回到本书的主题：我们和其他猿类共享一段漫长的演化历史，我们有着相似程度极高的遗传基因以及相似的体型外貌，我们都有发达的认知能力，这使得我们能够学习和交流，我们也共同拥有群居狩猎的生活方式，但是，所有这一切都不能说明我们就是类人猿，我们和类人猿之间存在着一系列巨大的差异。几乎所有人都会把关注的重点放在解剖学差异之上，也就是我们双足行走的站姿，这当然是最一目了然的差异，但同时也是最无趣的差异。中新世气候的变化导致了热带森林的退行和消失，为了避免物种消亡，行走方式的改变是必须的，这些早期的细小变化积累到一定程度之后，最终形成了人类在形体上的种种特征。其余的争论纠缠于工具的制造和使用，但事实上，这些在认知能力方面只是不值一提之处，即使脑容量只是黑猩猩一个零头的乌鸦也能制造和使用工具。本质的区别在于我们的认知，也就是我们的大脑所能够产生的意识，是这些意识赋予了我们独特的人类文化，而文化才是人类文学和艺术的根源。

在过去的二十年里，人类对动物文化做了很多深入的研究，著述颇丰。尤其是针对猿类的文化，甚至有了一个专门的学科，被命名为猿类学（panthropology），也就是关于类人猿的人类学。[*]在近亲中找到类似于人类的某些行为和认知能力，这并不奇怪，人类的特征不可能毫无来由地从天而降，相反，这些特征是不断适应和进化的结果。在大多数情况下，原有的一些特征因为选择压力的加重而逐渐演变为新的特征。以后我们还会回到这个话题上，但是目前我需要明确的重点是：是的，人和猩猩都具备通过学习，社会性地传递行为方式的能力；而且，是的，我们也确实可以说黑猩猩和其他猿类拥有它们自己的文化，但事实上，和人类相比，猿类的文化能力简直太微不足道了。这样说不是要贬低猿类的能力，而是为了点明一个在所有这些混乱和兴奋中几乎被忽视了的重点——是人类把这种文化能力提高了一大截，从猿类的文

---

[*]　虽然从字面上来看，人类学家自然是"研究人类"的。但是，大部分人类学家认为他们自己是研究文化以及不同人类社会的文化差异的。猿类学这个称呼，也套用了这层含义，意思是研究猿类文化的。

化到人类的文化，发生了一个质的飞跃而不是缓步向前。那么，问题来了，他们是怎么做到的？又为什么要这么做？

文化中有两个关键的特性，显然为人类所独有。这两个特性一个是宗教，另一个是讲故事。其他任何生物，无论是猿类还是乌鸦，它们都不可能拥有这样的文化特性。这两种特性，完完全全属于人类，而且只属于人类。我们说这两种特性是人类所特有的，是因为这两种特性都需要用语言来执行和传递，而只有人类的语言拥有这种作为媒介的性质。对于这两种特性来说，很重要的一点是它们都要求人类能够生活在虚拟的世界之中。这是一个存在于人们的思想意识中的虚拟世界，它并不真实存在，所以我们必须能够凭借想象在头脑中幻化出另一个世界，并将这个世界和我们每一天都生存其中的现实世界分离开来。为了做到这一点，我们必须能够把自己从现实世界中抽离出来，也就是说，从思想意识上和眼前的现实世界保持一段距离。只有当我们做到这一点，我们才有可能用超然的眼光去打量置身其中的现实世界，去思考它的缘起和合理性以及必然性，或者，去想象另一个平行世界的存在，那是属于虚拟甚或是超虚拟（para-fictional）*的精神世界。这些特异的认知行为不是无关紧要的进化副产品，相反，在人类的进化过程中，这些行为能力扮演着至关

---

* 我在这里用了"超虚拟"这个词，意在表达一个确实是出于假想的世界，尽管我们知道这一点，但我们依然坚信它的存在。

重要的角色。在以后的章节中，我会进一步解释做出这个判断的理由所在。

此外，人类文化中，还有其他一些特性，也已经被证明是非常重要的。特性之一是作为社会活动的音乐演奏，诚然，很多其他物种也会表现出乐感，比如鸟和鲸鱼。但是，只有人类会把音乐表演当作一种增进社群团结的活动，对于鸟类来说，制造音乐主要是为了引起异性的关注，是出于交配的本能。因而，在人类社会中，音乐在社会关系上起到的作用是非常特殊的。如今的现代社会，我们时常端坐在音乐厅里，温文尔雅地欣赏音乐。但是在传统社会里，音乐演奏和歌唱以及舞蹈几乎是不可分割的，而且在人类的生活中显得异常重要。这个现象值得我们深思和探究。

毋庸置疑的是，所有这些文化活动得以出现的关键当然就是我们发达的大脑，说到底这里就是我们和其他猿类产生根本性区别的所在。在图1.3*中，列出了所有人亚科物种的大脑容量，这张图为本书提供了一个基本的框架。以过去的六百万年为时间尺度，我们可以看到，人亚科的大脑容量在不断地稳步增加，今天的现代人类，脑容量已经是当初南方古猿的三倍。这个数据似乎在向我们暗示，随着时间的推

---

* 本图以及其他以此为基础的图采用了 De Miguel 和 Heneberg（2001）估算的数据。古人类学家在关于哪组数据最好且更加准确的问题上总是纠缠不清，但其实它们之间的差异小到可以忽略不计，所以我们就用了这组数据。

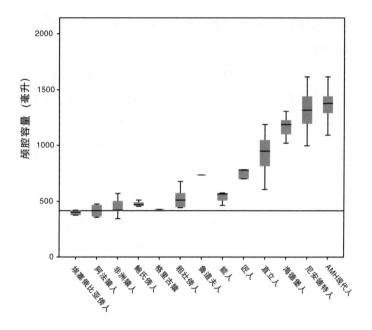

图1.3

　　几个主要人亚科物种的平均颅腔容量。灰色方块代表该物种50%的数值范围，直线代表该物种95%的数值范围，水平线是现代黑猩猩的等同数值。数据来源：De Miguel和Heneberg（2001）。

移,大脑承受着不断增大的压力。然而,这并不意味着是选择的压力使大脑稳步加大,这种和地理时间的推移相伴的脑容量增长,其实只是一个由不同物种样本拼起来后呈现出的假象。如果把它们分开来看,更加明显的是间断性平衡的特点,也就是说,伴随着每个新物种的出现,脑容量的增加会有一个跳跃,产生类似于爆发性增长的现象,但在随后的一段时间里,脑容量又稳定下来。

在本书接下来的章节中,我会一一描述人类进化过程中的五次重大转变,或称为五个演化阶段。把这五个阶段联接在一起,就形成了人们要描绘的人类演化路径图,而每一次转变都是由于大脑容量或生存环境的重大变化。第一次转变是从猿类到南方古猿,主要是外部生态和解剖学上的变化,并无大脑容量或认知功能上重大变化的证据;此后,从距今约两百万年前开始,经历了三次大脑进化。第一次发生在距今约一百八十万年前,人属物种伴随大脑容量的跃升而出现,虽然在此之前,伴随着能人的出现,预告了一次微弱的增长,或许这是一个过渡性的阶段。第二次伴随着距今约五十万年前的古人类海德堡人的出现。最后一次是脑容量更为急速的飞跃,这个发生于距今约二十万年前的巨变,直接催生了我们的物种,即解剖学意义上的现代人(也就是智人)的出现。与此同时,尼安德特人在大脑容量方面也有着平行的进化,相比它们在古时候的基准线,已经发生了可观的增加,关于这一点，我们会在第六章里再次展开探讨。每一次的转变，都会带来与相关物种有关联的两个问题：一是如何偿付因为脑容量的增加而产生的额外能量支出，因为从能量的角度来说，大脑活动的消耗量非常惊人；二是如何把越来越大的社会群体紧密地联合在一起，庞大的社会群体伴随着脑容量的增加而来，脑容量越大，越能组成更大的社会群体。在每时每刻都已经被占用的忙碌日子里，能否找到更好更高效的解决问题的方法，对每一个社会群体来说都是严峻的考验。如果没有更大的脑容量的支持，在每个阶段，群体的数量增加都会遇到瓶颈。

在上述四个最根本的转变之外，我还要增添一个无关脑容量变化的转变，也是本书要讲述的第五次转变。那就是发生在近东地区的新石器革命，距今大约有八千到一万两千年。关于新石器时代，尤为让人疑惑又好奇的一点是，它几乎是对过去发生的一切的颠覆。两大主要的变革是这个时期的标志，首先，由游居过渡到定居，然后，逐步实现了农耕。虽然农业革命总是更加令人感兴趣，但事实上农业只是手段而非目的。真正意义上的革命，是人类能够定居下来，不再四处游荡。不管群体以什么原因聚居在一个固定的处所，必然会引起诸多的社会矛盾，只有在化解了这些矛盾之后，才有新石器时代的到来。一旦这些问题被解决，人类就有了新的可能性，有能力拥有更大的社会群体。也正因为如此，城邦以及小王国才会次第出现，并随着历史的发展，最终诞生了现代的国家。我们的此次行旅，一个重要的目标，就是试图去寻觅和理解人类祖先是如何渡过这一系列的转变。

前方的道路

我在本章一开始就说过，考古学家是靠着石器工具和化石遗骨吃饭的，佐以那么一点点区域地质学。但是，这种传统上对石器和遗骨的着重关注有其致命的缺陷，因为它们反映不出人类进化中的社会层面，至于人类的认知功能这一进化中更为重要的依托，更是不可避免地被疏忽了。当然，考古学家的担忧也不是完全没有道理，他们总觉得，这些来自远古时代的证据，并不完整，也不够直接，试图从中推断出任何你想要证明的社会行为，可能都失之轻率了。但是，正是我们这个生物物种的社会和认知行为，标刻出一条前行的道路，这条道路的起点是在六百到八百万年前，由最后共同祖先（LCA）走向我们自己现在所代表的现代人类。这条道路曲折迂回，经常看不清其走向。但是，如果我们想在迷雾中摸清这条道路，就必须尽力探究这个模糊不清的、隐藏着的社会世界，无论这样做将要面临多么艰巨的困难。

在灵长类（包括现代人类）的社会中，每个群体都是高度结构化的网络，个人和个人之间的关系由亲情、友情和责任维系着。这种由亲属和非亲属关系组成的社会网络，以及它们的分布方式，不仅会直接影响到个人是否能容易地得到帮助，也会影响到这个网络赖以生存的凝聚力和持续性。

　　现在，我们已经有能力来面对这些问题了，因为我们已经对灵长类动物的社会行为和生存环境有了更多的认识。这些强化的认识和理解是非常关键的，我们因而能够轻巧地绕过一个难关，在重塑化石人行为的尝试中，避开一个长期困扰我们的问题。迄今为止，标准的研究方式是，找到一种和化石人共享某些关键特性的现存动物，然后再假设化石古人类和这些动物有着相似的生态和社会组织。在不同时期，黑猩猩、大猩猩、狒狒、狮子和鬣狗都做过早期人类的模板，甚至连非洲的野狗都享有过这种殊荣。正是出于这种原因，伟大的化石专家及考古学家路易斯·利基（Louis Leakey）派出珍妮·古道尔（Jane Goodall）和戴安·福西（Dian Fossey）深入中非的森林去近距离研究黑猩猩和大猩猩，他希望通过这样深入的观察和研究，寻觅和发现化石人在行为方面的一些线索。这类"类比"方式 * 有其硬伤，它们总是着眼于现存物种和化石物种之间共享的某一种特性，但这种特性说不定和现存物种的社会组织没有必然的关系。此外，这类方式还假设了每个物种有自己"标志性"的行为，虽然大体上来说，

---

* 之所以说是"类比"，是基于一种假设，在生态或分类学相近的前提下，现存物种能够为化石物种提供合理的近似模型。

这种假设没有大的差池，但是，根据过去五十年对灵长类动物的野外研究，我们发现，大部分物种在行为上和生态上具有很强的适应弹性。

而我在这里所采用的方式，和上述方式有很大的不同。我的方法是基于我们对灵长类在时间分配方面的增进了的了解，掌握灵长类在各类核心活动（如进食、走动、休息、社交等）上的时间分配，以判断对特定周边环境的适应能力的关键所在。这种研究方式建立在一系列的时间分配模板之上，那是我们根据一些猴子和猩猩的行为推算制作出来的。利用这些模板，我们可以准确地预测出在特定的环境中，这个动物能够分配到各项核心活动上的时间。这种方法的关键之处就在于一天的时间是固定有限的（晚上都要睡觉），因而所有这些活动都必须在对象物种醒着的时间段之内完成。在这里，我们的研究对象是一个生物体系，这种有利条件对我们的工作是很关键的。因为，在一个特定生物体系中，每一个局部发生的变化，不可能不对整体中的其他部分产生连带的影响。因此，一个物种，如果发生了脑容量或者体量上的变化，它在进食上所花的时间一定会受到影响。而在进食上所花的时间的变化，又会影响到分配在行走和社交等其他核心活动上的时间。总而言之，这些时间都必须累加在一起，它们的总数就是一个有限的时间长度。正是这一事实给了我们研究物种对环境变化的反应的坚实基础。

　　我们这种研究方式的第二个基础是社会大脑假说（social brain hypothesis），这个假说是时间分配分析方法的支点。社会大脑假说最初由心理学家安迪·怀腾（Andy Whiten）和迪克·伯恩（Dick Byrne）提出，起先是用来解释为什么在哺乳动物中，灵长类有着和身体体量不成比例的超容量大脑。后来，这个理论也逐渐被用来分析和解释各灵长类物种之间在认知和社会性方面的相关差异。这个假说的关键点在于，它给出了大脑容量和社会团体大小之间的量化等式关系。这个关系的确非常管用，因为它避免了任何一种生态环境的直接干扰，我们因此可以根据对象物种的化石，推算出这个对象所在的社会团体的规模。这在时间分配方面给了我们两个非常重要的提示，其一是，因为根据大脑容量能推算团体的大小，我们就能由此推算出，如果想要建立更加庞大的团体社会关系，需要付出多少额外的时间；另一个是，脑容量增加的前提必须是觅食时间的增加。我们给每个物种提出的问题很简单，那就是：它们是如何满足对时间的额外需求的？如果时间分配已经饱和，它们找到了怎样的解决方法，以保证社会发展所需的额外时间？

需要我们解答的几个问题

　　有几个问题，是我们必须解答的：首先，非洲猿类的一条支线，是从何处启程，继而走上独特的进化之路的？其次，早期的人亚科，又是如何从南方古猿中脱颖而出，占据了旧大陆，挺过更新世晚期的气候变化，最终成为唯一存活下来的分支？更进一步，在更新世中期，人属一度昌盛，衍生出多条支线，为何只有我们这一条得以延续，一直生存到现在？

从很大程度上来讲，这条标志了我们过去六百到八百万年间发展历程的轨迹，折射了我们大脑容量和组织结构上的巨变。我们的这个戏剧性的故事，由物种变化、迁徙、灭绝和文化特性构成，细节散落在人类进化的时间长河里。而伴随着脑容量变化的，是一系列其他的相关特性。这些特性，有的我们可以根据考古记录来推断，另外还有一些，从现代人的行为中，就可以很明确地获知。在表 1.1 中，我分列了四大类特性，其中有的是解剖学上的，也有的是行为或认知学上的。不过，所有这些特性，必须和大脑容量（及与之相关联的群体规模）以及时间限制的变化保持一致，能够做到无缝对接，同时也必须和考古记录相吻合。正是这个利用不同信息的三点测量法，使我们的任务得以完成，这也是迄今为止，在这个领域中，大大减少了推测和臆断成分的一次研究。我们决不会操纵表 1.1 中的各种特性，任意排列拼凑，就为了让我们的故事能自圆其说。相反，我们所采用的方法使得我们能为这种特定的排列组合提供基于现实规律的理由，或者，至少能够提供理由充分的有限选择。

解剖学特征	考古学特征
双足行走	用火
步态	火塘
平坦足底	工具的变化
骨盆结构变化	装饰艺术/首饰
脑容量增加	定居点
犬齿消失	
延迟的牙齿发育	
现代人类生命史	
左右撇子	
身材纤细	
停经期	
早熟的婴儿	

表 1.1

这些是将现代人类和猿类区分开来的特性，我们的任务是为这些特性的形成先后排序。

行为特征	认知特征
时分时合的社会性	心智理论能力 （构想自己和他人内心世界的能力）
欢笑	
食谱的变化 （特别是地下根茎）	高度意向性
食肉	
烹煮	
狩猎	
隔代照顾婴儿	
语言	
情侣关系	
双亲紧密照顾	
劳动分工	
讲故事	
音乐和舞蹈	
宗教	

对于古人类学家来说，表 1.1 中所列的部分特性很眼熟，在传统的人类演化故事中，它们也是不可或缺的角色，比如向双足行走的过渡、骨盆结构的变化、适合行走的足底*的形成以及犬牙的消失，还有体态的逐渐轻盈纤细、大脑容量的缓步增加、现代人类成熟期的延缓（延缓萌出的臼齿是其标志）和婴儿的早熟，以及复杂程度不一的各种工具、狩猎活动和艺术品的出现；另外还有一些特性（比如时分时合的社会性、劳动的分工、婴儿的隔代照顾、雌性成员的更年期、烹饪、宗教和伴侣结对等）在人类社会进化的人类学研究中，也有着极其重要的地位，但是，它们缺乏考古学的有力佐证，没有化石依据让我们做出明确的断定。还有一些特性，可以说非常的另类奇异，从未被置于人类演化的历程之中，比如音乐、舞蹈、讲故事、宗教、心智理论能力（theory of mind）或曰心智化能力，即构想自己和他人内心世界的能力以及欢笑。在接下来的篇幅中，我会阐述这些特性对人类进化起到了尤其重要的作用。我们的任务就是要解释为什么会产生这些变化，以及为什么这些变化会在那个时间和地点发生。

---

* 足底（plantar）指的是在走路时和地面接触的脚底部分，人类脚趾的一半隐藏在脚掌内，这在灵长类中是很独特的。其他灵长类的脚都像手一样，这种设计便于抓握树枝。而人类的足底，是为步行的需要而特别形成的。

————————

这将是一个侦查的过程，而呈现在我们面前的，将是一个由考古学记录组成的犯罪现场。和通常的犯罪现场一样，证据很不完善，这让人激动，又让人抓狂。我们的任务就是试图推理出在什么时间发生了什么，及其背后的动机。社会大脑假说和时间分配模板是我们的侦破工具，在故事渐次展开的过程中，我们会在每一个阶段都把它们充分运用起来。我们会像最敏锐的侦探一样，把散落的碎片细细地拼接在一起。因为我们的侦破手段是量化的（也就是说，数据必须和时间分配相吻合），我们没有任何理由随意拼接，只为了迎合我们预想的某种结论。我们会一步一步按照时间的顺序，来拼接这幅演化的图像。把每个物种面临的新的危机和困扰，放在它们前辈的处理方式之中来研究。以这样的研究方式，逐渐积累深入，我们将会描绘出一幅比之前更加合理完整的画面。

在这里，我现在必须提醒大家注意两点。

第一，很多古人类学家会把这项尝试看成可怕的灾难，对于他们来讲，化石太神圣，是他们所有思维方式的依据。长久以来，任何新的研究方式和新的技术，只会招致质疑和反对。就在上世纪的八十年代，当分子基因学颠覆了人亚科（即猿和人）解剖学时，他们中的很多人就觉得不可思议。正确的态度是，对待新的方式方法，与其怀疑抵制，不如扪心自问这种新的方法是否对我们有益，能否帮助我们更好地理解残缺不全的考古学记录。科学的进步，不是凭借易得的答案，而是通过不断地叩问和探索。在这本书中，我对人类演化的故事提出了全新的疑问，也给出了崭新的研究方式和答案。我毫不怀疑随着新的化石被发掘，新兴技术的出现，我的故事中的细节也将会随之改变。这种情况，在这个领域里是常有的事，一块新的化石会改变人类演化故事的走向。但是，关键在于我们依然能够提出新的问题，以新的方式去质疑以往的考古记录。

第二个提醒是关于各类人亚科化石确切的解剖学现状。在过去一百年里，解剖学是人类演化研究中的明星，在这个议题上，人们已经连篇累牍地探究过了。在此，我不想再浪费我的笔墨，很多人或许会觉得我的这种态度很傲慢，感觉受到了侮辱。其实，我不是说解剖学不重要，我只想说，我之所以在这里忽略它，是因为在我看来，目前我们并没有更多的细节证据，能让我进行更精确更全面的分析，相反，我要做的是，舍弃细节，着眼于更宏大的画面，那就是这些物种是如何在它们生存的地方生存的？为什么最终大部分走向了灭绝？如果这个尝试是成功的，它将为我们提供深入研究的可靠基础，我们可以在每个物种各自的层面再加探究，到了那个时候，这些解剖学的细节必定会变得更为重要，因为我们需要确切掌握每个物种的特性。

　　不过，我还是要先来介绍一些主要观点和概念，它们构成了我们这个故事的基础。在下一章里，我会总结几条灵长类社会演化的主要原理，作为我们整个研究方式的基本框架。事实上，这些原理就是我们要讲的这个故事的理论根据。人亚科在这个框架内，就因为它们是灵长类动物。但是，如果它们脱离了这个框架，我们必须要说明它们又为什么脱离，如何脱离，以及何时脱离的。所以，下一章会更详细地探讨两个关键性的理论，这些理论将为本书的后续提供模本，而我们对人类演化整体的探讨就是基于这两个理论。

第二章
CHAPTER 2

灵长类社会化的基础

灵长类动物最显著的特征就是高度的社会化，个体之间特殊的纽带关系使得这个物种能够组成经得起时间考验的稳定团体。灵长类动物群居的主要目的是为了形成防御，抵抗外侵。通常来说，当某一种动物迁居到更加开阔的陆地，失去了森林的保护，它们更容易暴露在天敌的攻击之下。在这样的情况下，群居团体的成员数量开始增加，为了维护这样的社会关系，它们更加紧密地联系在一起。可想而知，这样的关系，是为了保证个体之间更加团结，以备必要之时能互相援助。

群体成员的近距离居住或许有其优点，但同时也有缺点——有成本。这些成本主要分成三类，它们分别是直接成本、间接成本以及由搭便车带来的成本。直接成本源自团体内部因矛盾而起的冲突，如为了抢占食物或最安全的栖息地而互相争执，这些矛盾会随着团体成员数量的增加而增加。间接成本的产生，是因为随着团体成员的增加，食物和营养的供应量也要随之增加。为了保证每个团体成员都能得到足够的供给以满足营养需要，必须去获得额外的食物，这就增加了在醒着的时间范围里行走的时间，其结果是花在其他活动上的时间会相应地减少。同时，行走不仅消耗了更多体能，还增加了觅食和进食所花的时间，而且行走还会增加团体遭遇天敌的危险。最后也是很重要的一点是，一个灵长类动物群体是一个默认的社会契约（可以说，是一个用以对付天敌的综合性解决方案），但只要是社会性的契约，总是有可能被那些坐享其成者破坏。它们只想获得由契约带来的利益，而不愿付出努力。于是，由于这个契约的存在，它们得到了集体的保护，不受天敌之害。但是，那些剥削其他成员的个体给团体增加了额外的负担，而最终的结果是，其他成员不愿意继续被剥削下去。和另外两个成本一样，因为被剥削而出现的成本也是随着团体成员数量的增加而增加。

在灵长类动物群体中，直接成本承担者主要是群体中的雌性成员。各种群居导致的压力，比如在拥挤环境下的碰撞、偶尔因为食物或安全居所而产生的冲突等，都会给雌性成员的内分泌系统带来影响，造成经期的紊乱，进而增加生育的难度。通常来说，地位越低，受到侵扰的可能性越大，因此，承受的压力会随着地位的降低而增加。压力累积到一定程度，就会干扰正常的经期荷尔蒙，影响到正常的排卵周期。每少排一次卵，意味着丧失一次怀孕的机会。这样的情况每发生一次，一生的生育产出和进化适应度就会减少一部分。这种随着地位优势的降低，而增加的少育或不育概率，后果可能会很严重。在某些物种中，排在第十位的雌性成员可能完全不育。由于压力的增加和团体成员数量的增加呈正相关，雌性个体就会希望生活在较小的团体中。因此，对雌性生育能力的维护，就成了一个天然的关键因素，阻遏了群体成员数量的无限制增加。当来自天敌的威胁增大，大到有必要增加团体成员数量来对抗这种威胁时，灵长类动物就必须采取行动减轻这种压力。不然，大规模的群体的解体将不可避免，大范围的群居生活也难以为继。在下一节中，我们来看看它们是怎么做到的。

缓解群居的压力

为了减轻群居带来的压力，猿猴会在大群体中结成小同盟，以保护同盟成员免受骚扰。作为同盟基础的紧密联结关系，通过两种渠道建立，然后相互作用，从而形成将成员们维系在一起的纽带。渠道之一是通过相互梳理毛发而建立的感情机制，这种感情非常亲密。相互梳理显然对感情的建立很有作用，因为这种行为会激发大脑分泌内啡肽。正如数年前剑桥大学的脑神经专家巴里·克韦恩（Barry Keverne）的研究成果所示，他和他的团队用一个成功的实验证明，相互梳理毛发的两个动物能够非常默契地长时间待在一起。如果这个时间长到一定程度，在这两个有着肌肤之亲的动物之间就会建立起互相信任和相互义务关系，进而形成第二个认知要素。虽然像催产素（oxytocin，即所谓爱情荷尔蒙）这类其他神经传递素和神经分泌素也会在亲密的互动中产生，而且在哺乳动物的社会性中起到重要的作用，但是有实验证明，内啡肽在类人猿对亲密关系的维护中起到独特的作用。毛发梳理和其他形式的相互轻触（比如抚摸和搂抱）能激活一种特殊的神经元（无髓传入 C 形纤维），这些神经元只对皮肤上的轻柔触摸有反应，并把感应传递给大脑。虽然，我们还不能确定灵长类的这些神经元是在毛发梳理的刺激下调节内啡肽的分泌，不过，近期的一个 PET 扫描实验显示，人类情侣在轻抚中会激发内啡肽的分泌。从心理的角度来说，分泌内啡肽给人的感觉很像温和地过一次鸦片瘾，给人带来轻柔的镇静、愉悦和安宁。在类人猿中，当然也包括在我们人类中，这种感觉对形成亲密关系起到了直接的作用。

　　鉴于相互梳理对建立和维护同盟的重要性，不难想象的是，对于旧大陆（Old World）的猿猴来说，花在相互梳理上的时间和群体的大小是成正比的，虽然据我们所知，在新大陆（New World）的猿猴或猿猴亚目的丛猴或狐猴中并非如此（图 2.1）。* 但是，这并不一定意味着所处的群体规模越大，梳

---

*　最近，Grueter 等人（2013）提出梳理时间是由灵长类的陆地性决定的，和群体规模无关，因此，梳理的目的是为了清洁卫生，而不是社交。遗憾的是，他们的分析基于一系列的谬误之上，因此无碍于我们的理论。而更加重要的是，他们自己所采用的旧大陆猿猴数据，却明确地证明了我们在图 2.1 中表述的关系，也就是梳理

理的对象越多，恰恰相反的是，在大部分社会性灵长类动物中，群体的大小和梳理对象的数量成反比，但是和梳理的时间成正比。无论在不同物种之间，还是在同物种之内，互相梳理的小团体（整个团体会被分成半独立的小团体，互相梳理多数在小团体中发生）数量随着团体规模的增大而增加。这似乎是因为个体压力随着团体规模的增大而增加，所以个体联盟的可靠性变得越来越重要。在这种情况下，动物会更加专注地为它们的社交同伴梳理，同时会减少随意的梳理。哺乳期的猴子妈妈们因为要喂奶，闲暇时间因此而减少，所以也会减少随意的梳理，而把时间集中花在核心社交同伴身上，它们才是要紧的。

关于灵长类的社会性，有一个方面至今存疑，那就是这些社会纽带究竟由哪些成分组成。对于人类来说，看起来主要是情感成分，这也说明了它为什么如此难以界定。我们没有能力完善地表达自己的情感感受（如果学究气地用神经学概念来解释的话，那就是因为左脑控制的语言功能和右脑控制的情感功能没有很好的连接），我们尚且无法用任何量化的方式来测量人与人之间关系的亲密程度，更不要说去测量猿猴之间的关系了。这样看来，深入研究纽带关系的本质几乎

（接上页注）
时间和陆地性无关（参见 Dunbar 和 Lehmann 的论述，2013）。无可争议的是，梳理确实能去除杂物和寄生虫，从而保持皮毛的清洁，但是，这里的问题关键在于梳理是否也有额外功能，有益于社交关系的发展。

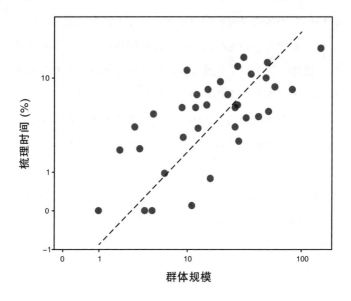

图 2.1

　　每天花在社交性梳理上的时间百分比的中间值，与每个物种群体规模的平均值的对应关系。数据来源：Lehmann等人的论文（2007）。

无从谈起。尽管如此，至少我们仍然可以凭着直觉去观察和体验，辨别相对来说紧密的或者不那么紧密的关系。也许我们说不出很确切的理由，但是我们心里会知道，某些关系就是比其他关系更亲密、更强韧。

无论是对于猿猴还是对于我们自己现代人类，一个比较粗放的亲密度衡量指标是在朋友身上花费了多少时间。我们做过一个实验，结果显示，面对面的互动时间对维护相互之间的亲密关系非常重要。我们把关系的亲密度分成从1到10的十个等级（1代表"呃，就是个普通朋友"，10代表"呀，很爱很爱的"），让人们对自己和不同朋友的关系打分。我们发现，出来的分数和他们与朋友的互动频率有着很强的正相关。事实上，友人之间（家庭成员之间的关系除外）的情感质量会随着不在一起活动或者不再见面而急剧下降。

这个结论，和罗伯特·斯坦伯格（Robert Sternberg）影响深远的"爱情三角理论"是吻合的。在社会心理学中的情感关系层面，爱情三角理论可以说是最为广泛接受的心理学理论。斯坦伯格用三个独立的维度来定义爱情，那就是我们所知的爱情三元素：亲密、激情和承诺。如果忽略只出现于浪漫关系中的激情元素，另外的两个元素恰好对应情感关系的两个关键点，那就是身体的亲密和感受的亲密。这两个要点，在灵长类紧密关系的模型中得到了充分的印证：身体的亲密反应在相互梳理上（身体上的近距离亲密接触以及由此而产生的感情依恋），而作为一个更模糊的概念，感受的亲密则反映在认知上（这是一种愿意为伙伴做任何事的感受，比如，愿意向困境中的伙伴伸出援手，愿意为同伴负责，给同伴一种有依靠、值得信任的感受，所有这些感受，正是形成社会性联盟的基础）。

认知如何成为社会化的基础

关于感受的亲密，我们虽然对它在认知上的依托所知甚少，但是，得到比较心理学家和发展心理学家共同认可的是，它是某种形态的"社会性认知"。最贴近的猜测，就是类似于现在我们所说的心智理论能力，也就是解读或者说构想心灵世界的能力。心智理论能力之所以获得这个名称，是因为它明确地定义了个体在某种状态下，"会产生一种关于心智的理论"。也就是说，在"有心智是怎么回事"这个问题上，他们会有一种非正式的理论或信念。说得明白点，也就是他们会认识到，别人也有和他们自己一样的心智。理论上来说，它指的是有能力运用如下词汇：相信、假设、想象、需要、理解、思想和意向。心智哲学家把这些词汇统称为意向性词汇，就是说，这些词汇的使用者有能力表达一个意向性的立场或者观点。

在这种意义上的意向性，形成了一个自然递推的心智状态层级，被称为意向性的度。所有有意识的有机体都知道自己的心智内容，能够做到这一点，就是达到了第一度的意向性。形成心智理论能力（也就是对于别人心里有什么看法，能形成自己的看法的能力）是第二度的意向性，这里涉及两种心智状态，一种是你自己的，一种是别人的。接下去，有三度、四度、五度等无限多的递推层次，这些层次可以是我思考你对我的看法的看法，或者也可以是我思考你对另一个人的看法的看法（图 2.2）。

虽然，出生不久的婴孩就会有自我意识（也就是第一度的意向层次），但是，人类并非天生就有心智理论能力。大约在五岁左右，儿童形成比较健全的心智理论能力，然后逐层加强，一般是在成年时达到第五度的层次，也有人在十几岁时就能达到这个层次。到了第五度这个阶段，人就能够说出这样的句子："我觉得你在假设彼得想要苏珊相信爱德华（要做某某事）。"我们的研究发现，在普通的成人身上，意向性水平的高低有所差异，大部分人集中在四度到六度之间，平均值稳定在五度，大约只有 20% 的成年人能够超过五度。

脑成像结果显示，意念产生的位置局限于大脑某些特定的区域，这些特定区域就是所谓的心智理论能力（或简称为 ToM）网络。这个网络包括了部分额前皮层（至于具体哪些点位是关键之处现在仍有分歧）和颞叶中的两个主要区域（尤其是额极和颞顶结点，也就是颞叶和顶叶连接的地方）

图 2.2

解读他人心理（心智化能力）涉及一系列反思性的思维状态，它是关于对自己和他人的信任 / 欲望 / 企图（企图状态）的理解。从左到右，三个人分别呈现出一度、二度和三度意向性。© Arran Dunbar，2014

（图2.3）。利用反应时间测试和神经影像，我们能够证明的是，相比同等的记忆活动，心智化活动对大脑的要求高得多。我们还能证明，核心心智区域的神经活动量和心智化活动的度数存在正比关系，心智化活动的度数越高，需要的神经元就越多。更重要的是，我们发现，能够做到高度心智化活动的人，往往在额前皮层有着更大的眶额区（也就是眼睛正后方的上部）。社会化的大脑必然消耗更多的能量，高度数的意向性需要更多的神经物质参与，从而完成高度数的心智活动，能够完成高度数心智活动的物种就需要更大容量的大脑。而类人猿灵长类的大脑额叶区域恰恰是在进化的后期快速增大，在最为社会化的物种中，它们的这部分区域是最大的。这也是大脑中有髓鞘（神经元在髓鞘中工作更加有效）的最后一个区域，反映出在我们这个复杂的社会性环境中，更多的社会学习和神经适应是生存的需要。

意向性的度数，在本书所讲述的故事中，起着非常关键的作用，借助这些度数，现代人类和其他灵长类之间的区别就被量化了。从一定的程度上说，是否能用认知学的术语来解释心智化其实并不重要，重要的是，社会认知的复杂性因此多了一个简单可靠的线性衡量标准。几乎所有人都认同的是，即使有少数例外，绝大部分哺乳动物（这当然包括了绝大部分的猴子）都具备一度意向性。猴子有自己的心思，也拥有对周边世界的看法。有一些实验还发现，类人猿（特别是

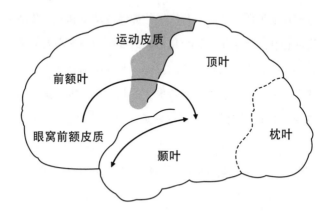

图 2.3

人类大脑的主要区域。箭头指向是眼窝前额皮质和颞叶间的心智通路，枕叶的功能几乎都和视觉有关。启动、计划、控制和执行主动动作的运动区（阴影部分）位于分隔额叶上部和顶叶的中央沟的前面。

黑猩猩和红猩猩）差不多能够到二度（也就是有正式的心智理论能力的度数）。这说明，虽然它们的成熟程度略逊于五岁的儿童（五岁小儿能轻易通过二度的测试），但是，跟刚刚靠近二度的四岁小孩相差无几了。而在另一端，我们的数据显示，正常的成人拥有五度意向性。如果我们把这些数据和额叶的容量重叠在同一张图表中，我们将得到一个惊人平滑的线性关系（图2.4）。这就表明了，在这些大脑的区域中，神经元的数量和心智化的能力有着直接的关系，这结果也跟我们对成人神经影像的研究结果相吻合。

灵长类社会进化

最后，我们要做的是，看看灵长类的社会演化能带给我们怎样的启示。直到不久之前，对灵长类社会演化进程的重建基本上是基于臆测。大家都比较认同的是，我们的灵长类祖先是体型较小的夜行动物，居住在分散的、半封闭的群体中，雌性和幼崽只在不和别人冲突的小范围内觅食，雄性则各据一方，拥有更大的空间。雄性的生活范围里可以有数个雌性。雄性对生活在它的领地上的雌性起到保护作用，也独拥和这些雌性的交配权。这种形式的社会系统至今仍能在很多小型的夜行原猴亚目中找到，比如丛猴和鼠狐猴。

长期以来，人们假设社会进化的程序是个体逐步加入更

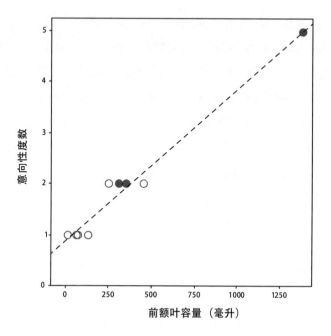

图 2.4

旧世界猿猴的心智能力（以最高可及意向性度数为标识）和前额叶容量的关系图。猴子基本上只有基础的一度意向性，有实验证据显示黑猩猩和红猩猩能达到二度意向性（然后就以此为止了），成年现代人普遍能够达到五度意向性。

● 通过实验可以测算意向性的物种（从左到右是：黑猩猩、红猩猩和人类

○ 意向性未知的物种，假设它们和同属物种有着相同的意向性。请注意，已知和未知数值都趋向于集中在同一区域。

根据 Dunbar（2009）重绘。

大的永久性的群体，而群体的大小规模在很大程度上决定了最终形成的社会组织形式。一个显而易见的途径是，一个雄性开始和它领地内的某一个雌性建立起更亲密的关系，形成一种单配偶的关系。之后，如果有其他雌性受吸引加入这个关系，就形成了类似后宫的单雄群体（一个雄性和数个雌性）。雌性也会吸引其他雄性的加入，最终形成一个大规模的多雄多雌群体。这是你在大部分教科书中所能看到的社会演化标准模型，也就是社会生态学模型：一个物种的社会体系是其个体数量所形成结构的结果，而个体数量是由觅食生态决定的。

然而，近期由苏珊·舒尔茨（Susanne Shultz）和基特·奥佩（Kit Opie）主导的两项研究发现，这种假设错得离谱。他们的分析研究之所以能够获得新的结论，完全得益于最新研发的异常复杂的统计方法。借助这些方法，不仅能够推测出社群的原始状态，还能测试有关社会组织与各种选择压力之间存在的历史性关联的假设。*他们的分析结果显示，从个体分散在封闭区域觅食的原始状态，进入多雄多雌的群体组合形态，最有可能性的转化方式是直接进入，而不是先过渡

---

* 通过重新构建灵长类发展史中相关变量的祖先状态（基于基因相关性的家庭族谱，能够把所有现存物种追溯到距今约六千五百万年前的共同祖先），然后再研究在进化到现代物种的过程中从一个状态通向另一个状态的次序。要成为一个行为或社会组织变化的诱因，一个选择性压力的变化必须先于它所影响的行为变化本身。这里所运用的统计方法基于贝叶斯统计学，它代表了旧的解决方法的重大革新。要了解更多有关贝叶斯的新方法，请参考 Huelsenbeck 等人的论述（2001）。

到单配偶的组合形态。换句话说，原来单独觅食的动物，改变各种生活习性，开始聚集在一起，可能是为了应对不断增加的天敌的威胁（生活习性的改变，在从夜行变成了昼行上体现得最为明显）。从多雄多雌的初始社群状态，有可能会发展到两种结果，其一是进一步成为后宫形态，其二是成为单配偶形态，当然也有另一条可能路径是从后宫形态继而进入单配偶形态。物种在形成群体之后，就再也不会回到先前的半孤立状态，但会在后宫和多雄形态之间来回转换（这也是社会生态学所假设的）。

然而，真正重要的发现是，单配偶形态没有回头路。也就是说，物种一旦进入这个状态，似乎就不会再退回到别的状态。这样一来，单配偶形态似乎是人口学和认知学中的一个单向通道概念，很可能是因为单配偶对认知能力的要求非常高，大脑一旦进化到这个状态，就不会轻易退化回去了。单配偶要求雄性和雌性相互之间非常包容，而同时对其他同性又非常不包容。正因如此，单配偶的灵长类最终都非常看重领土的主权，每一对都要占据它们自己的领地。这种对同性的不包容，在单配偶物种之外的哺乳动物中非常罕见，它使得同性的个体很难生活在一起，尤其是当它们都达到青春期，开始生育之后。跟其他鸟类和哺乳类动物一样，完全形态的单偶制（也就是所有个体在任何时候都保持单偶形态）是一种很特别的进化状态，它要求在行为和认知上有很大的改变。一旦形成了就很难再回到过去，因为这样的变化一旦形成就很难消除。记住这一点，在以后我们讨论人类配偶关系（或可称为人类的单偶制）的进化时，会显出它的重要性。

鉴于单偶制有着非常特殊的进化历史，在这里，有必要解释一下，为什么说单配偶的形态是社会和交配体系进化的结果。关于哺乳动物的单偶制，历来有三个不同的假说性解释，其一是对双亲共同抚养的需求（抚养脑容量大的后代，往往需要两个家长）；其二是雄性对交配对象的看守（当雌性居住得太分散时，雄性无法保证同时保护到数个雌性，因此他会专注于一个雌性，以保证在她发情时能让她受孕，也保证她不会被其他雄性占有）；其三是幼仔被杀的风险（雌性会依赖某一个雄性的保护，有点像雇佣一个枪手或者保镖，以防止其他雄性的骚扰或伤害她的幼仔）。一直以来，杀婴风险都被认为是存在于灵长类中的一个严重问题，大容量的大脑使得灵长类的生育率降低（因为大容量的大脑需要更长的发育时间）。一个雄性，如果从另一个雄性那里接手一个雌性，至少要等一年才可能有自己的后代。但是，如果他杀死雌性的幼仔，雌性很快就会回到能怀孕生产的状态（顺便提一句，人类女性如果失去未断奶的婴儿，也是如此），*雄性就能马上

---

* 这是由于婴儿吮吸乳头，导致月经荷尔蒙系统受到抑制的结果。但是，当婴儿断奶后，吮吸的频率降低到一定数值以下时，月经荷尔蒙系统又会恢复正常运行。这就是为什么雌性在婴儿死去或被杀之后会立刻回到正常的月经周期，人类也是如此。所有哺乳动物都有这样的机制。

开始生育他自己的后代。因为这个原因，我们可以说，雄性灵长类有杀婴现象，是因为有着巨大的进化选择压力。杀婴行为在灵长类中异常普遍（虽然很多人还是会坚持声称这只是偶然现象），反过来，为了降低这种风险的抵抗策略也承受着巨大的进化选择压力。

苏珊·舒尔茨和基特·奥佩的第二个课题，专注于研究在各条灵长类支线中，向单配偶形态的转换究竟是出现在代表上述三个假设的行为发生变化之前还是之后。虽然有证据显示，单配偶形态和雌性散居于各处的形态同时存在，共同进化（这两种形态同时随着时间的推进而发生变化）。但是，雌性的生活范围在单配偶形态出现之前并未增加，这就意味着看守交配对象这个重大的假设（即假设因为雌性居所太过分散，导致雄性不能同时占有几个雌性）并不能成立。事实上，单配偶的灵长类物种中，雄性并非不能同时保护多个雌性，如果他们想这样做的话，雄性的活动范围依然足以保护多个雌性。在雌性生活范围太过分散的情形下，看守交配对象的确是大多数哺乳动物走向单配偶的原因，但是，灵长类显然不是出于这个原因。与此类似的情况是，也有证据显示，单配偶形态和双亲抚养同样是共同进化的。但是，单配偶形态的出现，无论在是否双亲抚养的情况下都有可能，这就说明了双亲抚养是单配偶形态的结果，而不是促成单配偶形态产生的起因。一旦单配偶形态成立，雄性就能从抚养幼仔中得到更多好处，因为这能让他们拥有更多的后代。但是，雄性抚养幼仔的能力，似乎不足证明它是单配偶形态产生的原因，至少在灵长类中是这样的。最后，单配偶和杀婴风险这两个不同的指标，显示出紧密的共同进化关系。如果没有杀害幼仔的风险，多配偶形态不可能进化到单配偶形态，至少在灵长类中是这样。看来，杀婴风险似乎是进化到单配偶这种配偶制度的最关键因素。

雄性为雌性提供保护的单偶制结构，并不是应对杀婴风险的唯一方式。桑迪·哈考特（Sandy Harcourt）和乔纳森·格林伯格（Jonathan Greenberg）的研究显示，大猩猩会用雇佣军的形式来降低杀婴风险，但与之相结合的是后宫式的多配偶制，也就是几个雌性依赖同一个雄性的保护。在这个例子里，该物种的雄性和雌性体型上存在的巨大二态性（dimorphism）*，使得体型庞大、体力强健的雄性比体型较小的更受欢迎，这在同时也形成一种反馈机制，促使雄性变得越来越强壮。相反，传统上单配偶制的灵长类，比如长臂猿，以及体量更小的新大陆猿猴，雄性和雌性在体型上相差不多（事实上，雌性可能还比雄性稍微更大一些）。大猩猩群体中的社会形态和更加社会化的猿猴相比，有着显著的不同，雌性经常基于互相梳理组成不同的联盟。大猩猩的社会架构是

---

* 成年雄性大猩猩的体型是雌性的两倍。

星形的，雄性在中心，雌性围在他的周边。每个雌性会和雄性一起梳理，但雌性之间很少互相梳理。哈考特—格林伯格模型解释了大猩猩中的后宫模式，它也解释了黑猩猩的杀婴风险还没有高到让雌性黑猩猩采用雇佣军的策略。

―――――

后文在研究智人的社会演化时，我们依然需要记住这些通用的规则，我们相信，和其他所有灵长类一样，智人的生活也要服从这些社会和繁殖进化选择压力的作用。而最基本的要点是，随着群体规模的增加，雌性将面临更多的压力，而雄性将面临更大的竞争。如果不能找到解决这些问题的方法，它们就无法在新的环境中生存，也无法进化成有更大脑容量的物种。一旦气候发生变化，进而引起生态环境的巨大变化时，它们必将走向灭绝。现在，既然我们已经知道，它们事实上生存了下来，那么，它们一定是找到方法解决了这些问题。人类演化故事中有两个最为关键的要素，那就是大脑容量和时间分配。大脑容量决定了应对环境变化而生成的群体大小，群体大小和环境因素决定了时间的分配，这些需求必须得到满足，否则新的进化就不会发生。在下一章里，我会提供更进一步的细节描述这些因素对人类演化的五部曲有什么具体作用。

第三章

CHAPTER 3

基本的架构

在第一章里我说过，在探索人类演化的架构中，有两个最基本的关键要素，那就是大脑容量假设和时间分配模型。在这两个要素之间，我们基本上可以搭起一个梯架，把在化石记录中出现的各个人亚科物种有序地置放在这个架子上，从而分析他们是如何应对所处环境的。同时，它们也给我们提供了一个衡量的标准，以分辨他们在行为和认知上出现了哪些新的组成元素，从而证明时间的安排必须满足大脑容量变化所带来的需求。

社会大脑假说

一个大致公认的看法是所谓灵长类（或许也包括所有哺乳类和鸟类）大脑的进化，其实就是朝向更复杂形态的社会性的进化。虽说其他方面的行为（比较明显的是生态上的创造性）也和大脑容量有关，但这些是脑容量增加的结果，而不是脑容量增加的进化成因。在大多数的哺乳类和鸟类中，社会大脑假说体现在大脑容量和配偶制度的关系中。我们发现，单偶制的物种比起多偶制或滥交型的物种，大脑容量明显更大，这一点在那种终生维持单配偶形态的物种身上体现得尤其充分。对于这种现象，我们的看法是，拥有长期固定伴侣对认知功能的要求比随便滥交更高。因为厮守的伴侣在做任何决定时都必须能够考虑到另一半的利益，必须能够权衡双方的需求，从而做出恰当的妥协和折中。事实上，这就是心智化的雏形，虽然还算不上是完整的心智理论能力。巧合的是，社会大脑假说在某些昆虫中也成立，比如黄蜂和隧蜂，社会性物种（如几个蜂后共享一个蜂巢的）的大脑容量（更准确地说，应该是蕈形体，也就是大脑中主管认知，特别是社会性功能的部分）比独居物种的要大很多。更进一步的发现是，即使在同一物种中，更加社会化的个体（如蜂后），比起其他社会化程度较低的个体（如工蜂），大脑的容量要更大一些，类似的情形在鱼类中也同样存在。

在灵长类，或许还包括其他一小部分哺乳类（比较明显的是大象和马）中，社会大脑的影响表现在该物种的大脑容量和它们所处的社会群体的平均规模有着直接的关系。这是因为，所有这些物种都有着密切的社会关系。这些关系在感情上有亲密的成分，但是和交配及生育无关，我们或可称之为友情。这种友情关系和麋鹿及羚羊等群集哺乳动物之间的相互关系有着天壤之别，后者是那种今天来明天走的松散随性的关系。相反，灵长类之间的友情和伴侣关系类似，就像其他哺乳类或鸟类中基于繁殖的伴侣关系一样，它们需要更多的脑力来维系。而作为一个个体，有能力同时管理多少这样的关系，就取决于它的大脑有多大的容量。

群体规模取决于认知能力这种现象在灵长类身上得到了体现，社会群体的大小和大脑容量的大小之间的正相关证实了社会大脑关系（图3.1）。社会大脑假说在近期又得到进一步的证实，有神经成像研究表明，大脑关键部位的大小和个人社会网络大小（包括脸书［Facebook］好友的数量）有着直接的关联。这种关联在人类和猴子身上都存在，这个发现对于社会大脑假说是一个很大的推动。而且，很重要的一点是这个神经影像研究的对象是同一物种，如此一来，研究结果就表明了社会大脑假说不仅适用于不同物种之间，而且也适用于同一物种的不同个体之间。

在这本书的大部分篇幅中，我在"大脑容量"这个概念的使用上是相当宽泛的，而事实上，这个关联只和大脑新皮层（neocortex）的容量有关，比较研究和神经影像研究的结果表明，尤其关键的是额叶部分的大小。更为重要的是，这个关联实际上就是行为复杂度和大脑（具体来讲就是大脑新皮层）容量之间的关系，而群体规模本身是个涌现性的因素，也就是说，个体所能够管理的关系数量取决于它的社会行为

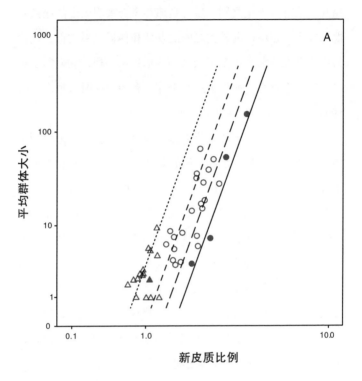

图 3.1

社会大脑关系，物种群体规模平均值和（a）新皮质比例、（b）额叶比例，两者都是相对皮层下大脑的比例。

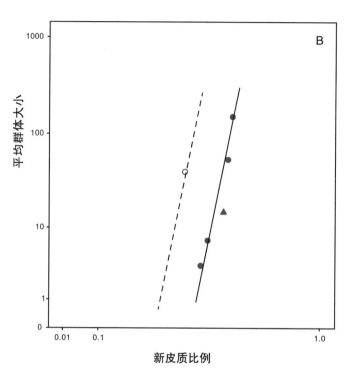

● 猿：灰圆圈和直线

○ 猴：白圆圈和虚线（反映了猴子内部不同的社会认知水平）

△ 原猴：白三角和虚线

▲ 在（b）中，黑三角代表红猩猩，猴子是猕猴。

根据Dunbar（2010）重新制作。

的复杂度，而社会行为的复杂度则取决于它的认知能力（这就和大脑容量有关了）。这一点我们能在灵长类身上看得很清楚，灵长类的数个行为指标都和新皮层的容量相关，这些指标包括了梳理群体的大小、联盟的形成和发挥作用、对欺骗策略的利用、雄性擅长的交配策略以及用面部表情和声音表演的复杂程度等。大群体比小群体的社会关系更复杂，因为在其中会有更多的伴侣亲友关系需要管理，因此，社会群体规模是一个衡量社会复杂度的便利标准。或许，更重要的一点是，群体大小是个体行为和认知能力跟外在环境的接口（因此也是动物解决它们生态问题的方式）。

　　虽然看起来社会性是大脑进化的主要推动力量，但是动物生态和生存经历*的其他方面也和大脑容量有很大的关系。这是因为，所有这些几乎恰恰都是大脑成长的制约因素。在成长过程中，脑组织的发育速度是固定的，因此，大容量的大脑就是需要更多的时间来生长发育，没有捷径可走。这就意味着至少对于哺乳动物来说，必须要有更长的怀孕期和哺乳期才能生成更大的大脑。而且，正如一台没有软件的计算机就没有任何用处，所以还必须有更长的社会化时期（主要是在从断奶到开始生育这段时间里）来让大脑适应大千世界

---

*　生存经历指的是决定个人贡献后代能力的族群统计学变量（如生殖能力、孕期和哺乳期的长度、发育的年龄以及寿命），再通过后代来影响整个族群的动态性以及进化。

里不断出现的变化和各种微妙繁杂之处。通过对神经影像的研究我们会发现，人类大脑的生长发育时间长得令人吃惊，大约需要二十到二十五年的时间，这就是为了让大脑适应社会的复杂性。

大脑的生长和维护成本都非常高昂。一个成年人的大脑，从重量上来说，只占了体重的 2%，可是这 2% 却要消耗人体每日总摄入能量的 20%。所以，以重量计，大脑消耗了十倍于它应该消耗的能量（而这些能量，还只是维持大脑存活的那部分，并不包括在忙碌工作运转时所需要的能量）。因此，拥有高效率的觅食策略从而获得足够的额外能量，就成为大容量大脑物种的头等大事。有些食物（一个典型的例子是树叶）吃起来太花时间，营养成分也不够高，所以，改变食谱是物种进化出大容量大脑的前提。我们可以把食物看成一个灰色天花板（有这样的联想，主要是因为大脑里的灰质是它最要紧的部分），它给物种在认知和社会性的能力上设置了一个限制。

和所有其他哺乳类（包括猿亚目的灵长类）不同，猿猴（类人猿灵长类）有自己独特的大脑进化轨迹，主要是在前额叶部位形成了一个全新的大脑区域。在他们关于灵长类大脑进化的重要著作中，神经心理学家迪克·帕辛厄姆（Dick Passingham）和史蒂文·怀斯（Steven Wise）对此做了详尽的阐述，肯定了前额叶区域对类人猿灵长类的独特意义。类人猿灵长类因此拥有了复杂的认知能力，这些认知能力包括了在两个事物间建立因果关联的能力（即一次性学习的能力），以及对未发生的行为结果做出预测和比较的能力。通过神经影像研究，我们还有一个重大发现，找到了一个非常特别的关联，那就是眶额皮质的大小决定了心智化的能力，而心智化能力又决定了社会网络的大小。这种情况下，图 2.4 所列出的猴、猿和人类在心智化能力上的不同，会对这些物种（化石人亚科也介于这些物种之中）在社会性和文化性方面的表现产生巨大的影响。关于这些，我们将会在第八章中再次展开讨论。

前额叶似乎也和抑制冲动反应（从本质上来说，这是对强势反应的抑制）的能力相关，它使动物忍住冲动，对没有立即到手的奖赏保持耐心，而不是一有可能就要把奖赏抢到手。相对来说，人类尤其擅长这一点。生活在大型的、相互关联的社会群体中，能够忍耐奖赏的延迟非常重要，只有具备这样的能力，个体才能抑制某些自私的欲望，从而能够和其他成员共享成果。额叶越大的物种，越能更好地控制自身的本能冲动，比如在面对其他个体的行为时，能保持冷静，压抑愤怒，避免冲突。

人类和社会大脑

我们的故事建立在一个基础之上，这个基础就是肯定社会大脑假说能给出一个精确的等式，由这个等式，我们能从大脑的容量推断出社会群体的大小。所以，我们要问的是关于现代人类——我们这个演化故事的终点，社会大脑能告诉我们什么呢？

图 3.1 中的数据很清楚地组成几条平行斜线，最明显的是图中有关猿的数据，位于图的一侧。从左到右排列，这些斜线实际上反映了社会认知复杂程度的增加。因为人类归在猿科之中，所以，我们在计算人类群体大小时，要用到猿类的等式，而不是用整体灵长类的等式。代入现代人类的新皮质比例，用猿类的等式推算出来的群体大小是 150 人左右，人类真的就生活在这么小的群体中吗？

事实上似乎的确如此。回答这个问题的方法之一是研究狩猎－采集社会（hunter-gatherer society）的人口数据，这样的社会反映了我们在进化历史的大部分时间中生活过的小型社会的情况。在过去的二十万年间，人类大脑容量没有发生太大的变化，所以，这种社会形态特别适合于检验我们的公式。这样的研究如同从高处往下俯视，我们可以看到人类的分布情况，并描述出社群的空间结构。跟大部分灵长类一样，狩猎－采集者们居住在一个多层次的社会团体中，这些层次相互交叉，其中包括了家庭、营地小组（小队）、社群（家系）、同族社群（大队）和同语言族群（部落）等。图 3.2 描述的是狩猎－采集社会在家庭（对于社会大脑的故事来说，家庭这个单位显然太小，不足以说明问题）以上的各个层次

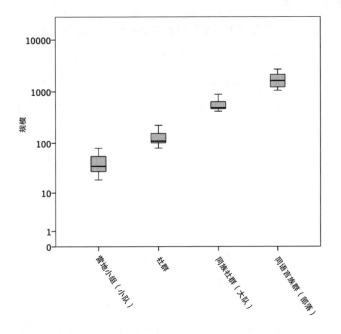

图3.2

　　小型狩猎－采集和园耕社会中主要群体层
次人数的中间值（50%和95%的范围）。

大小的分布。一眼就能看出来的是，只有一个团体层次的典型规模是150，也就是我所说的社群层次。在大多数狩猎－采集社会中，这个层次的人是共享狩猎－采集区域的，也共享一些特殊资源，比如永久水源或者圣地，他们通常还会以一年一次的频率聚在一起举办诸如成人礼等比较隆重的仪式。

表3.1中列出了典型的150人规模的社会团体通常有哪些，列举的例子包括古老村落的规模、基督教不同分支教区的规模以及商业和军事组织的规模等。比如在现代军队中，能自主行动的最小单位是连，而连队的平均人数几乎刚好就是150（范围大致在120到180之间）。

另一个可供选择的方法是让人们列出他们身处的整张社会关系网，而这实际上相当于以个人的角度由下而上看待世界。我们做过几个测试，有时是请人们列出他们邮寄圣诞卡的完整名单，有时是请人们从他们的通讯录中挑出所有他们在乎的人。在一项对圣诞卡寄送列表的研究中，得出了154这个平均值，和150相当接近。在另一个样本容量很大的研究项目中，请妇女们列出她们社交圈里的人数，结果也给出了接近150的上限。另有一批研究者曾经致力于分析推特社群的大小规模（也就是在推特上互相关注的用户，基于大约一百七十万人的样本）和电子邮件社群的大小规模（有电子邮件来往的人们，样本容量约一千万人）。结果，他们发现典型的互动社群的规模也是在100到200人之间。最近一项面向一百万名脸书用户

	典型规模
新石器时代村落 （中东，公元前6500-5500）	150—200
小队（"双世纪"） （罗马军队，公元前350-100）	120—130
英国土地志（公元1085） 平均村庄大小	150
18世纪英国村庄 （郡平均值）	160
部落社会 （平均值和社区规模范围；N=9）	148 （90—222）
狩猎—采集社会 （平均人数；N=213）	165
哈特派农民社群 （加拿大）（平均值；N=51）	107
内布拉斯加阿米什人教区 （平均值，N=8）	113

	典型规模
英国教会会众 （建议的最佳大小）	200
美国田纳西州东部山区社区	197
社会关系网的大小 （平均值，N=2 "小世界"实验）	134
Gore-Tex公司工厂每生产组人数	150
连队（"二战"各军队平均值和范围；N=10）	180 （124—223）
圣诞卡邮寄名单 （平均人数；N=43）	154
研究专业 （科学和人文学）（mode，N=13）	100—200

表3.1

一些历史上的和当代的人类群体规模。

的调查显示，人们的朋友圈是大小不一的，确实有为数不多的用户朋友数量可达到五千左右，但是，朋友数量超过五百的用户总数其实非常之小，大多数人的朋友数量在150到250之间（其实，用户有时候都不知道这些朋友到底是谁！）。

据社会大脑假说预计，现代人类"自然"的社群大小是150人，这一点已经被很多系统性和非系统性的证据所肯定。在继续讲下去之前，我们还需要做最后一件事，那就是确定这个社会大脑等式对广义的化石人亚科能做出什么预测。这将会搭建起一个关键的框架，在此框架之内，我们得以分析评估人亚科在人类演化每一个阶段的行为。我们会着眼于头盖骨的大小来研究这个问题，但是，因为大脑并非充满整个头盖骨，所以我们会对数据做些相应的修正。有一点需要注意，因为各物种所面对的生态压力的差异，不同物种的大脑在各个区域会有不同的进化速度。例如大猩猩和红猩猩，它们有硕大的脑袋，但你一定想不到它们的新皮质相对来说其实很小。这主要是因为它们的小脑比较大，*所以它们能更好地在树枝间平衡身体。如果单纯地使用头盖骨大小的数据，那很可能会高估它们新皮质的大小（或者，更严重的是，可能

---

* 小脑是长在大脑后侧下方的一个像大脑的小球体。这是很古老的一个部件，它的主要功能是协调大脑各部分的认知处理，以保证每一步骤都按照应有的顺序得到及时的处理。因此，它能保证四肢活动的平衡协调，对身体的运动机能起着重要的作用。人类支线的小脑相比其他灵长类要更大一些，部分原因在于双足行走需要更复杂的协调。不过，它的功能不仅限于运动，似乎对思维处理程序的协调也有作用。

会高估它们额叶的大小），继而因此高估它们社会群体的大小。维持身体的平衡是小脑诸多功能中的一项，所以双足行走的人类的小脑比四足行走的灵长类要大，因为直立行走难度更大，更需要保持平衡。所以，当我们利用头盖骨的大小去估测直立行走的化石人亚科的社会群体规模时，很有可能会高估了。但是，现在让我们先把这个问题放在一边，来看看头盖骨大小和化石人亚科社群大小规模之间的关系。

当我们套用类人猿的社会大脑等式，用头盖骨大小来估测化石人亚科群体大小时，我们得出图3.3中的图形。这些数据虽然看起来只显示了头盖骨大小的变化（图1.3），但是，对于我们来说更重要的是，它给出了每个人亚科群体的社群规模的具体数值以及它的可变范围。然而，对于我们的研究而言，最重要的是，每个物种必须能够保持住作为完整社会存在应有的群体规模，并且能够解决相应的时间安排问题。可想而知的是，古人类学家会说图3.3中的数据并不能说明什么问题，因为化石智人和现代人的行为可能非常不同，所以它们的大脑也是非常不同的。实际上这种反对意见很难讲得通，因为我们知道在人亚科两端的现代人和黑猩猩的确切群体规模数值，除非我们能够确认黑猩猩和现代人类（以及其他所有灵长类）都适用社会大脑假设，而在这两者中间的数百万年间化石智人神秘的有一套完全不同于灵长类（包括现代人类）的大脑和社会化规律，否则唯一要解决的问题就是不同的人亚科在

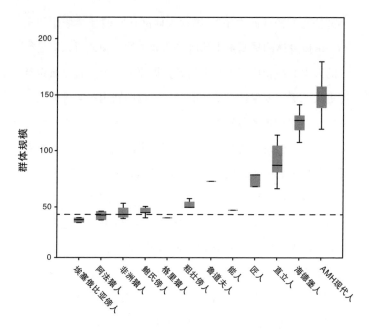

图 3.3

　　主要亚人科物种的群体规模中间值（50%和95%范围），通过转换颅腔容量（图1.3）和新皮质的比例，再将之代入图3.1的猿类公式中而得出。水平直线是现代人类的群体规模（150），虚线是黑猩猩群体的平均规模。请注意，尼安德特人没有包含在内，其原因我们会在第六章中再讨论。

这两极的中间是如何分布的。最谨慎的假设是它们的群体规模也和大脑容量有关，除非我们有根本性的理由来推翻这一点，但直到现在我们还没有看到什么根本性的理由。

假如一个社群并不是一个社群

在这里，让我暂停一下，先来解决另一个困扰了我们很久的问题，这个问题关乎我们要讲的这个人类社会大脑的故事。或许，现在你觉得人类自然群体的大小是 150 这个结论已经盖棺论定，被广泛接受了。但遗憾的是，事实并非如此。虽然，有相当多的证据能够证明，社会大脑等式确实能预测人类自然群体的大小，但是，仅仅有了这些证据并不能阻止对现代人类真正群体大小的争论。

考古学家通常会指出，从考古记录来分析，他们所能看到的典型社群是猎人们过夜的营地。社会人类学也一直有此传统，把这些营地（也就是小队）看成是现代狩猎 - 采集人群中最基本的社会单位。根据当地地理环境和经济环境上的差异，这些营地通常有 30 到 50 人不等。而有些社会学家则倾向于另一极端，认为人类自然群体的大小远远高于 150 人。他们有两个依据，一是传统社会部落中的同族人，一是某些声称自己朋友众多的社交达人，按这个观点来看，自然群体的规模将远超 200，大约在 500 到 1,000 之间。

这些不同的观点听上去虽然都很有趣，似乎也有点道理，却给我们出了个难题。除非我们能够准确地知道人类自然群体的大小，否则的话，我们无从获知智人进化的路径最终指向何方。如果说，考古学家的观点是对的，人类群体的大小是 50 人左右，那么，自从我们和黑猩猩分开之后，也就没有发生过任何社会进化了（因为黑猩猩的群体大小是 55）。那就是说，没有什么需要解释的了，如果那样的话，我也没必要费劲写这本书了。相反，如果社会学家的观点是对的，人类的自然群体非常大（或根本就没有自然群体大小这件事），那么，社会大脑的故事对 150 这个数量的强调对于我们来说就是一个莫大的误导。

其实，要想冲出这个看似无解的困局也很简单。人种学的证据告诉我们，狩猎－采集营地（小组）并不是最基本的人类社会组织单位。因为这样的小组结构很不稳定，个人或家庭的加入和离去都有很大的随意性。它们的成员甚至在几个月的时间内就会有较大变化。很重要的一点是，当一个家庭加入一个新的营地时，这个家庭加入的营地成员必然与他们属于同一个 150 人的群体（社群或者宗族）。加入一个全新群体的可能性毕竟很小，除非受到很大的环境压力或是遭到了驱逐。同样，我们中的大部分人，也包括现代的狩猎－采集人，认识的人的确有可能会超过 150 个。但是，以 150 人为界，这个层次之内还是之外有着很大的区别。我们通常会把层次之外的称为熟人，他们算不上朋友或者是让我们在乎的那种关系，而只是你看到会认得的人。我们在过去十多年的研究中发现，在150人这个范围处，形成了一条很明显的分界线，线内的人是你的朋友，你们有着交往的历史，相互信任，是你有担当、有义务，有互惠关系的朋友，如果他们需要帮助，你会毫不犹豫地伸出援手。而线外的人只是你的熟人，你们的关系松散随意，没有互惠的来往，交往的历史也不长。对这些线外的人，我们明显没有那么慷慨。是的，我们在脸书上的"朋友"越加越多，但是，我们并未和他们建立真正意义上的友谊。我们只是把脸书网络延伸到了熟人的层次（500人的层次），这些熟人其实已经存在于现实生活中。

简而言之，其他研究者定义的不同群体层次固然存在，如图3.2（以及图3.4）所示，它们是群体层次重叠交叉的一部分。社会大脑关系特别将150人的这个层次定义为现代人类的群体，就像其他猿猴的自然群体一样。我们总是可以重点关注别的群体层次，事实上也有很多研究者这样做了。但那并不是一回事，不同的群体分层方式揭示的是不同种类的社会关系质量。而且，在后面我们也会看到，它们起到的作用也非常不同。在第八章中，我们会看到，这个150人分层法之所以重要，还有一个非常明确的社会原因：它是我们判断亲属关系的一个上限（没有任何一种人类文化会把亲属关系正式定义到超过150人的层次）。正因为这个层次对应了社会大脑关系中的灵长类社会群体，所以也正是这个层次的规模才是我们最为在意的。

灵长类社会体系的结构复杂性

我们通常会有这样一种倾向，将社会群体想象成同类人的群体（也就是说，在群体中大家相互都是朋友）。虽然从广义上来讲，这个假设对于大多数物种是成立的，但是，大型灵长类群体和人类社群一样，呈现出高度结构化的形态（图3.2）。大概正因为这种结构（这种结构的成因在于个体的注意力越来越集中于它的梳理伙伴，它们成为群体中的核心联盟），灵长类才得以生活在这样大型的群体之中。如第二章所述，这样的联盟降低了生活在大群体中的风险。同时，这种结构也制造出了社会的复杂性，由此对类人猿灵长类提出了认知上的更高要求，这一结果最终成了这个物种的特征。

从图 3.2 中明显可以看出，在环环相套的多层次的社会组织结构中，狩猎－采集社群是其中的一层。从这个意义上来说，狩猎－采集社会是人类社会的典型形态（我们都生活在这种交叉重叠的社会层次中），也是大多数猿猴社会的典型形态。为了做进一步的研究，我们分析了图 3.2 显示的宗族数据中的群体大小，运用分形数学来寻找数据中重复出现的模式。结果，我们发现这些社会层次有一个非常独特的比例系数，每一层的大小都是它内层大小的三倍。以狩猎－采集社会的数据为例，显示出的层次规模依次为 50、150、500 和 1,500：三个由 50 人组成的营地组成一个关联的家系（clan），三个关联的家系组成一个同宗社群（mega-band），三个同宗社群组成一个同语言族群（部落）。而圣诞卡寄送列表数据中的联络密度（专注于 150 人以内的群体关系）也显示出完全一样的模式，增加的比例几乎刚刚好就是 3，而内部层次的大小依次是 5、15、50 和 150。因此，在这两组数据之间，显示出一个自然群体层次的大小，从最里面的 5 到最外面的 1,500，形成了一个独特的模式，大致上就是 5-15-50-150-500-1,500。可喜的是，之后进行的另一项研究从不同的狩猎－采集群体数据中也发现了同样的模式。[*] 更有意思的是，我们在其他生活于复杂社会群体的哺乳动物中（黑猩猩、狒狒、大象、鲸鱼等），也发现了同样的层次结构大小比例，这个结果可能说明了在具有复杂社会体系的哺乳动物中，这是一个最典型的普遍存在的模式。

图 3.4 显示了从你个人的角度来看，这种模式会呈现出什么样的形态。你在图的最中间，周围是一圈圈人数渐多的层

---

[*] 这个研究（参见 Hamilton 等人的论述，2007）得到的缩放比例是 3.8，结论中实际缩放比例是 4。事实上，这是因为他们用的群体大小是以个体为基础（即群体大小为 1），而不是用第一层次的群体大小（5 的层次）。如果我们忽略个体，按他们自己的数据得出的缩放比例是 3.3，和我们的分析结果完全一致（参见 Zhou 等人的论述，2005），起点是 5，而层次大小和我们数据发现的一样（参见 Hill 等人的论述，2008；Lehmann 等人的论述，2014）。

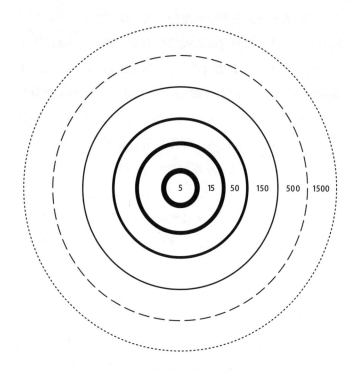

图 3.4

　　熟人的圈子。我们的社交网络由一系列层层包含的圈子组成，每个层次都比它紧邻的内部层次大三倍。在我们的150人社交圈的层次之外，至少还有两个层次，一个是500人层次（熟人），另一个是1500人层次（名字和脸对得上的人）。

次。就人类而言，我们可以将这些层次按照关系的远近分为亲密朋友（最里层的 5 人圈）、最要好的朋友（15 人圈）、好朋友（50 人圈）、朋友（150 人圈）、认识的人（500 人圈），以及脸熟但叫不出名字的人（1,500 人圈）。在我们的现代社会中，最为内部的四个层次（到 150 人圈）里，大概一半是家人一半是朋友。而 150 人往外的层次里，基本上都是些平时偶然认识的人，很少有家人。一个明显的假说是，智人社会的进化是由黑猩猩社群的 50 人核心圈往外延伸，依次达到 150、500 和 1,500 人层次。虽然我们在灵长类、大象和食人鲸的群体中都发现了同样的增长系数，然而，我们仍然不明白的是为何这个系数几乎总是 3。

我们大致上可以认为不同物种的社会体系的复杂程度主要在于层次的数量，而不是在于层次本身的大小。比如说，人类有六个层次，黑猩猩和狒狒只有三层，而智力更低的猕猴只有一层（或者最多两层）。维持这种多层次社会体系的能力，在很大程度上取决于该物种社会认知能力的发展，所以需要有进化到容量足够的大脑来支持这些心智化的能力（图2.4）。有些间接的证据来自比较分析的结果，就像博古斯瓦夫·帕夫洛夫斯基（Boguslaw Pawlowski）和我的研究都发现，在灵长类中，拥有更大新皮质的物种能更好地整合运用两种不同的社会策略（个体优势 vs 社会联盟）。在一组巧妙的田野实验中，托尔·伯格曼（Thore Bergman）和雅辛塔·贝纳

（Jacinta Beehner）展示了狒狒的能力，实验证明狒狒能把个体的血缘关系和它们在群体中的地位优势联系起来，但又能够把这两种关系分得很清楚。而智商较低的物种比如犟猴就做不到这一点，它们的群体结构相对简单，只是基于个体的地位，这也许是因为犟猴的群体较小。

这种架构确实反映出了个体和群体中其他个体互动的程度（对猿猴来讲，就是互相梳理）。就我们人类社会来说，我们每个人大约 40% 的社会精力，或者也可以称之为社会资本，是给予最亲近的 5 人圈的，也就是 5 个最亲密的朋友和家人。然后，60% 是给予最亲密的两个层次中的 15 人，剩下的 40% 给了再往外两个层次中的 135 人（图 3.5）。正如山姆·罗贝斯（Sam Roberts）和我在研究中发现的那样，互动的频率和感情上亲密的程度密切相关。我们对人际关系的变化展开了为期 18 个月的研究，结果发现当朋友间的互动频率下降时，相互间感受到的亲密度也随之下降。在随后的分析中，亚里·萨拉迈基（Jari Saramäki）运用同一组数据发现了一个更加有趣的现象。他发现我们每个人在分配社会资本（时间和情感）时都有一种类似指纹的独特特征，即使在我们的社交圈成员发生重大变化时（比如某人离开家乡，搬到另一个城市生活），这种方式也依然不变。

和猿猴一样，我们也把社会资本集中地放在对我们最重要的关系上，也就是那些紧密关系中的核心成员，他们是我

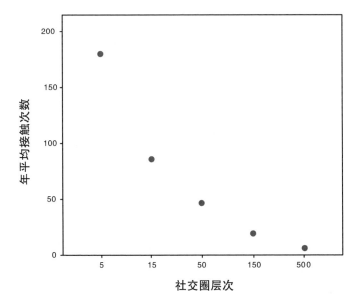

图3.5

我们和社交网络中不同层次内的人联系的年平均次数。数据基于对英国和比利时251个女性全部社交网络的研究。本图根据Sutcliffe等人的图表重绘（2012），数据来源：Roberts等人的论述（2007）。

们获得感情上或者其他方面支持的主要来源。但是，我们同时也会保持和其他成员的关系，从中获得各种不同形式的发散型支持。在社会学论著中，这两种关系通常被称为强关系和弱关系，这是美国社会学家马克·格兰诺维特（Mark Granovetter）提出的术语。请注意，社会学的论著中只区分了两种关系，而图3.4明显地列出了四种。

这些数据再次强调了社交互动对维持人际关系的重要性，这种重要性，无论对于人类，还是对于猿猴来说，都具有同样的分量（图2.1）。同时，也提醒了我们，对所有灵长类来说，梳理时间的管理和分配有多么重要。由此，我们就自然地进入我们理论架构的另一半，也就是时间的分配。

为什么时间如此重要

时间分配模型，是我们这项任务的第二个关键性基础。这些模型，是我、朱莉亚·莱曼（Julia Lehmann）以及曼迪·科斯特斯（Mandy Korstjens）在过去的十多年间共同研究开发出来的。这些模型在接下来的几章中将要扮演重要的角色，因为它们将会向我们展示，化石智人是如何应对环境变化的。这些模型，结合社会大脑关系假说以及考古数据，将成为帮助我们认识智人社会进化的支点。

时间分配模型在概念上非常简单，源于对动物生活习性的观察。动物为了能够在某个环境中生存下去，首先要保证的是维持摄入的营养和付出的能量相对平衡，其次还要保证它所在社会群体的凝聚力。保证营养的摄入必须安排足够的时间来觅食（这个时间包括了行走和进食所需要的时间）。社会凝聚力的保障需要有足够的时间去做有利于增进感情的行为，对灵长类来说，这种行为就是相互梳理。这样一来，剩余的时间只需要再安排一种主要的活动，也就是休息。这种休息不是那种无所事事意义上的休息，而是不得不保持静止的状态。比如在中午时分，因为天气过热而必须停止活动，或是为了获得充足的消化时间，对于以树叶为食的物种（folivore）来说，这个问题尤其突出。*

利用对野生猿猴研究得出的数据，我们总结出一条公式，可以基于不同的食物结构、当地气候、社会群体大小等变量，计算出各物种在进食、行走、休息等项目上所花的时间。接下来，我们只需要计算出正常的一个白天（对热带地区的猿猴来说是 12 个小时）中还剩下多少醒着的时间。然后，根据这个时间（图 2.1 给出了梳理时间和群体大小的关系），计算出社会群体的规模有多大。这里的关键点在于，如果，在某一个特定的地方，一个物种只能形成三到四个个体的群体，

---

* 树叶细胞受到纤维素的保护，哺乳动物吃树叶不易消化。和反刍动物一样，食叶性灵长类也是依靠细菌的发酵打破细胞壁而释放营养，这个发酵过程需要较长时间，在这期间动物需要保持静态，否则细菌发酵就会被抑制。

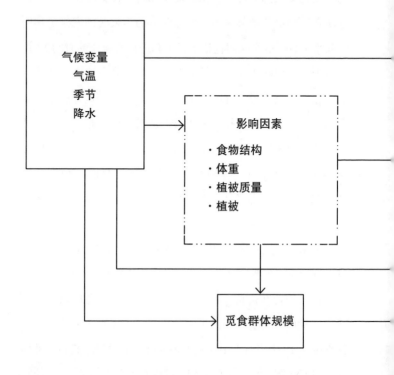

图 3.6

时间分配模型的基本架构。气候和物种的生理适应性决定了在进食、行走以及必须的休息（动物为了避开高温或为了消化而必须静止不动的时间）之间的核心时间分配，剩下来的时间（可随意支配的休息时间）可分配一部分给社交，而这个时间决定了动物在栖息地所能维持的最大群体规模。

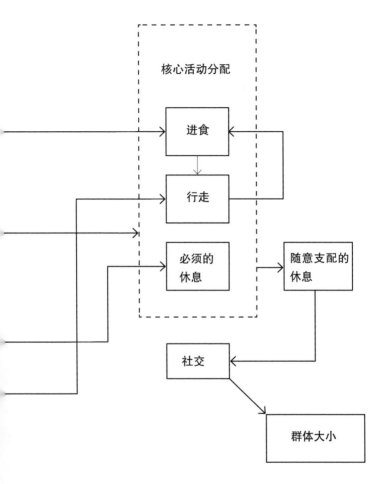

核心活动分配

进食

行走

必须的休息

随意支配的休息

社交

群体大小

对灵长类来说，觅食群体的规模是对付天敌的主要防御手段。大部分物种的觅食群体和生活群体是同一个，但是，在时分时合的社会体系中（比如黑猩猩的群体），群体会在觅食时分成小群体。猿类的觅食群体规模对行走所需要的时间有着巨大影响。

参见 Dunbar 等人的论述（2009）。

那它们就很难在那里生存下来。最简单的理由就是，这么小的群体，根本无法抵御来自天敌的威胁。

图 3.6 展示了时间分配模型的基本原理及其应用。首先，出发点是某一特定地区的气候，气候是直接或间接（如通过对植被的影响）决定时间分配安排的核心元素。之后，基于这一点，我们可以计算出在这一地区所能够形成的群体的最大规模。我们构造了多个模型，这些模型分别属于六个非洲猴属，一个南美洲猴属*以及所有四个猿属（即长臂猿、红猩猩、大猩猩和黑猩猩）。每个属的公式略有不同，因为不同属的动物的体型和身体构造（尤其是消化系统）略有不同。比如猴子能消化未成熟的水果，而猿（当然也包括我们人类）却不能，这就意味着它们觅食的方式因此会有很大不同。在接下来的分析中，我们主要会用黑猩猩的公式†，因为黑猩猩标

---

* 属（genus）是一组关联性极强的物种，通常有着相同的饮食和体型结构。

† 这个模型的全部细节可以在 Lemann 等人的论述（2008b）中找到，对那些现在就想知道的，等式如下：

进食时间 %=0.96+1.04*（干旱月份数［降雨量 >100 毫米］）+0.21*（群体规模）

行走时间 %=102.14-0.11*（年度降雨量，毫米）+0.00003*（年度降雨量，毫米）2+2.597*（觅食组规模）

觅食组规模 %=21.49+0.07*（森林覆盖率，%）-0.33*（月平均降雨量，毫米）+0.001*（月平均降雨量，毫米）^{2}

强制休息时间 %=-29.47+1.28*（年平均气温，摄氏度）+0.34*（食物中树叶 %）+5.95*TmoSD

社交时间 %=1.55+0.23*（群体规模）

最大可容忍的群体规模可以这样计算：(100-（进食 + 行走 + 休息）-1.55）/0.23

休息时间和社交时间是灵长类的通用公式，进食和行走时间公式是黑猩猩特有的。

志着古代智人从类人猿中分离出来的一个自然起点。

从这组公式中，浮现出一个尤其令人欣慰的发现，我们只需要得知三个气候的变量，就能预测出各灵长类物种在时间分配上的构成，这三个变量就是降雨量、气温和一定的季节性指数。这一发现真是我们的幸运，这样一来，首先，我们只要掌握相当之少的情况，就能准确地预测整个大陆上各物种的分布情况。其次，因为我们不需要很详尽复杂的气候和环境数据，所以就很容易将这个模型运用到更古远的时期，毕竟相对简单的气候指数通常来说还是比较容易测算的。

从生态学的角度来看，这些模型非常直接。其规模未必最大，但其中的社交时间等式是它们最为重要的元素，因为这个元素直接决定了一个物种所能维持的社会群体的大小。灵长类以互相梳理的方式来维系社会群体，相对应的结果是，社交性梳理时间随着群体规模的增加而增加（图 2.1）。既然社会交往时间和群体的大小之间存在一定的线性关系，那么我们可以从中得出一个简单的准则，来判定如果它们想要生活在某个规模的群体里，就应该在梳理上分配多少时间。一旦群体的规模开始逾越它们能安排在梳理上的时间，考虑到在时间分配上的别的需求，那就意味着时间会短缺，因而不能保持应该保持的梳理密度，以维系它们之间的紧密关系。这样的结果是群体就会分裂，最终分成两个或更多个各顾各的小群体。需要注意的是，时间分配模型并不是用来确定某个物种在某种生态环境中共同生活的群体大小的，它只是明确了在这种生态环境中，可能形成的群体最大规模。它们并非一定要形成这样规模的群体（考虑到这样做的成本，见第二章），不过，确定的一点是，它们所处的群体肯定不可能超越这个规模。

虽然这些模型只是基于几个气候变量，但是用它们来预测物种适合与不适合生存的地区，效果好得出乎意料。我们把这些模型放在一整片大陆的范围里加以检验，用它们来推测已知的各个物种的生物地理分布。我们的做法是选取一个大陆，比如非洲大陆，先把这片大陆分割成一度纬度乘以一度经度的方块矩阵，确定这些方块的气候概况（数据通常来自大型的气候模型）。然后，再把这些数据放入相应模型的等式之中，来算出各方块中每个群体的大小。最后，把我们预测的数据和实际生活在那里的物种相比较，发现它们惊人地吻合。实际上，即使和生物学中最好的传统生物地理模型相比，我们的答案还是要更准确一点（其中的缘由，很可能是因为时间分配模型给出的是更精微的量化结果，而生物地理模型只给出存在或不存在的非此即彼的判断）。

通过对这些猿类模型的研究，有几个重要的发现对于我们这本书来说很关键，所以让我把它们详细地列出来。首先，制约类人猿生物地理分布的主因就是行走（或者移动）的时间（图 3.7）。就类人猿来说，影响它们行走时间的因素有两

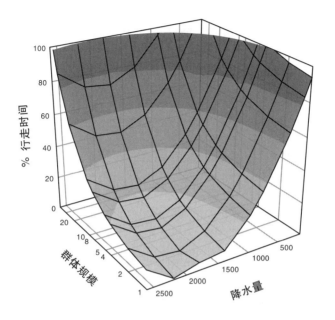

图 3.7

猿类每天在不同进食点之间行走所花费时间的百分比。本图在黑猩猩模型的基础上，预测了在一个特定的栖息地内，分配给行走的时间、进食群体的规模以及栖息地质量（这里用年平均降水量来标识，因为一般来说，降水较多的栖息地比较富饶）这三者之间的关系。行走时间随着群体规模的增加和栖息地变得干旱（森林减少，变得更像草原）而呈指数级增加。如果以典型的自然群体规模，即50到80只黑猩猩作为一个觅食群体一起行动，那么，一天里光是花在行走上的时间就要超过100%。而事实上，很少猿猴物种会花费高于20%的时间在行走上，为了将行走时间降到最低可行范围之内，黑猩猩群体必须打散，形成更小的群体分头觅食（通常以3到5只为单位）。

参考Lehmann等人的论述（2007）。

个，其一是生存环境的富饶程度（由图中的降水量来决定），其二是觅食群体的大小。后者也非常重要，部分原因是群体成员之间的竞争，也有部分原因是类人猿只吃成熟的水果，所以它们的食物通常会消耗得更快。当猿类走出湿润的赤道森林地带，尤其是当整个群体始终在一起觅食时（图 3.7），行走所需的时间很快就会成为关键的制约因素。正因为如此，猿类的生活区域被限制在赤道周围一片狭长的地带之内。与之相反的是，狒狒（Papio 属）则受限于它们进食的时间成本（比如，每分钟能摄取多少食物），但相对来说对行走时间不敏感（其中的部分原因是它们能吃不熟的水果）。这样一来的结果是狒狒的分布地比猿类要广阔得多，它们能在撒哈拉沙漠以南的任何地区生存，除了沙漠和密林。既然早期人亚科比现代猿类生存的范围要大得多，紧接着的一个问题就是它们是如何应对移动时间的挑战的。

其次，黑猩猩之所以能生存到今天，就因为它们具有一种时分时合的社会性（fission-fusion sociality），这种社会性抵消了大量行走带来的高成本。所谓时分时合的社会体系，就是一个群体能在白天分裂成几个小的觅食群体，这样它们行走所需的时间就会大大降低（图 3.7）。如果黑猩猩必须以一个大群体为单位来觅食，那么，不管它们生活在哪里，时间都会不够。狒狒生活在更为干燥的环境中，它们白天的大部分时间几乎都在行走，用以进食或休息的时间很少，更不要说用来社交互动了。事实上，即使在黑猩猩现在生存的环境中，它们最多也只能维持 10 到 15 的群体规模，而这个规模的黑猩猩群体其实是无法生存的。既然黑猩猩在相对比较富饶的环境中也有这样的问题，人亚科在进入不那么富饶的大草原时就会遇到更大的困难了。

第三，如果用我们的模型来预测将来，假设在下个世纪里气候逐渐变暖，那就意味着猿类和旧大陆食叶的猴子，比如非洲叶猴（African colobine）和亚洲叶猴（Asian leaf monkey），都将灭绝。因为它们在对食物的要求上缺乏弹性，无法适应气温的升高。而事实上，无论在行为上，还是在食物上，非洲猿类已经抵达它们所能适应的气候变化的极限了。红猩猩就是游走于极限边缘的代表，在后冰川期的大约一万年中，随着气候的变暖，它们的觅食群体规模已经不断缩小到了极限点（也就是趋于单独觅食）。它们的生存区域也被逼得越来越靠近赤道，接近生存的极限，已经到了灭绝的边缘（即使在没有人类不断破坏森林的情况下）。在上新世（Pliocene）气候不断变得干燥的过程中，智人也会面对同样的困境，被迫搬迁到更开放的环境中去。

第四，把黑猩猩分布图和它们的天敌（主要是狮子和猎豹）分布图对照起来看就会发现，黑猩猩的生物地理分布受制于它们的天敌。它们能合力对付一只非洲的大型猫科动物，但同时来两只就难以招架了。虽然从时间分配模型上来看，黑猩猩在安哥拉和南部刚果生存下去应该毫无压力，但是，这些非洲大猫阻止了黑猩猩占有那里的大片地盘。这对我们是个提醒，即使对于体型庞大的灵长类物种来说，天敌的威胁依然不可小觑。同样道理，早期智人很可能也会面临这些困境。

　　我把这些要点着重列在这里，以此来说明时间对于动物的重要性。如果因为当地气候的原因而必须在某一种活动上多花时间的话，动物们很快就会发现，白天就没有更多的时间花在赖以生存的活动上了。也就是说，如果它们不能从别的地方省出这些时间，那么它们就不能在这个环境中生存。这些都是不能小看的问题，它们是一个物种存活还是灭绝的关键所在。

————

　　在此前的两章里，我大致勾勒了一个无论是化石人亚科还是现代人类都能适用的架构，同时，我也提供了一些工具，以评估物种在时间分配方面遭受的进化压力。只有首先意识到每个物种所面临的问题的严重程度，然后我们才能更好地假设它们在解决时间分配这个难题上有哪些可供选择的途径，以及它们最有可能选择哪个途径。接下来的每一章，我们将依次讨论在第一章中列出的各个过渡阶段。首先我们会用社会大脑关系假说测定相关物种的群体规模，然后用时间分配模型来揭示这个物种为了在它的栖息地生存所必须做出的改变。

第四章
CHAPTER 4

第一次过渡：
南方古猿

　　1978 年，化石专家玛丽·利基（Mary Leakey）在坦桑尼亚北部的利特里（Laetoli）发现了一条绵延 35 米的足迹化石带，在人类进化的故事中，这无疑是最激动人心的标志性时刻。化石形成于三百六十万年前，共有两行成人足迹和一行小孩足迹。这些脚印印在一层薄薄的火山灰上，附近的莎迪曼火山（Mount Sadiman）当时刚喷发了一次。随后的一场小雨使得脚印变硬成型，当更多的火山灰飘落，这些印记就被封存了。这两个成人一前一后地行走着，他们的脚印多多少少有点重叠，而那个小孩则在他们之间穿梭，小脚印忽左忽右。这些足迹几乎和现在人类的足迹一模一样，和猿类的很不一样。他们的步伐不大，全足落地，说明他们是在悠闲地散步。当中一段，在他们的足迹间，还留下了一串早期非洲马的脚印。这些印记简直就是一幅在时光中凝固的家庭场景图，活灵活现地出现在人们眼前，让人无法视而不见。

　　其实，到这些足迹被发现的时候，我们已经琢磨了近半世纪的南方古猿化石。大约五十四年前，1924年的一天，南非解剖学家雷蒙·达特（Raymond Dart）打开了一箱在汤恩（Taung）采石场发现并收集的化石。第一眼看见那片有一点残损的头骨时，他以为这只不过是狒狒的头骨化石残片。经过更细致的研究之后，他才知道，自己手里捧着一个重大的新发现：这不是一片普通的猴或猿的头骨，而是原始智人的头骨。这片头骨就是我们后来所知道的被命名为"汤恩幼儿"的那片著名的化石，也就是最早被发现的更新纪灵长类"猿人"（ape-man）。随后的几十年中，在非洲的撒哈拉沙漠以南，猿人化石被大量发掘。这些发现为我们描绘了一幅更为完整而复杂的先祖传承树图，为我们更加深入地研究这段进化史上的关键时期提供了可能性。但是，在南非的这一连串发现最主要的连锁反应是扭转了人们原先的看法，不再认定人类的祖先来自亚洲，而是把人类进化的中心移到了非洲。自此，没有任何一个后续的考古发现能够说服我们改变看法。

从最后共同祖先（LCA）到南方古猿的过渡延续了大约数百万年才最终实现。但是，最晚在四百万年前，在非洲出现了一条清晰的双足行走猿类的分支，在非洲的东部和南部有着它们相当成熟的集中生活区域（图4.1）。事实证明，这条支线兴旺发达，以至于在之后的两百万年间，经常出现几个物种同时共存的局面（图1.2）。当其他猿类仍然生活在热带森林中的时候，南方古猿已经适应了热带森林之外有着丰

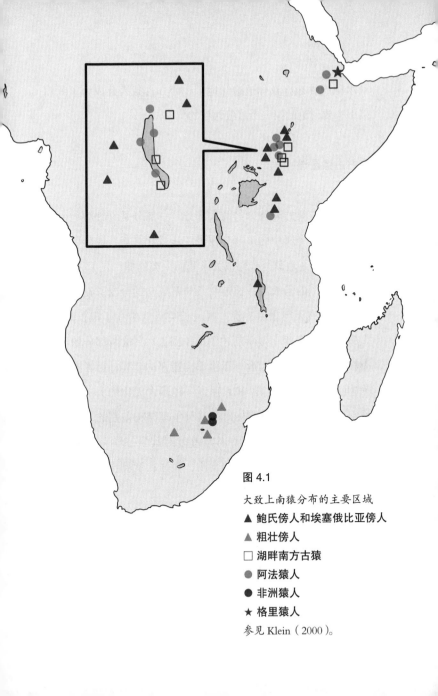

图 4.1

大致上南猿分布的主要区域

▲ 鲍氏傍人和埃塞俄比亚傍人

▲ 粗壮傍人

□ 湖畔南方古猿

● 阿法猿人

● 非洲猿人

★ 格里猿人

参见 Klein（2000）。

富水源的林地以及林地边缘地带，南方古猿因此成为了我们接下来要讨论的第一个过渡时期的代表。

南方古猿是谁?

南方古猿的阵营分为两大部分，一部分是纤细型的南方古猿属，这个属中的一部分在进一步进化之后，成为后来的南方古猿属（也就是最终成为了我们人类的那一支）。另一部分是粗壮型的傍人属，这是一条非常成功的分支，在纤细型的南方古猿灭绝之后，傍人属灵长类仍然生存了很长时间，大概直到一百四十万年前才消失（图1.2）。这两部分的灵长类在体量上的差别远远小于脸部构造上的差异，后者有着强壮的咬肌和臼齿，以及和大猩猩一样硕大无比的头盖骨，那是它们强大咬肌的支撑。对应这种生理结构差别的，是它们不同的食物结构。纤细型南方古猿因其生态学角度的灵活性，能适应更多不同种类的食物，而强壮型灵长类似乎进化成了进食少数几类更粗糙的食物。

关于南方古猿这个种类，最重要的一点不在于它们和其他猿类有什么不同，而是在于它们和猿类没有什么不同。首先，也是最重要的，它们的脑容量并没有比黑猩猩大多少（图1.3）。除了有较大的臼齿和不同的生活环境，在它们身上体现的唯一实质性的进化就是双足行走。当然，几乎所有猿类都有双足行走的能力（当然，有些比另一些走得更好些），而且也确实会时不时地走几步。

和现存的猿类相比，南方古猿在骨骼结构上有着非常明显的变化，从猿类典型的手长腿短变成了更接近于人类的腿长手短。猿的体型是为它们攀爬树枝而设的，有双腿支撑身体，长臂可以够到稳固的枝桠，身体就可以晃悠到更高的树干上去。而南方古猿的体型更像人类，虽然没有后来的智人属那种特征性的修长下肢，但是它们的体型是为了在平地上直立行走而设的。于是它们的身体呈现出很多双足行走的特点，比如骨盆是更接近于人类的碗型，因此可以在直立行走时兜住腹腔内的大肠，这种结构就和猿类更接近长方形的骨盆有很大的不同。还有，腿骨在髋部连接处形成了一定的角度，能更好地保持平衡的直立姿势。它们的胸腔也在一定程度上和后来的人类相仿，呈现出桶状的特征，但又不完全一样，胸骨下部还有点像猿类那样外翻。还有一个可能很重要的特征，它们的枕骨大孔处于头骨的下方，所以头颅能够平衡在直立的脊椎之上。所有四肢行走的猿猴的枕骨大孔都在头骨的后部，即使在四肢着地爬行时头也可以往前看。但是以我们人类的这种结构，如果手脚并用地爬行，那就只能低头看地了，做任何其他动作都会很费劲。和直立行走相关的证据里，最强大的就是利特里的那串伟大的足迹。虽然南方古猿显然还是很善于爬树（身手肯定比现代人类要敏捷得多），但是，它们的双足已经开始向人类靠近了，明显的特征就是大脚趾和其他脚趾长成了一排，而其他猿猴的大脚趾长在边上，能灵巧地勾住枝桠。

因为粗壮型的南方古猿走了一条自己的路，和通向现代人类的那条支线分道扬镳了，所以，我的侧重点将会放在早期纤细型的那条支线上。和生活在森林里的表亲相比，这条支线的进化之路可谓绝顶成功。随着气候变化，非洲热带森林逐渐消失，那些生活在森林里的表亲们最终灭绝了。可是，纤细型的南方古猿又是怎么应对这一切，并且成功进化的呢？关于这一点，卡洛琳·贝特里奇（Carolin Bettridge）作了深入的研究，利用时间分配模型进行推演。以下的论述，主要就是基于她的研究结果。

南方古猿的世界

为了更好地运用时间分配模型，我们必须了解知道南方古猿在哪些地方生存了下来，以及在哪些地方没有生存下来。我们必须明确这些不同地方的气候，并把相关的参数代入我们的模型，然后再来看，这个模型推测出来的各个地方南方古猿群体是什么规模。如果这个模型能准确推测出适合以及不适合南方古猿生存的地方，那么，我们就可以推断，这个化石物种和现在生存于此处的参照物种有着哪些相同的饮食生理及运动限制。当然，如果我们的模型能够做出准确的预测，这对我们来说是非常重要的，也很令人欣慰。但事实上，在科学领域里，最有意思的案例却往往出自那些错误的预测，或者，至少不完全正确的预测。正是这些案例，让我们再去潜心探究需要调整的地方以及调整的程度，从而得到一个模型，能让大家都心服口服。接下来的第二步很关键，它让我们得以研究南方古猿真正占据过的生理和解剖学空间，就此，我们才能够确定，为了进入并适应新的生存环境，在它们身上究竟发生过哪些全新的变化。

从这个意义上来说，很重要的一点是明确使用某一特定时间分配模型的目的，比如说，当我们使用黑猩猩模型的时候，我们不是为了去证明某一化石人亚科（或化石猿类）就属于黑猩猩一类。相反，我们是用这个模型作为基准，来测试有关这个化石物种基于其一系列生理特征之上的行为的各种假设。实际上，我们是以我们的理论为工具，拨除现有数据表面上显现出的一派芜杂繁乱，从而直抵事物的本质。所以，一个模型所做出的预测越准确，这个过程越有效。在进化生物学中，人们称这种方法为"逆向工程"，它已经被证实是解析适应性进化的有效途径。科学哲学家有时把它称作"实足推断"，它能够让我们对结论更加确定，这主要是因为它要求我们的理论不仅要定性，而且还要定量，这就使得整个过程比纯粹的推论更加缜密严格。

　　走到现在这一步，还需要考虑的最后一件事就是社会大脑关系。图3.3告诉我们，南方古猿的群体规模并没有比现在的黑猩猩群体大多少，所以，和黑猩猩相比，它们也不需要更多的额外社交时间。和黑猩猩在时间分配上的唯一不同，可能就在于觅食和休息的时间，这样一来，我们在这个第一阶段的任务就有望简化了。

　　关于时间分配模型，我们首先要回答的一个问题是，南方古猿到底是生态上的猿还是生态上的狒狒，猿和狒狒这两种模型都曾经被提议用在早期古人类上。猿和狒狒在时间分配上所受的限制是不同的（猿主要受限于花费在行走上的时间，而狒狒主要受限于花费在进食上的时间），这给了我们清晰明了的比较，也部分地折射出这两类*在生理上的不同之处，和所有旧大陆的猴类一样，狒狒也能食用未成熟的水果，而猿类却不能。如图3.7所示，随着群体大小的增加以及环境的恶化，猿类为了寻找成熟的水果，行走时间大大增加。相反，狒狒因为能够食用未成熟的水果，食物来源比猿类多得多，所以就不必将大量时间花在到处行走寻找食物之上。另外，狒狒的体型特征也使得它们没有像猿类那么受限，狒狒的长腿大脚让它们能够适应在陆地上的快速行走。就是这些

---

* 类别（taxon）是生物学家对同一类的动物的泛指。根据上下文，它可以是指一个物种（如普通黑猩猩，Pan troglodytes）、一个属（一组黑猩猩，Pan属）或一个科（如猿的总称，包括大猩猩、黑猩猩和红猩猩）。

区别造成了这两个物种在地理分布上的巨大差异，这在非洲猿类身上尤其明显，它们被限制在赤道周围有热带森林和成熟水果的低纬度狭长地带之内。

花粉颗粒化石等等植被记录能让我们对该化石区的气候形成一个大致的概念，但是，仅仅凭借这些数据，还不足以为我们的时间分配模型提供准确的气候数值。传统上确定具体气候情况的方式是，根据该化石区的哺乳动物化石特征，在该化石区所在的大陆上找到一个有相似哺乳动物的现代区域，然后对这个现代区域的气候数据加以采用。这种方式背后的逻辑是，不同动物物种有着非常独特的生态位，也就是小生态环境，不同的生态位对植被有特殊的要求，也就相当于对气候有特殊的要求，而这些要求不太可能随着地质化时间的变化而变化（也就是说，任何一个物种对生态位的要求基本上是维持不变的）。关于这一点，牛科反刍动物（长角羚属）通常能提供最有说服力的数据，因为不同的物种有着非常不同的生态要求，而其中的很多科属至今还在该物种的化石区好好地生活着。

贝特里奇把相应的气候数据用在了所有发现南方古猿化石的地区，以及几个没有发现化石的控制位点（不过，这些位点也生活着其他灵长类，主要是狒狒等，所以我们可以得知，这些控制位点也并非完全不适合灵长类居住）。将这些数值代入黑猩猩的模型，结果相当惊人，如果南方古猿就是普

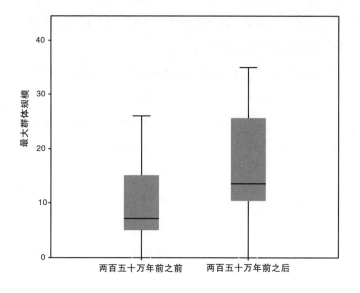

图 4.2

早期（两百五十万年前之前）和晚期（两百五十万前之后）南猿的群体大小最值的中间值（50%和95%的范围），是用黑猩猩的时间分配模型测算的。数据来源：Bettridge（2010）。

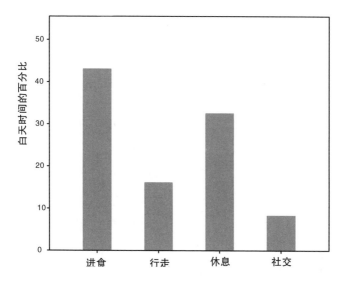

图 4.3

南猿的时间分配。根据Bettidge（2010）的模型测算。

通的黑猩猩的话，那么，在所有南部非洲地区的位点上，这个模型预测出来的群体规模小得可怜（大多数远低于10）（图4.2）。换句话说，如果这个结果属实的话，那么它们是不可能生存下来的，而事实上我们知道它们在这些地区活得很好。即使在两百五十万年前，气候变得凉爽，它们承受的压力也减轻的时候，预测所得群体大小依然没有超过15，大大低于现代黑猩猩的群体大小（最低要求是40）。这些位点上的时间分配模型显示，对于通常居住在相对干燥的环境中的南方古猿来说，行走的时间成本是个大问题。所以，我们起码知道，不管它们的前身是什么，它们在生态上绝不等同于黑猩猩。相反，若是采用狒狒的模型，依照南方古猿体型调整其体重，我们会发现，它们应该适合于生存在撒哈拉以南非洲的大部分地区。但是，在这些地区从来没有发现南方古猿的踪迹，所以它们也不是生态学意义上的狒狒。

　　虽然用猿类的模型预测出来的大部分南方古猿的群体大小为零，但是，实际上，在南方古猿生活过的位点上，用这些模型预测出来的时间成本并没有太过偏离平衡点。图4.3是四组关键行为的平均预估值，把这些平均值相加，得出的结果是107%。恰恰是这多出来的7%使得它们没有足够的时间来互相梳理，以维持和它们的大脑容量相符的群体大小。想要从别的行为中省出这7%的时间是有难度的，不过这个数量级的过度花费还是可控的，在不牺牲群体规模的前提下还是有可能弥补的。它们也显然做到了，因为我们知道它们的确在这些地方生存过。那么，南方古猿是如何解决它们在时间分配上面临的问题呢？

双足行走会是一个答案吗？

一个可能性是双足行走的确给了灵长类一些优势，它们显然在很早以前就拥有了这种不寻常的适应性进化特征，因此，可以说，双足行走在很多方面定义了南方古猿。早期古人类因为腿比猿类更长，所以每一步都迈得更大，如此一来，行走同样的距离，它们所花费的时间和精力就比猿类少，也可以说，花费相同的时间，能走得更远。

运动的生理学告诉我们，从耗氧量的角度来说，由于要弯曲膝盖，猿类的双足行走比起四足行走略微低效。这主要是因为在双足行走的时候，长方形的坐骨（也就是盆骨两侧连接大腿肌肉的部分）会碍事。而智人骨盆形状经过变化，成为现代人这样的碗状，使得我们的大腿能够无障碍地迈动，走路时不再需要弯曲膝盖，可以大踏步直腿行走。另外，现代人在髋部和足部有着解剖学上独特的适应性变化，这种变化给了我们富有弹性的前推力，使得我们在行走时比黑猩猩节省 75% 的能量。例如，我们的足弓有软骨组织连接骨头，这些软骨组织的作用就像弹簧一样，在每一步的行走中释放能量，给我们额外的前推力。但是，南方古猿并不能算是完全的双足直立行走，和我们现代人类还是有差别的。所以，我们只能推断说，双足行走对它们来说仅仅是拥有步幅更大这点优势。当然，这个优势至少让它们站了起来，并为后来的进化开启了髋部和足部的适应性演变。罗伯特·富力（Robert Foley）和莎拉·埃尔顿（Sarah Elton）把双足和四足行走于地面以及攀行于林间的能量消耗做了比较，结果发现，如果有超过 65% 的时间是在平地上活动，双足行走就比四足行走更有优势。因此，更多的平地生活似乎就成了转变的关键。

南方古猿的雌性腿长估计约 52 厘米，而雌性黑猩猩腿长只有 44 厘米。这个长度虽然不能和雌性匠人（腿长近 80 厘米，比黑猩猩长出 81%）相提并论，但是，它至少将根据黑猩猩模型推测出的 16.4% 行走时间，压缩到 14% 的实际行走时间，这里节省了将近 2.5%，也就是所需要弥补部分的三分之一。而行走时间的减少意味着为补充行走能量而进食的时间也相应减少，所以总共大约减少了 3%。（我会假设在这里省下来的时间，并不会消耗在因为追求更大生活空间而产生的行走之上，没有证据显示，南方古猿会像后来的智人那样四处漫游。）单以这个节省下来的百分比计，这点收获就可能足以让灵长类站起身来迈开腿。但是，即使在最佳生存环境中，它们也还差四个百分点的时间短缺，如果环境不那么好的话，时间上的短缺就会更多一些。

　　双足行走的另一个优势就是身体的散热。在相对开阔无遮蔽的环境中，四足行走的躯干要比双足行走的吸收更多的阳光，因为站起来后，被晒到的体表面积就变小了，尤其是在中午最燥热的时候，烈日当空，只有头顶和肩膀会被阳光暴晒。因此，四足行走比双足行走体温会升得更快，而大脑对温度很敏感，如果大脑的温度比正常水平升高 1 摄氏度，就很可能中暑。一旦中暑，那么在很短的时间里，脑细胞就会开始死亡。如果能够将吸收的热量减到最低，即使在最热的正午时分，双足行走的动物也能维持更长的活动时间。这里的关键就在于休息的时间，如果天气太热，所有哺乳动物都会找个阴凉的地方，避暑休息，而不是继续觅食。但是，如果能够在最热的正午依然保持活跃，减少 4% 的休息时间，那么，这多出来的 4% 就足以弥补图 4.3 所示的短缺时间，解决时间分配上的难题。

　　现代人类身上有两大特征，不仅仅在所有灵长类中独一无二，而且也和体温问题有着直接的关系。特征之一是身体表面大部分的皮毛都退化了（除了头顶以及极少部分的胸背部位，而这两个部位恰恰最容易在正午受到直晒）。特征之二是大幅增加的出汗能力（我们的汗腺比其他灵长类要多好几倍，除了也在开阔地带生活的狒狒）。彼得·惠勒（Peter Wheeler）开发的生理模型显示，减少日光的直接曝晒，再配合由出汗带来的体温下降，能让裸体的直立智人比四足行走动物有更多的活动时间，而且，能够以一升水的供给走两倍的距离。这里的关键是，汗水从毛发上蒸发只能冷却毛发的发梢，要想使得毛发之下的皮肤受益，那只有裸露的皮肤才能从出汗中获得降温的效果。

惠勒的这个热负荷模型近来受到不少挑战，生物学家格雷姆·洛克斯顿（Graeme Ruxton）和大卫·威尔金森（David Wilkinson）就指出，走路本身也会产生热量，这个由身体内部产生的热量，必须被加到由日晒所产生的热量之上。他们提出，既然有这个来自体内的额外热量，双足行走带来的优势就相当有限，而主要的优势则来自毛发退化和出汗。一个长有毛发的南方古猿（不管它是双足行走还是四足行走），因为接受的热量总和超过它散热的能力，它就不能在开阔地带生存下来。即使是没有毛发的动物，在中午时分的燥热中，也难以快速散热，以抵消过度的热量，如图 4.4 所示。实心的圈圈代表热负荷，水平的线条显示能够通过皮肤散去的热量（大约每小时 100 瓦）。在这个洛克斯顿—威尔金森模型中，从大约上午 7 点半直到下午 6 点，热负荷都会超过热散发。所以，这就意味着热负荷的理论并不足以解释双足行走的进化。但是，即使双足行走是由于别的原因而产生的进化结果，毛发的蜕化仍然会因为散热的需要而发生。虽然他们没有就双足行走的进化原因给出有说服力的解释，但是洛克斯顿—威尔金森的纠偏是需要认真对待的，因为这个理论可能颠覆

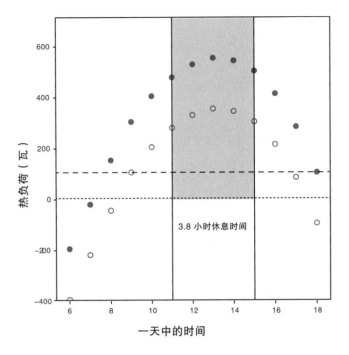

图 4.4

　　洛克斯顿-威尔金森的热负荷模型,假设了早期
亚人科整天都在行走。黑色圆圈是他们预测的无毛发
双足行走的热负荷,数据显示在大部分时间内,南猿
产生的热量比他们所能散发(100瓦的水平虚线)的
要多。白色圆圈代表南猿在实际栖息地较低气温的环
境下所产生的热负荷,他们在早上和傍晚的活动时间
明显增加。贝特里奇模型预测南猿每天需要休息3.8小
时,和所有生活在开阔地带的猿猴一样,它们会在中
午气温最高的时候休息(阴影部分)。

了对双足行走优势的普遍认同。

巧的是，无论是惠勒的原始模型，还是后来洛克斯顿—威尔金森的版本，都做了一个并不切合实际的假设，似乎还没有被人发觉。那就是，他们都假设地表的最高气温是 40 摄氏度。当然，这个温度值对于海平面的高度肯定是合适的，但是，南方古猿事实上居住在海拔高于 1,000 米的高原，对于这个高度来说，40 摄氏度就太高了，实际最高气温应该是低得多。气温的降低会大幅度降低热负荷，尤其是在正午的时候。在东部非洲 35 个南方古猿的居住地，年平均气温是 25 摄氏度。还有 5 个南部非洲的南方古猿居住地，年平均气温只有20.4摄氏度*，而在惠勒和洛克斯顿—威尔金森的模型中，假设的平均气温是 32.5 摄氏度。这些降下来的温度，会使午间的热负荷降低 200 瓦，也就是说，南方古猿因此每天能多活动 2.5 个小时（见图 4.4 中空心圆圈部分）。换句话说，它们每天早上和傍晚可以活动四个小时而不超过热负荷的限制，关于这一点，我们以后还会再回来深入讨论。

近年来，出现了另一种假设，也受到了一定的关注。这种假设认为，直立行走使得早期古人能够搬运食物，移到没有天敌风险的地方再慢慢享用。最近，对刚果北部湿地中涉水行走的黑猩猩和大猩猩的观察，再次激发了人们对双足行

---

* 海拔每升高 100 米，气温就下降 1℃。纬度每偏离热带一度，气温也会有相同的下降。

走是为了更好地在湿地中觅食这个观点的兴趣。虽然偶然的双足行走可能在这些方面会给灵长类带来便利，但是，长期的习惯性双足行走会有什么优势还是不完全确定。偶尔，黑猩猩的确会在一些必要的情势下双足行走，用上肢搬运食物，这通常发生在抢夺食物的时候。但是，难以设想的是，在什么情况下它们必须长期（相对于偶尔为之）双足行走，用双手搬运食物到底能给它们带来什么好处。就算真的有好处的话，搬运食物也更有可能是双足行走带来的结果，而并非起因。对于我们而言，更重要的一点是，搬运食物并没有使得进食和行走的时间有所减少，如此一来，这对解决早期古人时间分配问题有何助益就很难断定了。

如果说，双足行走带来的最大优势来自散热效果，因为裸露的皮肤能出汗挥发，那么问题的关键就在于南方古猿有没有毛发。惠勒认为它们没有，但是，有其他学者认为，毛发的退化在一百八十万年前的智人身上开始的，而我们知道，向双足行走的进化发生在更早的时期（最晚也是在五百万年前）。无论这第二种观点是否正确，有无毛发只影响到行走的距离和行走行为出现的具体时间，并未影响到行走所花费的时间，我们仍然需要解决的是南方古猿时间分配问题中的遗留部分。假如出汗能让它们行走双倍的距离，问题的关键就成了南方古猿是否能够承担这双倍的行走时间，根据时间分配模型的推测，答案是否定的。一个非常大的可能性是，毛发的退化发生在更晚的时候，与游居型匠人的出现同步。

用食谱解决时间分配的危机

现存的黑猩猩有其解决时间分配问题的途径，那就是缩小觅食群体的规模（而不是社会群体的规模），从而大幅减少行走时间（图 3.7），把更多的时间留给了进食和社交互动。但是，黑猩猩的觅食群体已经缩减至 3 到 5，相比同样生活在开阔林地上的南方古猿，这样的群体规模已经处于觅食群体规模的低端，再缩减也省不出多少时间了。即使觅食群体规模缩小到 1（也就是单独觅食），以行走时间计，这里节省的也极为有限。图 3.7 显示，觅食群体从 5 缩小到 1，只能节省 1.4% 的行走时间，根本起不了太大作用。而且，在非洲大草原上生活还另有一层担忧，还有天敌需要应对。红猩猩之所以能够单独觅食，是因为在它们的生活环境里，天敌不多，而且还可以躲进足够浓密的树林里。黑猩猩就不会像红猩猩这样走极端，单独出行觅食，因为它们时刻都要提防危险的猎食者的侵犯。而对于南方古猿来说，它们很可能需要面对更多更危险的天敌，也没有树林可以作为藏身之处。所以，红猩猩的单独觅食策略对于南方古猿来说是不现实的，就算能够节省一些行走时间，结果却很可能得不偿失。

一种可能性是，南方古猿找到了一些更加高效的食物，这些食物可能不用花那么多时间去处理，营养更加丰富全面，或者是更密集地大量出现，不必在行走上花很多时间，这样，它们花费在觅食上的时间就能相应地减少。化石在这些方面能为我们透露大量的信息，从牙齿化石的形状和大小，以及牙齿被食物磨损的痕迹和程度，我们可以了解到很多关于化石主人食物结构的信息。南方古猿有着大大的臼齿（其中强壮型南方古猿的臼齿更大），这说明了它们的食物相对粗糙坚硬，需要反复地咬啮咀嚼。在高倍电子显微镜下，我们能看到化石牙齿表面研磨留下的痕迹，这可能是硬脆的食物（比如坚果）留下的，也可能是地上的沙砾，或者两者都有，有沙砾表明它们有可能食用了从地下挖出的植物（如根茎类植物等等）。

近几年里，化学也帮了我们不少忙。碳原子有两种同位素，碳 13（C^{13}）和碳 14（C^{14}），因此产生了两个完全不同的分解途径，也就是所谓的 C3 和 C4 途径。C4 途径只存在于热带的青草、莎草、多肉植物*和某些甜菜属植物之中。而 C3 途径的典型代表是灌木和树木（猿猴类因此显示出以水果和坚果为主要食物的特征），食物中的碳元素是被身体吸收，并储存于身体之内的，因此，通过测量化石物种骨骼中碳同位

---

* 多肉植物是一个范围很广的植物科，它们通常有多肉的叶、干和根，能让它们在干旱地区储存水分。属于该科植物的有鸢尾植物、兰科植物、天门冬属和仙人掌。

素的比例，就能知道它们的食物结构。

　　经过对晚期南方古猿碳牙齿化石的同位素分析，我们发现，它们的食物比我们设想中的旧大陆猿猴更多地基于 C4。约三百二十万年前的埃塞俄比亚阿法南方古猿（Australopithecus afarensis）的 C4 途径显示出折中的特征，和生活于同一地区的动物相比较，它们居于食草动物（grazer，如马科动物*、河马和疣猪等）和食叶动物（browser，如长颈鹿）之间，显示出它们的食谱是部分而不是完全基于 C4 食物。我们还进一步发现，它们吃 C4 食物的比例随着时间的变化而变化，呈现出季节性和偶发性的特点。相反，黑猩猩和早期南方古猿（包括始祖地猿［Ardipithecus ramidus］和湖畔南方古猿［Australopithecus anamensis］）的食物中却几乎没有 C4 的痕迹，虽然它们显然生活在以 C4 植物为主的林地上。所以，阿法南方古猿对 C4 植物的倚重代表了一个新的食物趋势，这个趋势被后期强壮型南方古猿特别是东非鲍氏傍人（Paranthropus boisei）带向极致，它们的食谱几乎大部分是 C4 植物。这种趋势似乎表明，晚期的南方古猿已经和传统意义上的非洲猿类有了很大的差异。

　　动物可以通过两种途径获得较强的 C4 表征，其一是直接食用 C4 植物，其二是食用吃 C4 植物的动物。至少在晚期南方古猿时期，骨头上开始出现刀痕，这些痕迹被判断为南

---

*　马科成员，包括斑马和驴。

方古猿开始猎食动物，当然也可能是捡拾别的大型食肉动物
（比如狮子和猎豹，也有可能是猎狗）的剩余。但是，猿类
（包括我们人类）并不容易消化生的哺乳动物肉，食谱中如果
肉类过多，甚至可能导致蛋白质中毒，至少对于人类来说是
这样的。当然，烧熟的肉类就不同了，烧熟后的肉类可消化
率增加了 50%。但是，这时的南方古猿多半还不会用火（见
第五章），肉类在它们食谱中的占比，几乎没有可能会比黑
猩猩的高出很多。

　　不过，它们把骨头敲碎倒是有很可能的，这样一来，它
们就可以吃到大骨头里的骨髓，甚至于头骨中的大脑脑髓，
那就更好了，这两样食物都比红肉更容易消化。大部分大型
食肉动物在吃完肉以后，对骨头都没什么兴趣，所以南方古
猿在捡拾的时候受到的威胁就会小很多。粗糙原始的石头工
具，大概出现在两百五十万年前，也就是我们所知的奥杜韦
石器（Olduwan toolkit），因它们最初的发现地，东非的奥杜
韦峡谷而得名。这些石器基本上就是初步磨出了锋刃的石锤，
具体派什么用场，我们仍然不清楚，但是，以它们的重量和
形状而言，多半是敲骨取髓的最佳工具。事实上，在埃塞俄
比亚迪基卡发现的三百四十万年前的蹄类动物骨头上，就留
下了石锤敲击痕迹，这些痕迹被视为敲骨取髓的直接证据。
所以说，这也许就是它们制造这些工具的原因。黑猩猩正是
用这类工具敲开好几种果实的，包括几内亚椰果和可乐果

（Coula edulis）等外壳坚硬的果实。虽然这些结出坚硬果实的树木并不长在开阔的东非草原和林地之上，但是，从用这种工具敲开坚果到敲开大骨和头骨，其实只是小小的一步之遥。当年，从湿润的森林进入更加开阔的领地，尤其是在大约两百万年前，非洲大陆的气候忽然急剧变冷变干燥时，南方古猿很可能靠着这一招活了下来。作为食物的骨髓和脑髓，是否能让南方古猿节省足够多的进食时间以解决时间分配问题呢？答案是可能的，可是，问题在于，即使这些工具能够证明南方古猿曾经敲骨取髓，但那也是在三百四十万年前，已经属于转变的晚期了，仍然不能为早期南方古猿解决时间分配的难题。

另一个解释是，白蚁很有可能是南方古猿的 C4 来源。白蚁是生活在巨大蚁穴之中的食草动物，是个营养丰富的食物来源。由泥土做成的蚁穴，硬得像混凝土一样，如果没有锤子这样的工具，很难把蚁穴凿开。只要有机会，黑猩猩当然也会吃白蚁，而且非常喜欢吃。但是，它们获取白蚁用的是很花时间的"钓鱼"方式，把草茎从蚁穴口探入，白蚁以为进来的是攻击它们的敌人，就会爬到草茎上开始反击驱赶，黑猩猩吃的就是草茎上带出来的白蚁。这种方法很不错，但是效率低下，几乎不可能节省下来大量的时间。和黑猩猩一样，南方古猿肯定也会在每年白蚁搬家筑新巢的时候吃它们。但是，我很不看好它们的技术，估计也跟黑猩猩一样，并不能有效地利用蚁穴中大量的昆虫，来大幅度地补充它们的食物来源。

第四种解释是，南方古猿开始食用一些草本植物的地下储存器官（根和茎），其中的很大部分具有 C4 分解途径。当然，并没有直接证据来支持这个解释，因为植物性食物不会留下化石。但是，很多有 C4 途径的地下根茎和南方古猿的化石经常在相同地点被发现，这至少为这种解释提供了可靠的证据。而且，我们前面所提及的对牙齿化石磨痕的分析，也为食用根茎食物的可能性提供了更多的支持。

总而言之，摆在台面上的这几个解释都说得通，问题的关键在于，是否有时间分配上的证据，能够证明到底哪一种解释真正成了它们的选择。

时间分配告诉了我们什么

为了解释南方古猿能够在它们生活的地方生存下来的原因，卡洛琳·贝特里奇首先对黑猩猩模型中的进食、休息和行走时间等式进行了敏感度测试。她用逐步变化这些公式的斜率的方法，来观察这些变化对模型在预测的准确性上会产生怎样的影响。测试结果表明，进食等式和休息等式的变化对结果几乎不产生什么影响，然而，行走时间公式的变化却对结果有很大的影响，能将预测的错误率从 30% 降低到 8%。

这就更加坚定了我们的假设：和所有猿类一样，行走时间（换言之，从一个觅食点移动到另一个觅食点所需行走的距离）也是南方古猿面临的问题。

贝特里奇又用狒狒的行走时间公式代入黑猩猩模型，以验证类似狒狒的资源分配会产生什么影响。在采用狒狒的行走等式时，贝特里奇根据南方古猿的较大体型，做了些相应的修正，并将群体规模的最低值设为10（这是通过对黑猩猩的观察得到的绝对最小规模）。于是，用黑猩猩模型预测位点是否有过南方古猿的准确率从26%（基于黑猩猩的基础模型）提升到了可观的76%。更为重要的是，它准确预测了所有我们已知的南方古猿居住地，这是黑猩猩基础模型所无法做到的。看起来，无论南方古猿是怎么觅食的，它们都不像猿类，而更像狒狒。

其实在模型中真正造成了显著影响的似乎是降水量的差异，而这一点，或许可以给我们提供一些有关南方古猿曾经居住地的线索。前面我们说过，南方古猿的食物呈现明显的C4特征，一种解释是因为它们的食物中包含很多植物的根茎。发现南方古猿化石的地方，特别明显的一个特点就是常常不在湖边就是在河边，而水源也正是狒狒之所以能够在更开阔的大草原上生存下来的原因，如果没有这些水源，草原对它们来说就太干燥了。现在，让我们再从时间分配模型的角度来看，靠近大片的水体和降雨量的增加有着完全相同的效果，两者都能让土地更加湿润，让植物在生长中吸收到更多的水分。因此在草原环境的水体周边，会出现在其他干旱地带无法生长的小片树林。这样的生态环境也常常会出现在洪水容易泛滥的区域，比如在大河或者大湖边上的大片平坦土地上，雨季充沛的水分储备为多肉植物和其他在根茎中储存营养和水分的植物创造了一个完美的小生态环境。在这样的环境中，南方古猿如果转而进食植物的地下储存器官，肯定就能生存下来，无需改变太多的消化机能，就和狒狒在这种地区的生存状态完全一样。而且，在这样的栖息地上，物产一般都是很丰饶的，可以同时维持很多动物的生存。因而，它们不必行走很远的距离去四处觅食，甚至有这种可能，南方古猿可以整个社会群体一起觅食，而不必形成时分时合的社会结构，并因此能应付因为远离森林而要面临的更多的天敌威胁。

在刚果西部的湾区，栖息着大猩猩的群落，在它们身上也有类似的情况。所谓湾区指的是大片的湿地森林，通常与水体相连，这些地区丰富的食物对多数大猩猩群体都很有吸引力。大猩猩的栖息地和南方古猿的栖息地非常不同，但生态环境的影响却是相似的。如果环境足够开阔，食物足够丰饶，就能维持很多动物在很长的一段时间里同时进食，连平时分散觅食的群体，也会改变习惯共同觅食。狮尾狒狒（gelada baboon）就是这种情况，在水草丰美的草地上，它们可以形成很大的群体（最大可达到500），即使在旱季，草叶干枯粗劣时它们还是保持着原有的群体规模，因为它们可以一起挖根茎吃。狮尾狒狒是灵长类中的特例，它们生活在很特殊的环境中（它们只生活在海拔 1,700 米到 4,000 米的东部非洲高原草地上），但是，它们的生存状态反映了同样的原理。

　　还有最后需要考虑的一点是，虽然这一片片与大河江湖相邻的森林能够提供遮阴，但是，离得更远一些的开阔林地和冲积平原却不能。正午气温最高的时候，南方古猿必须找个地方休息，这一点和居住在开阔平地上的狒狒是一样的。在中午最热的时候，它们不管在哪里找到遮阴之处，都要休息几个小时。根据黑猩猩模型的预测，它们必须将一天的三分之一时间用于休息（准确地讲是 3.8 个小时）。而花在行走上的时间很有限，大约是 1.9 个小时，它们会在属于自己的栖息地界内行走。如果洛克斯顿—威尔金森关于早期古人类的结论是正确的，也就是说它们的行走时间被限制在早上和傍晚的凉爽时段里，那么，南方古猿就可以无缝嵌入它们的模型，把这两小时的行走安排在早上和傍晚，同时还仍然有足够的时间在午间休息 4 个小时（图 4.4）。也就是说，早期古人类有必要把大部分的行走时间花在大清早，从而找到一个好的觅食点。一旦到达之后，它们就可以整天都待在那里，直到傍晚时分，再回到附近的水边密林里安全过夜。狒狒就是在这样的环境之中，以这样的活动模式生活的。虽然开始改为进食肉类会有一点帮助，就像黑猩猩经历过的那样，但食物结构的巨大变化看起来并不能解决它们的问题。然而，一个和水域接壤的独特的栖息地就能解决这个问题，尤其是当它们也开始食用地下根茎类的食物以后。在减少热负荷方面，双足行走为它们提供了重要的缓冲空间，但是，双足行走更重要的优势也许在于让它们能行走得更快速更有效。这样一来，一个很有可能的结果就是，南方古猿群体会分解成更小的集群，散居于和水域相连的狭长林带，彼此间隔着相当远的距离。

大多数南部非洲的南方古猿化石发现地点都和河谷边的石灰石洞穴相关联。虽然至少有一部分化石经证实是遭到猎豹或大鸟猎食者的残骸，从树根处的缝隙掉落到洞内的，但是，洞穴还是很有可能为这些物种提供夜晚的安身之处。洞穴有两大特点，使得它们成为重要的动物过夜地点，首先是洞穴提供了掩蔽，这一点在没有大树的开放环境中尤其重要。不过，另外更重要的是，洞穴能够大幅度地提高温度。在这些南半球高纬地区，夜间的气温可能骤然下降，即使在赤道上，海拔 1,000 米高处的夜间气温也可能降到 10 摄氏度之低（对此我有亲身体会，因为在那里野外挖掘时体验过）。在研究苏格兰野山羊时，我们发现，动物栖身的洞穴中的温度比外面要高 4~5 摄氏度。在研究南部非洲狒狒居住的洞穴时，同样发现洞内温度比外面高 4 摄氏度。

当外界气温低于动物的体温时，它就必须要靠消耗能量来维持体温，而能量的摄取需要额外的进食时间。这里就又产生了时间分配上的问题，而且，气温越低，这个问题就越严重。根据我在苏格兰西北部对山羊的研究，寄身洞穴很可能是早期古人在非洲南部得以生存的关键所在。猿类（而不是狒狒）的时间分配模型在地域选择上是基于赤道附近的地点，而没有根据南部非洲更低的气候做出调整。虽然我们不能断言的是，洞穴的使用到底是抵消了在南部地区较高的热量消耗，还是节省了更多进食时间。但几乎可以肯定的是，南方古猿之所以能够在南部非洲成功地生存下来，洞穴无论如何都起到了一个重要的作用。

南方古猿的社交生活

说到这里，我们已经明确了一点，那就是南方古猿应该生活在和现代黑猩猩差不多规模的群体中（这是根据社会大脑假说推论出来的）。不过，它们并不需要像黑猩猩那样时分时合的社会体系。虽然它们庞大的体型对天敌有一定的防御能力，但是在冲积平原的开阔地带，较大规模的社会群体依然是抵抗天敌的主要手段。那么，它们的社会体系究竟是怎样的呢？

曾经有一种观点，认为单配偶制在人亚科的早期已经存在，早在 1981 年，美国古人类学家欧文·洛夫乔伊（Owen

Lovejoy）就最先提出了这种观点。这种观点在很大程度上是基于抚养后代的需要，因为晚成雏的大脑容量大的后代需要双亲的照顾。洛夫乔伊最初认为，单配偶制肯定是所有人属动物的共同特点，而且，在大约两百万年前的晚期智人中普遍存在。这个观点听上去有点道理，因为这个时间点和智人大脑容量的第一次突飞猛进式的增加是相吻合的（图1.3），于是在这个时候开始需要由双亲来共同抚养后代就成了一个自然的节点。但是，洛夫乔伊后来又把他的这一观点在时间上向前推了，直到用在我们所知的最早的南方古猿身上，也就是生活在距今大约四五百万年前的始祖地猿。以他的观点，和双足行走一样，单配偶制是所有智人的普遍特性。

在利特里发现的那串脚印，两个成年猿类和一个孩童并行的足迹化石，不可避免地会被用来支持这个观点。一对有着亲密关系的成年猿类和它们后代走在一起，有点像黑猩猩那样，这样的离群单独行动看上去不是很自然吗？但是，我们对这种解释是持怀疑态度的。原因之一是，这个发掘区域范围很小，我们并不清楚附近还有多少其他同类。也许，走在一起的这三个其实离群体中别的成员并不远。在这样的环境中，狒狒群体经常会分散到直径足有半千米的范围。另外，还有两个更加重要的理由使得我们对这个观点产生怀疑。首先，当雌性黑猩猩发情时，经常会和雄性组成临时的一对，离开群体一两天，这样可以免受打扰。但是，没有人会因为这偶尔的配对，而把明显滥交的黑猩猩视为单配偶制的动物。其次，既然在第一次过渡中南方古猿的脑容量并没有明显增加，那么它们的后代为何有必要由双亲来照顾呢？如果黑猩猩能够愉快胜任单亲抚养后代的任务，并不需要来自双亲的照料，那么，拥有相同脑容量的南方古猿为什么突然就抓狂了呢？

在第二章中，我们曾经说过，单配偶制的出现，首先是对杀婴现象的反应，至于双亲照顾婴孩的需要，则是后来才形成的。如果南方古猿真是单配偶的话，那肯定是因为它们面临着比黑猩猩更高的杀婴风险，这样才逼得雌性选择一个依靠雄性保镖来保住幼仔的策略。但是，哈考特—格林伯格的杀婴模型（见第二章）显示，黑猩猩的杀婴风险还没有高到它的雌性需要雄性保镖的保护。但是，大猩猩的情形就不同了，杀婴风险要高的多。雄性大猩猩的体型远远大于雌性（因此在雄性之间，力量的差距也相对比较悬殊），雌性于是会采用保镖策略。因为大脑容量决定了群体规模（也因此决定了群体内雄性的数量）以及生育特性（比如生育周期的长度），所以南方古猿和黑猩猩在这些关键特性上是没有多少选择的。更重要的是，我们在第二章讨论单配偶制时曾提到，单配偶制是个单向通道，一旦形成，就不会再退回到多配偶制。单配偶制也导致了形成配偶的一对对离开群体，进入属于它们自己的生活空间，从而大大降低群体的规模，而南方古猿的大脑容量并没有显示出这一点。更重要的是，在灵长类中，单配偶物种的脑容量总是小于多配偶物种的脑容量。

在这里，解剖学的确为我们解了围，关于南方古猿的社交生活，解剖学提供了三个间接的信息来源，它们是：1）指向多配偶制的解剖学数据是有限的；2）有关不同性别间的体量差异则有更多的数据；3）牙齿中金属含量的残留透露了它们的分布形态。

第二指和第四指长度的比例（也就是所谓的2D：4D，或食无比，D代表digit，手指的意思），是胎儿在子宫中受睾丸激素影响水平的结果。在滥交的灵长类物种中，雄性为了得到雌性，必须不停地互相争斗，结果是雄性和雌性体内睾丸激素的含量都会高于典型的单配偶制的物种。滥交物种雄性的食无比例较低（它们的食指比较短），而在单配偶物种中，这两根手指几乎一样长。在现存猿类中，只有长臂猿（gibbon，也就是所谓的次级猿种）是固性的单配偶制，全部十多个种类的长臂猿都以一雄一雌的配对形式，带着它们的未成年后代一起生活。相反，所有的其他猿类，或滥交（比如黑猩猩和红猩猩），或多配偶（比如大猩猩）。

艾玛·尼尔森（Emma Nelson）和苏珊·舒尔茨将这个发现套用在两种中新世的猿类（Hispanopithecus和Pierolapithecus）以及一些能够找到手指骨的化石智人身上，结果，她们发现，除了一个物种，所有其他的都跟黑猩猩和红猩猩一样是滥交

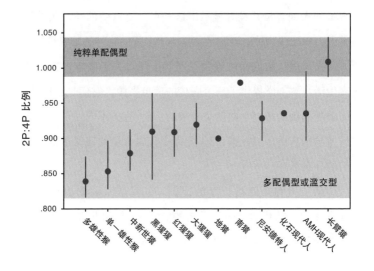

图4.5

不同人亚科、猿类（包括两种中新世猿）和旧大陆猕猴（生活在单一雄性群体中的长尾猴和生活在多雄性／多雌性群体中的猕猴和狒狒）的手指比例（化石物种2P∶4P的比例，指骨化石的实际长度；以及2D∶4D比例，现存物种的实际长度）。圆点是每个物种的平均值，直线是数据的范围。单配偶和多配偶区域分别是长臂猿（唯一纯粹单配制）和其它现存猿类（都是多配偶制或滥交型）。

数据来源：Nelson等人（2011），Nelson和Shultz（2010）。

的（图 4.5）。拉密达地南方古猿的交配体系显然和黑猩猩相类似，而样品中的五种尼安德特人和一种古人类（海德堡人）的食无比都处于现代人类范围的下限。这些物种的交配体系，大致上和大猩猩的后宫式交配体系相仿（雄性可以滥交，但相互之间没有那么多直接的冲突）。唯一的例外是南方古猿，比现代人类的高，但还是比纯粹单配偶制的长臂猿低很多。所以，南方古猿的配偶体系，最多也就是和现代人类的单配偶制相近。而我们在第九章里会看到，现代人类并不是严格意义上的一夫一妻制，也就是说，多配偶才是现代人类最普遍的交配形态，一夫一妻制只有在社会道德的规范之下才会出现。鉴于单配偶制是灵长类认知学和人口统计学的一个单向通道（见第二章），我们的结论是，如果南方古猿确实是单配偶制的，那么它可能就不是现代人类的祖先，因为在它之后的所有其他智人都是多配偶的。

解剖学还提供了第二条线索。对于灵长类来说，不同性别在体量上的差别和交配体系密切相关。单配偶灵长类的雄性和雌性体量不相上下，而滥交和多配偶的灵长类，雄性的体量要比雌性大得多，甚至有可能大出一倍。固性单配偶如长臂猿，雄性和雌性体型一样大（或者甚至有轻微的倒挂，雌性体型有时候会比雄性大 5%）。在智人（包括所有的南方古猿）中，找不出雄性和雌性一样大的物种，所以它们中没有固性的单配偶物种。在雄性和雌性体量的比例上，阿法南方古猿的数值是 1.56，非洲南方古猿的数值是 1.35。和黑猩猩（平均比例为 1.27）相比，南方古猿更具二态性，也就是雌雄间的差异更大一些，但不及狒狒（比例为 1.8）或大猩猩及红猩猩（比例高达 2.0）。虽然非洲南方古猿显然更接近现代人类（我们人类的体量比例是 1.2），但它们还是更为二态性，所以，它们拥有真正意义上的单偶制是很难想象的。

行为方面的最后一个重点就是两性的分布状态。在多配偶的交配体系中，通常来说，雌性或雄性中的一方会一直待在它们的出生地，而另一方则会在青春期离开出生地，迁入附近别的群体中去。在单配偶制的物种中，两个性别都会在长大之后移居别处，因为双亲中无论哪一种性别，都特别不能容纳同性别的小辈，无法在小辈性成熟之后，依然和它们生活在一起。在南非的斯托克方丹地区，发现了非洲南方古猿和强壮型傍人（Paranthropus robustus）的化石，其中牙齿化石中的锶含量信息，为我们探索不同性别的分布提供了意外的直接证据。和氧以及碳一样，锶也有两种同位素，其频率随着某一区域泥土的变化而不同。植物通过泥土摄入的这些同位素的量，和当地土壤中的含量相应，之后，进食这些植物的动物由牙齿釉面吸收同位素。所以，通过分析牙齿中锶的含量，就可以推测该动物成年之后是否仍然生活在它的出生地。

针对斯托克方丹地区两种南方古猿的锶含量分析结果显

示，雌性比雄性移居的距离更远，至少移动了 3—5 千米（以最近一处相同锶含量植物的位置计算）。这样的分布状态（雄性停留在出生地，雌性移居别处）和黑猩猩及大猩猩相类似（但是和猕猴正好相反）。而南方古猿的交配体系大体和黑猩猩相类似，单配偶或固定配偶的可能性极小。

总而言之，南方古猿几乎不可能是单配偶的。假如它们的觅食方式和黑猩猩一样，以小群体形式出外分散觅食，那么它们的交配体系最有可能性的就是滥交，因为雌性过于分散，雄性无法同时保护数个雌性。但是，假如它们符合我前面提到的另一种可能性，也就是在食物丰富的湖边或者冲积平原上群体觅食，那么，它们就可能是后宫式的多配偶，就像长鬃狒狒、狮尾狒狒甚至大猩猩那样。数个由同一雄性保护的小型后宫或者数个雄性的后宫在一起觅食也是非常有可能的，比如刚果西部湾区栖息地的大猩猩就是那样，这种假设有其合理之处。既要在开阔的冲积平原上觅食，又要避免天敌的攻击，那么雄性之间必须要有强大的包容性，以保持较大的觅食群体的融洽和谐。如果事实如此的话，那么南方古猿雄性犬齿的显著缩小就可能得到了解释。

———————

经过了一段漫长而繁荣的岁月之后，大约一百八十万年前，一场气候的巨变使得南方古猿渐渐消失了。那时候，气候逐渐变冷，空气中的水汽逐渐凝成了极地冰层，南方古猿的栖息地因此变得更加干燥。从约两百万年前开始，一度占据大部分非洲大陆的纤细型南方古猿逐渐消失，取而代之的是强壮型南方古猿，也就是东部非洲的鲍氏傍人和南部非洲的强壮傍人。这些物种拥有共同的特征，它们有着强大的后牙，由类似大猩猩大头盖骨支撑的强壮额肌，还有就是以 C4 食物为主的饮食结构，这很可能是因为它们更多地食用了地下植物根茎和肉质植物。实际上，面对气候环境的恶化，它们所做的调整，和很久之后的大猩猩的策略是一样的。据戴安·福西的研究发现，居住在比如维龙加山区这种自然环境恶劣地带的大猩猩，在饮食结构上调整为以叶子和木本枝干为主食。强壮型南方古猿也非常成功地生存到了大约一百四十万年前，可惜，它们最终也因为气候环境的恶化而灭绝。它们的消失，标志着智人进化史上一个尤其成功的时代的结束。与此同时，在最后一只强壮型南方古猿消失前的五十万年间，第二次过渡已经悄然开始。接下来，我们就要讲述第二次过渡的故事。

第五章

CHAPTER 5

第二次过渡：
早期古人

1962 年，著名的化石专家路易斯·利基在东部非洲发现了一块不同寻常的化石，那是一块纤细型智人的化石。他将之命名为能人（很能干的人），因为能人是同时期出现的原始石头工具的制作者。这些工具，是它们和我们站在分水岭同一边的显著标志。时间上溯到大约两百三十万年前，这个新物种的出现，在早先的南方古猿和后来的亚欧直立人之间搭起了一道天然的桥梁。但是，在上世纪九十年代的东部非洲，更多的相关物种化石陆续出土。随着诸如鲁道夫人（H. rudolfensis）和匠人的化石相继展现在世人面前，我们发现，能人似乎还只能算是一种南方古猿，所以，现在能人被归入南方古猿。

尽管如此，能人显然还是会成为我们接下来要讲述的这个伟大故事的一部分，当然，我们故事的主角将是新一代的智人，代表就是出现于非洲的新物种匠人。匠人出现后不到几十万年间，它们就占据了整个非洲，并在多次走出非洲的尝试中率先进入了欧亚大陆。匠人有几个特征显示出它在进化上的飞越，脑容量有明显增大，骨骼的进化使之第一次出现了与现代人类相仿的身材，并且拥有便于双足行走的长腿，生活方式更加游居化，还有就是它那具有象征意义的阿舍利手斧（Acheulian handaxe），作为一件毋庸置疑的工具，在第一次出现于东部非洲之后的一百多万年中，手斧及其创造者几乎都没有经历什么变化，直到大约五十万年前才出现了更现代化的工具以及这些工具的制造者，他们毫无疑问地属于人类。

事实上，我们知道这个第二次过渡已经有相当长的一段时间了。最早的样本发现于19世纪90年代的印度尼西亚，主要是一些头骨碎片和零散的肢骨。但是，得到这些化石的荷兰解剖学家欧仁·迪布瓦（Eugène Dubois）将之命名为直立猿人（Pithecanthropus erectus）。之后，在20世纪20和30年代，在中国发现了一系列很完整的头骨和其他部位的骨化石，这就是中国北京猿人（Sinanthropus pekinensis）。不幸的是，第二次世界大战的纷乱中，这些"北京人"的原始样本被弄丢了，即使美国人曾设法抢救也无济于事。幸运的是，化石的发现者，德国解剖学家魏敦瑞（Franz Weidenreich）发表了对全部样本所做的详细解剖学记录，还制作了完美的石膏模型。其中的一套石膏模型早在1937年日本侵略中国之前就被送到了纽约自然历史博物馆，正是这套石膏复制品，在半个多世纪里，让我们对这个物种的认识有所依托。最终，所有这些不同的亚洲样本（以及后来在欧洲发现的更多化石）都被归入同一个物种，也就是直立人。再往后，直立人和非洲匠人被归入同一个年代种，这主要因为，从匠人到直立人的变化并不显著，这些后期的亚洲样本除了大脑容量有少许增加，其他方面几乎没有什么变化。

从很多方面来讲，我们这里要讲的伟大故事，就是第一次走出非洲（图 5.1）。我们知道，匠人在很早就开始走出非洲了，大约一百八十万年前，它们到了黑海北面的格鲁吉亚。因为在格鲁吉亚发现的那个时期的化石显示，曾出现了一个脑容量较小的衍生物种，即格鲁吉亚直立人。如果对这些化石的时间鉴定是准确的，那就意味着匠人在非洲大陆上出现后不久就进入了欧亚大陆。而俄罗斯南部说起来离非洲并不近，要花上点时间才能到达。它们一波接一波地出现，最终欧亚大陆被这些脑容量更大的物种占领。

在很长一段时间内，这个年代种除了头骨的空间稍微增大之外，物质文化和脑容量上几乎没发生什么变化，而它们的手斧这种标志性的工具，在长达近一百万年的时间里，形状上几乎没有发生任何变化。*这就意味着，关于这个分类群，

---

* 事实上，亚洲的直立人从来没有制作过手斧。大量的手斧在莫韦士线（以最先发现该线的考古学家 Hallam Movius 命名）的西面和南面出现，也就是从斯堪的纳维亚一直到孟加拉湾。这条线的东部只发现了粗糙的斧头，或许是因为这里没有合适的石材。很有可能的是，亚洲的直立人用竹子或其他硬木做成了更复杂的工具，只是没有保存下来。

图 5.1

主要早期人类遗址分布图

● 匠人

● 直立人

▲ 鲁道夫人

★ 能人

数据来源：Klein（2000），Bailey 和 Geary（2009），大阪城市大学（2011）

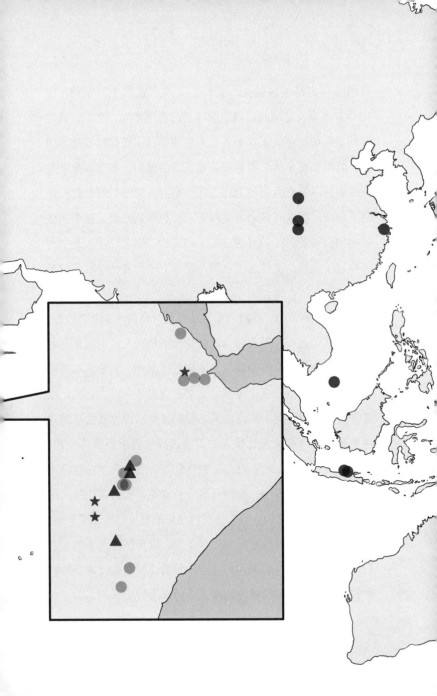

我们唯一需要关注的是，它们在大约一百八十万年前（图1.3）首次现身非洲时出现了脑容量的急剧增大，之后，脑容量的小幅增加定义了这个直立人的亚洲种。任何脑容量的增加，前提都在于这个物种能依靠进食的增加，来获取足够的额外能量以补充大量的消耗。既然南方古猿的时间分配已经到了极限，再没有多余的空间了，可想而知的是，这个初生的物种面临着极大的时间分配上的压力。那么，匠人是如何解决这个危机，度过这个瓶颈，迎来下一个进化阶段的曙光的呢？

　　在这个章节中，我将着重讲述早期人科的两个分类物种：匠人和直立人。我不会在这里讨论弗洛勒斯人，也就是不久前刚刚在印尼的弗洛勒斯岛上发现的体型小、大脑也小的霍比特人。我也不会在这里讨论介于南方古猿和匠人之间，或者是介于晚期直立人和古人类之间的任何一种短暂生存的过渡物种。虽然有关霍比特人的发现被媒体报道得沸沸扬扬，但是，到头来它也只不过是一种侏儒型的直立人，在整个人类演化的宏伟长卷中，它没有改变一点点事实。霍比特人的存在只是提醒了我们，匠人比我们想象的更早就离开了非洲，有时候，它们能够长时间地生存下来。以霍比特人为例，它们惊人地一直生存到大约一万两千年前，但这很可能只是因为它们住在一个与世隔绝的岛上，所以受到了保护。至于霍比特人是如何以及为何变得矮小，这个问题的确非常有趣，*但不足以让我们在这个问题上停留，我们还是要继续讲述人类演化的宏大故事。

大容量大脑的成本

图 1.3 以时间为线索，列出了不同时期人亚科物种的大脑容量（按照颅腔的可容量）。在联接匠人和直立人的时间线上，显示出脑容量缓慢但是显著地增加。但是，最能吸引我们关注的是大脑容量增加的两个关键点，之一是从南方古猿的 480 毫升（略微高于现存的黑猩猩）增加到最早期东部非洲五个匠人样本的平均值 760 毫升，这多出来的 280 毫升意味着高达 58.2% 的惊人增幅；之二是后来的晚期直立人又比匠人增加了 170 毫升到 930 毫升（22% 的增幅）。

这个脑容量的增加幅度，需要充足的能量来维持，也就是说，需要更多的觅食时间来摄取这部分的能量。只要做一些简单的计算，我们可以推测出究竟需要多少额外的觅食时间，才能完成这个能量采集的任务。现代成人的大脑容量是 1,250 毫升，消耗了人体 20% 的总能量，如果增加 280 毫升就是增加了 280/1,250=22.4% 的能量消耗。而身体总能量的

---

* 岛屿上的物种通常会变得矮小，尤其是生活在没有自然天敌的环境中。

20% 的 22.4% 就是 4.5%，也就是说，22.4% 的额外大脑能量消耗需要 4.5% 的额外总能量。如果我们假设能量需求量直接和觅食时间成正比，那么，维持匠人大脑运转的燃料就要比南方古猿所需要的能量多 4.5%。而直立人大脑容量的增幅，就只需 2.7% 额外的能量，也就是直立人总的额外觅食时间需要比南方古猿多 7%。

按照卡洛琳·贝特里奇的模型，如果南方古猿将一天中 44% 的时间花在觅食上，就能满足它们对能量的总体需求（图 4.3）。假设摄入的能量大致上和进食时间成正比（当然这个和摄入的食物种类有关，但是总的来说这是个合情合理的假设），那么，匠人增加的脑容量就意味着它们每天需要花 44+4.5=49% 的时间来进食，而直立人需要花 51% 的时间来进食。应该说，五个百分点的增幅并不算太多，通过对其他行为做一些微调，就能化解这 5% 的压力。而直立人对进食时间又有更多的需求，或许稍微难以满足一点。总的来说，早期人类因为脑容量的增加而面临的挑战，并没有像人类演化研究学者想象中的那么艰巨，成本的增加相当有限。但是，和南方古猿需要节省 7% 的时间分配一样，匠人和直立人也必须分别省出 5% 和 7% 的时间，为它们的脑容量的增加提供条件。

然而，脑容量并不是进化过程中体现在解剖学上的唯一变化，其他的重大变化还包括体型和体量的共同改变。匠人变得更高，腿也更长了，适合于大步走路（或者，也有一种说法是，这种进化是为了奔跑着追逐猎物）。体重方面也略有变化，在南方古猿的所有物种中，雄性和雌性的平均体重分别是 55 千克和 30 千克，而直立人的雄性和雌性体重分别是 68 千克和 51 千克。从平均体重来看，早期古人的平均体重比南方古猿的平均体重要大 40%，这些额外的体重必然需要额外的能量来供养。如果把供养大脑和体重这两方面的需要放在一起考虑的话，匠人需要将 62.5% 的时间花在进食上，才能满足身体上的消耗，这个数字比南方古猿的要高出 21.5 个百分点 *。直立人的大脑虽然略大，但它的体型略小，这可能是为了适应欧亚大陆高纬度地区更有压力、更寒冷、四季变换更显著的环境，所以，它的进食时间和匠人几乎是一样的。大部分研究者在推测人属动物进化所面临的困境时，会把额外的成本过多地算在了大容量大脑所需的能耗上，殊不知，真正可观的成本来自体量的增加，接近额外能耗的四分之三的能量和时间都是因为体型的变化。

在第四章中我们讲过，南方古猿标准的日常活动分配时间已经到了极限，再增加 22% 用于进食是完全不可能的。图 5.2 显示了这个问题的规模，这张图以因为体型和大脑的变化而增加的额外成本为考虑因素，列出了各个人亚科物种的进

---

* 对进食时间的要求是经过人科和南方古猿的代谢体重比率调整的，代谢体重（是体重的 0.75 次方，即 $M^{0.75}$）是身体组织的相对能量消耗，代谢体重也经过大脑和躯体的不同能量消耗调整过，我在这里用的是两性的平均体重。

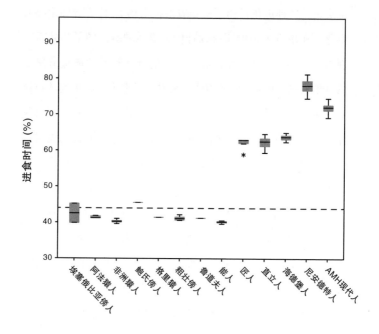

图 5.2

　　主要人亚科进食时间的中间值（50%和95%范围）。基数是南猿的时间分配平均值（参考线为44%这条虚线），其它物种是根据它们的代谢体重和南猿的代谢体重比例所得出的。代谢体重按能量高耗能大脑（占总能量的20%）和体重（占80%）而差异分配的。

食（注意是进食而不是觅食，觅食过程中行走的时间是要分开来另外计算的）时间在每个白天里面所占的百分比。作为参照基准的南方古猿数值，就是那条水平线（按照贝特里奇的模型，测定为44%），不同的南方古猿物种（其中也包括能人）都紧紧地贴近这条线。但是，匠人的出现，标志着一个惊人的明显变化，上升到古人类的62%，尼安德特人的78%（反映出体量和大脑的增大），以及解剖学意义上的现代人类的72%（反映出比尼安德特人略小的体量）。

而且，这还不是匠人面临的唯一问题，脑容量增加伴随着群体规模的增加，因此，它还要应付因群体规模增加所需要的额外社交时间。图5.3a画出了智人物种所需要的社交时间（基于图2.1中所示的群体大小和相互梳理时间之间的关系），图5.3b画出了用南方古猿模型中的固定比例所预测的混合型时间成本，混合了行走时间和休息时间（分别是16%和32%）。很明显，早期古人的时间分配已大大超过了可维持的时间成本区（缺口大约有30%），对于古人类来说，这个缺口还要大，尼安德特人和解剖学意义上的现代人类都是要超过成本区高达50%。

简单来说，摆在匠人面前的任务是，它们必须从别的活动中节省出30%的时间，而且其中的三分之二要花在进食上。直立人时间的分配已经超过成本区达34%，这主要是因为，它们的脑容量的增加意味着群体规模的相应增加。所以，这

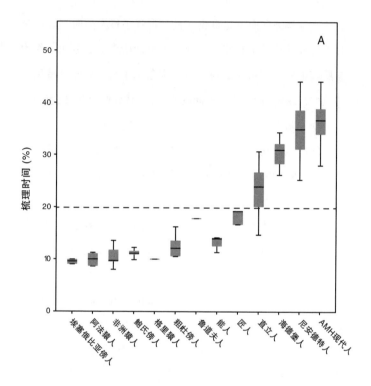

图 5.3

（a）主要人亚科物种的平均社交（梳理）时间（50%和95%范围），将图3.3中的群体规模值代入图2.1中的回归公式得出。这条20%的虚线是灵长类在自由分配时间内花在社交上的时间最大值。

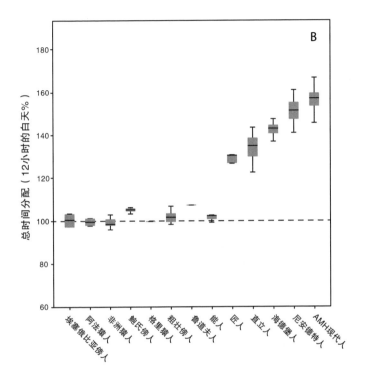

（b）主要人亚科物种的总时间分配的平均值
（50%和95%范围），把进食时间（图5.2）、社
交时间（图5.3a）和贝特里奇（2010）的南猿模
型（图4.3）中的必须休息时间（32.5%）以及行
走时间（16.2%）相加所得。

里的底线就在于，所有这些物种，如果它们还是南方古猿的话，那么它们就无法生存下来。但是，明摆着它们还是找到了解决时间分配瓶颈的方法，成功地生存了下来。所以，我们的问题是，它们是如何做到的呢？

几个可能的答案

双足行走和失去毛发后的南方古猿在休息上已经省不出更多时间了，但是，还有一种可能性，也许能让匠人省出一点休息的时间，那就是如果在这个关键的阶段，气温能够降下来。大约一百八十万年前，伴随着匠人的出现（也可能是在此之后），全球的气候发生了重大的变化，气温开始一路向下逐步变冷，很难说，这两者刚好是巧合。和气温变化同步的是大批物种的灭绝，南方古猿就是其中的一个典型，但同时也产生了很多新的灵长类以及其他哺乳类动物。就在这个关键性的气候转变中，整个热带非洲的平均气温下降了 2 摄氏度。根据猿猴的时间分配模型，这能使匠人需要的休息时间减少 2.5%。当然，2.5% 的节省算不了很多，但也是个良好的开端。

另一个可能的答案来自行走时间。早期古人类比南方古猿要高得多，因此跨出的步伐也大得多，从行走时间的角度来说，获得了一定的优势。早期古人类两性的平均腿长是 0.88

米，相比南方古猿的 0.62 米，增加了 41%，也就是多了 41% 的优势。这样一来，分配于行走上的时间只需要占总时间的 11.5%，节省了 5%。但是，有关早期古人类的一切特征，包括它们的大长腿，都显示出它们的生活方式比以前的人科动物更加具有游居性，因此它们在广阔的草原上行走的范围也更广。所以，节省下来的这部分时间或许只是花在了走更多的路上，而并没有真正地减少实际时间成本。不过，我们眼下暂且把这部分也视为一个可能的小小节省，所以到目前为止一共节省了 7.5% 的时间。

在早期古人的时间分配上，进食时间一直是占比最大的部分（两个物种的进食时间几乎都占到总时间的 62%），所以，在进食时间上的节省，很可能会产生更大的影响。有一种可能性我们尚未考虑到，那就是身体各部位因维持体能需要而进行的能量再分配。不过彼得·惠勒和莱斯莉·艾洛（Leslie Aiello）在 1995 年提出高耗能组织假说时就考虑到了这个问题，他们注意到，从能量消耗的角度来说，大脑和肠子同样都是高耗能的，主要是因为这两者都分布着大量的神经。神经元时时刻刻都处于蓄势而发的状态，而正是维持这种状态所消耗的能量，使得大脑成了高耗能组织。他们提出，在人类进化过程的某一节点上，智人把能量消耗的主场从一种组织（肠子）转移到了另一种组织（大脑）上，所以，脑容量增加的结果并没有消耗更多的能量。这种转换的实现，得益于通过提高饮食质量，强化吸收营养的效率，从而对冲了肠子长度的缩短[*]。在做智人时间分配的图5.3b时，除了相应的脑容量增加外，我没有把这个因素考虑进去，对体重在各主要器官上的分配的假设，还是和做南方古猿模型时一样。但是，如果大脑消耗的额外能量的确是来自肠子的相应缩短，那会是怎样的情况？进一步来说，这样的结果，对进食时间又能节省多少呢？

如果我们不考虑大脑容量的因素（也就是说，只调整体量的增加，假设脑容量的增加能够和肠子的缩短直接相互抵消），重新计算智人对进食时间的要求，那么，早期古人能

---

[*] 针对高能耗组织，有两种反对意见。第一种意见认为，在南美洲的猴子（参见Allen和Kay的论述，2012）和整个哺乳动物（参见Navarette等人的论述，2011）中并没有大脑容量和肠子长短之间的平衡，所以这个假设是错误的。这是个比较奇怪的结论，因为高能耗组织假设是特别用来解释人类进化中的问题的，即人类是如何跨过这个关键的能量约束的。这只是一个最高限度，所以这个约束只有在大脑容量超过猿类时才会体现出来，这个假设即使在鸟类或大脑容量较小的南美猴子中不成立，也无碍于我们的结论。尽管如此，一个对古比鱼的巧妙实验显示，当通过人工繁殖增加大它的脑容量时（此时它的认知能力有了提高，只是在雌性中有如此表现），这种鱼会通过缩短肠子尺寸和减少产子数量来平衡（这就是所谓的繁殖平衡，参见Kotrschal等人的论述，2013版）。第二种意见更加严肃，Isler和van Schaik（2012）提出，因为生存经历的过程为了大容量大脑必须减速，繁殖的速度不可避免地会降低到以至于物种数量不足以延续下去，形成了比猿类脑容量略大的一个灰色上限，一旦超过这个上限，猿类的繁殖将不足以补充自然死亡率。他们提出人科物种能越过这个上限是因为他们开始集体繁殖，这样可以大大缩短生育的时间间隔（在旁人的帮助下，母亲可以在哺乳第一个孩子开始怀上第二个孩子，这样可以使繁殖率超过死亡率）。但是，他们引证的数据并没有显示出生率会低于维持水平，脑容量和繁殖率的关系不像他们所述是线性的，而是渐近的（接近但并不会低于死亡率）。即使我们用回归线来预测人类自然生育间隔而不是用现在人类的生育间隔，人类依然是在这个界限之上。他们的错误是混淆了双对数图表的线性关系（即一个指数［渐近］关系）和原始数据的线性关系。

节省下的只有区区 5%，而晚期古人略微多些（图 5.4）。这样的节省幅度，虽然远不及大部分研究者们所期待的那么多，但是，即使 5% 的节省，也能把匠人和直立人的时间分配缺口分别从 30% 和 34% 降低到 25% 和 29%。加上前面所分析的因为气候变冷和双腿加长等因素得到的 7.5%，接下来我们还需要为匠人找到 17.5 个百分点，为直立人找到 21.5 个百分点。

除此之外，它们还可能有些什么选择呢？肉类是一种可能性，理由是肉类比大部分的植物营养更丰富，同时也含有大量对大脑的发育非常关键的烟酸（维生素 B3）等微量营养素。这就是高耗能组织假说的基础，肠子的缩短由更容易消化的食物来弥补，而这个更容易消化的食物被认定为肉类。但是，把肉类直接作为答案是有缺陷的，因为灵长类的肠胃不容易消化生的肉食。哈佛人类学家理查德·兰厄姆（Richard Wrangham）提出了更有说服力的看法，他认为，提高肉食的可消化率，从而解决人类进化过程中的能量缺口，关键就在于烹饪。烹饪是弥补人类进化中能量消耗的答案，煮熟的肉类更容易被消化吸收，可以把营养摄入率提高 50%。他认同的烹饪（以及由此而来的食用肉类）出现的时点，就是在匠人出现的大约一百八十万年前。他认为有三个考古学发现支持这个观点：其一是人科的出现伴随着牙齿和下巴

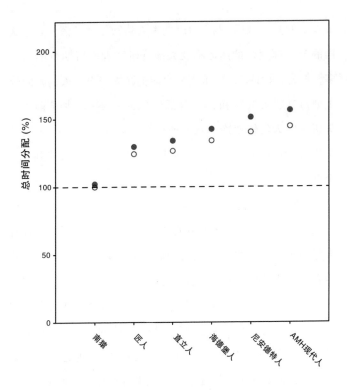

图 5.4

　　高能耗组织效应下所节省的总时间分配。时间分配基础线（各物种数值由图5.3b中的南猿基础线按比例得出）经高能耗组织效应调整，高能耗组织所调整的数值是假设更大容量大脑所消耗的能量直接被肠子（体细胞组织）缩小的效应抵消了，所以只有体重（体细胞组织的代谢消耗降低后的）影响到进食时间。

的缩小（因为咬碎粗糙的植物已经变得不是那么必要了，*图5.5），其二是首次用火的迹象（火对烹饪是最重要的），其三是脑容量的突然增加。

为了验证匠人和直立人的主食是肉类，研究者们做过很多尝试，力图证明它们已经开始用掷矛来狩猎了。当我们挥臂投掷掷矛时，肩关节和髋关节就像一根设计精良的弹簧，在收放之间将能量传导到手臂上，然后以迸发的力量将标枪一样的掷矛投掷出去。这里的关键问题是，所有这些解剖学上的元素，到底是什么时候汇聚在一起，然后赋予了人类这种能力的。事实上，这些元素是逐步积累的，有的元素早在南方古猿时期就有了，但是很多元素是在又过了很久才出现的（不过，在二十万年前现代人类出现之前的漫长时间里，这些元素都没能完美地结合在一起，赋予投掷者一气呵成，

---

* 过去，古人类学家经常会宣称，南猿失去和猿一样的大型犬齿，以及早期古人失去大型臼齿，都是因为它们没有存在的必要了。因为这些物种能通过使用工具来完成这些牙齿原来的咀嚼进食功能。但是，从进化论的角度来看，物种特性并不会仅仅因为不再被需要而消失；它们只会在被选择消失时或是和另一个选择需要的特性相抵触时才会消失。和很多人的认识相反，大型犬齿并没有在灵长类的进食中起到作用（这一点和肉食动物不同），它们只是雄性互相争斗的武器。大型犬齿的消失，显然意味着雄性之间的争斗减少了，可能是为了让多个雄性能在觅食群体中共存；另一个解释是，大型犬齿妨碍了咀嚼时下巴的自如活动，这可能对南猿的觅食造成不利。早期古人白齿牙排的缩小，可能是为了缩小下巴，以增强对发声区的控制能力，便于进行语音上的交流（比如大笑），但也可能是因为食物的变化。如果食物的变化的确是其中的驱动因素，那我们必须有依据地分别罗列大臼齿的优势和劣势，而不能只是简单地因为不需要而让它消失。问题是，从食物处理的角度来看，大臼齿并没有明显的优势或劣势。

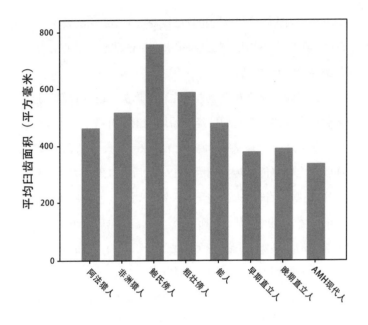

图 5.5

早期人亚科和AMH现代人的平均臼齿面积。

数据来源：Leonard等人的论述（2003）。

投出武器的能力）。根据对纳里奥克托米男孩*肩胛带（这是关系到我们的投掷能力的重要部位）的重建，发现它已经处于现代人类的范畴之内了，这个发现一下子把投掷的进化（也就意味着狩猎的开始）提前到一百五十万年前。但是，直立人的肩胛带和现代人类相似是一回事，具不具备现代人类这样的投掷能力又完全是另外一回事。毕竟，并非我们所有人都能成为奥运会标枪冠军或职业棒球投手，我们实际能力的高下，对我们投掷时的表现有重大的影响。所以，总的来说，如果仅仅根据现有的证据，就断言早期古人经常用执矛狩猎是很牵强的。

话说回来，认为直立人偶尔也能扔几块石头（或者甚至是木制的矛或者叉等物），所以也能击中些猎物，那又是另外一回事，这是很有可能的。到了纳里奥克托米男孩生活的时期，智人已经有了近一百万年的时间来练习使用简单的石器（比如奥杜韦石器，基本上就是石块），如果说它们从来不曾拿起石块砸向猎物或者敌人，或是从未砸中个把目标物的话，那也是叫人难以置信的。但是，执矛或许就是另外一回事了。虽然身体的构造已经让它们具备了投掷东西的能力，但这和具备脑力和躯体上精细的控制能力，将一根执矛在林间准确地投向目标物，完全是两码事。另一个可商榷之处是，一根

---

* 也被称作图尔卡纳（Turkana）男孩，因为化石是在肯尼亚北部的图尔卡纳湖边发现的，化石的肯尼亚国家博物馆的登录号为 WT 15000。

头上没有削得很尖的矛（早期古人肯定没有磨制锋刃的能力），算不算是有威力的投掷武器（和刺扎相比）。虽然我们可以承认它们偶尔能用这种方式斩获猎物，但是，我们基本上可以认定，在那么早的时期，就能经常性地使用武器是不现实的，除非有一天，我们能发现更多有说服力的证据。

把有关狩猎的议题先搁一边，可以肯定的是，烹饪确实能够增加对肉类等食物中营养成分的摄取率。这一来是因为烹饪能够打破细胞壁（因此能促进营养的吸收消化），另外也是因为烹饪可以化解植株中的有害物质，植物含有碱和其他毒素，这是为了对抗食草动物的侵犯。但是，烹饪也不一定有助于对所有食物的消化，真正有用的主要是烹饪红肉和地下根茎类，根茎内丰富而不易消化的淀粉质在烹饪的过程中被软化，煮熟后更适合于食用。但是，即使是现代的狩猎 - 采集民族也不是只吃肉类，典型的饮食结构是肉类加上根茎类占食物总量的 45%（表 5.1）。

所以，就让我们来看看烹饪对早期古人有怎样的帮助吧。如果用现代人类的模型作为基准，45% 的食物的消化率得到了 50% 的提高，那么，总消化率的提高是 22.5%。*也就是说，每 100 个百分点的进食时间，能产生 122.5 个百分点的营养摄入。既然匠人和直立人需要将 57% 和 58.5% 的时间分配在进

---

* 55% 的食物按标准比例提供营养，剩下的 45% 能提供 1.5 倍的营养，营养提高的总量为：55%+（45%x1.5）=122.5%。

食物来源 (%)	世界各地	热带	温带
植物	26.7	40	40
根茎	8.3		
肉类	36	34	40
鱼类	29	26	20

表 5.1

现代狩猎-采集群体的食物

数据来源：人种图谱中63个现代狩猎-采集社会的样本。（Cordain等，2000）

食上，以供养它们增大的体型和大脑，那么烹饪能分别把它们对进食时间的需求降低 57 × （100/122.5）=46.5% 和 58.5 × （100/122.5）=47.8%（匠人和直立人分别降低了 12% 和 9%）。的确，进食熟的食物，对时间分配产生了一定的正面影响，填补了一定的缺口，但是，我们仍然缺 5.5% 和 13.5% 的时间。当然，它们也许可以通过吃更多的肉食或者根茎类来填补这个缺口，那么，这就意味着，对匠人来说，它们需要多吃 50% 的肉食和根茎，使其达到总食物的 67.5%；对直立人来说，要多吃 130%，达到总食物的 105%。从有限的考古记录上来看，这两个数值显然偏高了，有关直立人的数字明显是不可能的，这意味着它们必须完全依靠肉食，或者完全就是肉食加根茎，这样的饮食结构即使是现代人也达不到。

兰厄姆提到的第二个证据是，到了早期古人这里，臼齿变得小了。无可怀疑，匠人的臼齿确实比强壮型南方古猿的臼齿小了很多，但是，如果和纤细型南方古猿相比，那就并没有小多少（图 5.5）。我很怀疑的一点是，之所以产生匠人的臼齿比较小这样的印象，多半是因为把这种数据和体量的大小联系在了一起。遗憾的是，在古人类学研究领域内，自动把所有数据和体量联系在一起是一个普遍倾向。但是，这种做法如果没有生物学上的可信理由，错误就难以避免了。比如，这就是个例子，咀嚼面积的大小以及由此而来的咀嚼效率，并非由臼齿的相对大小决定，而是由臼齿的绝对大小决定的，所以，它带来的益处并没有我们假设的那么大。第三个证据是伴随着人科出现的脑容量的增加，但事实是，在智人历史上，这一阶段脑容量的增加和之后的增加相比是非常有限的（图1.3）。更重要的是，如果我们现在就用烹饪来解释早期古人类脑容量有限的增加，那么该用什么来解释后期古人类和解剖学意义上的现代人类脑容量大幅度的增加呢？

所以，不管烹饪带来了多少好处，它肯定还不足以解答所有的问题。事实上，我们也不是很确定，与人科同步出现的脑容量增加的原因，是否需要从进食大量的肉类或烹饪中寻找答案。毕竟生肉也不是完全不能被消化，只是生食所提供的营养没有煮熟后那么多而已。黑猩猩也会吃一点未经烹煮的生肉，而且还很喜欢吃，所以早期古人没有理由不多吃点没有煮熟的生肉。问题仅仅在于，它们在吃生肉时浪费的近三分之一的营养，从时间分配角度来看是否重要。为供给高耗能组织而吃肉所增加的五个百分点能量摄入，对黑猩猩来说相当于略微增加了不到2%的进食时间，对早期古人来说相当于5—7%。烹饪能把这个百分比降低到大约3.5—4.5%，这是一个非常有限的节省，有限到我甚至都怀疑是否值得为它费力气烧火。

我认为很明确的一点是，早期古人不可能依靠大量吃肉来冲出时间分配的困局。关键就在于，如果兰厄姆的理论是正确的，也就是说煮熟的肉食和根茎的确是问题的答案，我们就一定会在考古发现中找到很多用火的痕迹，因为没有火就无法烹饪。那么，关于用火，考古记录究竟都揭示了些什么呢？

用火的证据

火能提供光和热，毫无疑问，它对于人类最初进入欧洲高纬度地区，之后进入亚洲，直到最终抵达美洲都是至关重要的。不过，我们眼下最关心的，却是早在匠人和直立人时期，火是否就已经出现，并被它们用于烹饪。如果它们的食物中熟食占到了一半的比例，那么可以肯定它们多多少少在持续用火。如果这个情况属实的话，我们应该能够看到很多火塘遗留下来的痕迹。

迄今发现的最早痕迹，当属位于肯尼亚的库彼福勒（Koobi Fora）和切苏旺加（Chesowanja）的用火遗址，烧焦的泥土令人信服地成为智人用火的证据。这两处遗址距今都有大约一百六十万年，也就是匠人出现之后的不久。然而，从这以后，当中出现了一大段的空白，直到大约一百万年前，才又出现了零星的用火痕迹。第二阶段最早的用火证据是在南非斯沃特克兰斯（Swartkrans）发现的六十块烧焦的骨头，这些骨头经受过高温烧烤，再加上骨头上切割的痕迹，合在一起证明这些骨头不是偶然掉入火堆里，而是被人为烧过的。发现于黑海北部博加特里（Bogatyri）的焦骨，被鉴定为距今大约一百一十万年。在以色列的盖谢尔贝诺特雅各布（Gesher Benot Ya'aqov），发现了大约七十万年前烧焦的木头和种子。在差不多同时期的南非旺德沃克（Wonderwerk）遗址，发现了和阿舍利文化相关的用火痕迹，近一半的骨头呈现出被火烧烤过后的颜色，还有很多的植物灰烬。然而，在这以后，又有很长一段时间没有任何用火痕迹。[*]

但是，在距今五十万年以后，情况发生了很大的变化，用火的痕迹不断被发现，遍布三个旧大陆的很多地方。在以色列的塔崩（Tabun）、格什姆（Qesem）和乌姆盖塔法（Umm Qatafa），英国的山毛榉坑（Beeches Pit）和德国的舍宁根（Schöningen）都发现了距今大约四十万年的火塘。在舍宁根，考古学家们发现了一块烧焦了的木板。在差不多同时期的英国克拉克顿（Clacton），发现了一支木制执矛，显然被火烤过，变得坚硬。在萨福克的山毛榉坑遗址，两片手斧碎片掉进了火炉，烧得焦黑，这一幕，仿佛将时光凝固，古人坐在火塘边，制作石斧工具的情景就定格在眼前。在西班牙的阿布瑞罗马尼（Abric Romani）、法国南部的阿玛达（Terra Amata）、英国的梅内兹得雷甘（Menez Dregan）石洞以及法

---

[*] 据称，中国北部著名的周口店发现了烧焦的残留物，这意味着这里曾经有过火塘，七十五万年到二十万年前，那里居住着直立人。但是，后来才发现这些残留物其实只是变色的土壤。

国地中海沿岸的拉扎瑞特洞穴都发现了无可争议的火塘遗址，事实上，在距今四十万年前这个时间点之后，火塘遗迹遍布各地。

在西班牙的布罗墨（Bolomor），发现了尼安德特人烧烤小型哺乳动物（主要是兔子）的火塘。在非洲赞比亚的卡兰博瀑布遗址（距今约十八到三十万年前），发现了烧焦的圆木和用于挖掘的棍棒。另外，在南非的弗洛里斯巴德（lorisbad）遗址（时间上可追溯到上一个间冰期）和皮纳克顶（Pinnacle Point）遗址（距今四万到十七万年前）都发现了火塘。在距今十万年前之后，各地又发掘了众多的火塘遗迹，比如西班牙的洛卡波斯（La Roca dels Bous）遗址，摩尔多瓦的多个莫斯特人（Mousterian）文化遗址（其中包括了著名的猛犸象骨小屋）和德国的瓦勒特海姆（Wallertheim）遗址。

以四五十万年前为时间坐标，在这之前的时期里，无论在非洲、欧洲还是在亚洲，火塘都很少见，这一现象或许在告诉我们，那个时段，标志着在火的利用上的一个重大转折点。在此之前，智人大概只会偶然地随机利用一下天然火（比如由闪电引起的森林着火），但是，它们没有能力保持火塘一直有火。能够有控制地用火，大概就是从四十万年前开始的，在掌握了用火技巧之后，它们就可以在任何时候任何地方点火用火，并能长久地保持火苗不灭。用火的这个转折点，似乎和常住地（包括洞穴以及小木屋）的出现相吻合。大型火塘一天需要超过 30 千克的木材，而且对时间、精力和人员的协调都有很高的要求，因为必须有人负责一直添加柴火。如果把这项任务当作日常生活的一部分，那么对已经捉襟见肘的时间分配来说不啻为一个沉重的负担。更加重要的是，没有多人的协同行动，维持一个大型火塘几乎是不可能的。这样的行动不仅要求有可用于交流沟通的语言，也要求一定的认知能力，让人们认识到需要多人轮流协作。而所有这些能力，都有赖于大容量的大脑。在第八章中，我会详尽论述，支持这个水平的认知能力的大脑，是不大可能形成于五十万年前古人出现之前的。总而言之，虽然公认的用火迹象出现很早，通常是以烧焦的骨头或者种子为标志，但是，表明煮熟的食物成为食谱的重要部分的强有力证据，直到四十万年前才真正开始出现。如果这个结论是对的，那么我们或许可以下结论说烹饪还没有常规化到对早期智人的食物产生重大影响，因此，也不可能成为它们解决时间分配难题的主要答案。和很多其他的人类进化现象一样，关于用火的研究，多半着眼于发现最早的使用例子。但是，仅仅展示偶尔为之的用火甚至烹饪远远不够，要判断烹饪是否起到关键性的作用，我们还必须确定用火现象是否在有规律地发生，一天又一天，一周又一周。所以，随机的烹煮肉食很有可能经常发生，但它还是没有规律化到对早期智人的时间分配产生影响。

笑声是如何解决社交问题的

　　到目前为止，时间分配中有一个部分，还没有被我们考虑进去，那就是社交的时间。对社交时间的要求和群体规模有直接的关联，和南方古猿相比，早期古人的群体要大得多，所以，它们需要的相互梳理时间是南方古猿的两倍。在计算对社交时间的要求时，我们假设早期古人也和猿猴一样，是通过互相梳理来建立亲密关系的。在灵长类动物之间，梳理基本上都是一对一的，同时为几个同伴梳理在技术上也不现实。其实，我们现代人类仍然面临同样的问题，同时和几个人保持身体上的亲密接触，是难以忍受的（如果这样做的话，至少会让其中的一人感到不愉快）。当然，这里的问题关键在于，因为各部分活动项目对时间分配的需求，猿猴一天中花20%的时间在梳理上就已经是它们的极限了。正是出于这个原因，它们能保持亲密关系的群体规模上限就是 50 左右。当早期古人需要增加群体规模，超越 50 的界限时，它们有两个选择，或者将更多的时间用于相互梳理，或者找到一个更高效的黏合方式，在同一时间里和更多的人建立亲密关系，也就是说，它们必须能同时为几个同类梳理。

　　在第二章中我们曾经说到，社交性的梳理给灵长类带来生理上的刺激，从而促使大脑激活内啡肽，内啡肽的激活对增进成员间的相互黏合至关重要。有一个行为，它可以带来身心上的愉悦，恰恰起到了同时为多个同伴"梳理"的效果，这个行为就是欢笑。和人类一样，猿类也分享欢乐，同声欢笑。所不同的是，猿类的笑通常是伴随着嬉闹玩耍，它们的笑是一连串的呼气和吸气，而人类的笑是一连串的呼气，而没有吸气。在笑的时候，猿类每次呼气之后，都要吸气，所以并没有把肺排空，这样对横膈膜和胸腔肌肉几乎没有产生压力。而人类的笑却不一样，一直呼气的笑会把肺排空，会让我们累到大口喘气。我们在一系列的实验中发现，这种作用于胸腔肌肉的压力，会刺激产生内啡肽。所以，笑声很可能会成为一种保持一定身体距离的"梳理"，可以同时激活多个同伴的内啡肽。

欢笑于是成为我们问题的绝佳答案，不仅仅因为它能激活大脑中的内啡肽，而且欢笑也是人类行为中少有的极具感染性的行为之一。和一群人一起看喜剧，发出大声欢笑的可能性，比一个人独自观赏时要高三十倍。实际上，欢笑这种行为是非常本能的，有时候，即使我们听不懂笑话，但是如果其他人都在笑，我们也会不由自主地笑出声来。简而言之，笑声是典型的社交合唱。笑是一种本能，因此它根植于我们古老先祖的身体里；笑不需要语言的激发，因此它大概远远早于语言。

我们研究的关键点在于，笑声比梳理能够多感染几个人。也就是说，在通常典型的社交性大笑中，有多少人会同时参与其中？为了找到答案，纪尧姆·德兹切克（Guillaume Dezecache）去酒吧做了调研。他记录了社交群体的大小（大致上就是围坐在一起，显然看上去是一伙的人数）、谈话群体的大小（社交群体中在活跃地说话或认真地聆听的人数）以及大笑爆发时即刻欢笑的人数（即"欢笑群体"）。他的研究发现，社交群体的平均规模大约是七个人，但是，谈话群体和欢笑群体的规模要小得多。我们之前所做的研究也有类似的发现，谈话群体的上限是四个人，如果四个人以上同时参与交谈，很快会分成两个不同谈话群体。而结果真正出乎意料的是欢笑群体（也就是在社交场合因为同一原因同时大笑的群体人数）的规模更小，它的上限只有三个人。这个结果比我们预想的要小得多，尤其是现在，人们大部分的时候还是被用语言表达的笑话逗乐的。

因为这个欢笑群体中的三个人（讲笑话的和听笑话的）都笑了，他们也就都感受到了内啡肽的释放。而在相互梳理的时候，只有那个被梳理的才能感受到愉悦。所以，作为一种成员间的黏合方式，欢笑的效率是梳理的三倍。如果早期的人科动物在梳理的同时也利用笑声来维持亲密关系，它们就可以省下很多时间。我们的旧大陆灵长类社交梳理和群体规模关系等式显示，匠人的群体规模是75，它们每天必须花18.5%的时间用于社交，直立人群体规模大约是95，它们要花23.5%的时间。如果欢笑能作为社交性梳理的补充，而且本身有三倍于梳理的效率，那么就能把这些时间缩短到三分之一，也就是匠人一天中的 6.2% 和直立人一天中的 7.8%。这样一来，两个物种就可以分别省下 12% 和 15.5% 的时间，再结合前面阐述过的因为气候变化、双足行走和高耗能组织假说所省下的 12.5%，它们分别可以省下总共 24.5% 和 28% 的时间成本。

现在，即使没有烹饪的加入，两个物种的时间分配离我们所需要的 30% 和 34% 也只差 5—6 个百分点了（图 5.6）。这个相对较小的差距，可以毫不费力地从偶尔的烹饪中得到弥补，也就是说，只要将 5% 的食物煮熟，早期古人就没必要依赖火塘和狩猎了。如果它们的时间分配达到平衡，这两项优势就能留给此后进化出的物种，给予它们更多的可能性。

到目前为止，我只是简单地把直立人群体的规模和大脑容量的数值挂钩。在第六章中，我会阐述一些特例，比如，尼安德特人的群体规模相对于它们的大脑容量来说要小，这是因为它们住在高纬度地区，光照水平明显偏低，从而造成了它们的视觉系统更大。所有的直立人都住在欧亚大陆和尼安德特人差不多纬度的区域之中，所以它们同样承受着提高视力的选择压力，其结果是，它们进化出了更大的枕区（也就是位于大脑后部，负责主要视觉处理的部位）。虽然证据有限，但是，有迹象表明，和尼安德特人一样，直立人的眼眶和枕叶都比它们的匠人表亲要大。如果这个属实，那么直立

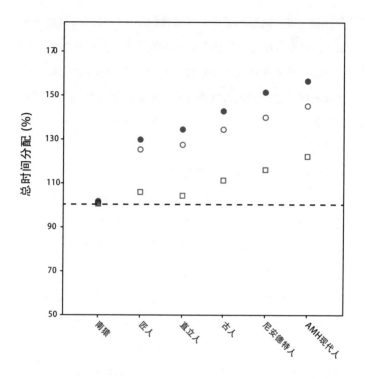

图 5.6

主要人亚科物种中总时间分配的欢笑效应。总时间分配基础线（黑圆圈）和经高能耗组织调整后的总时间（白圆圈）和图5.4中的一样，因为欢笑而节省的社交时间需求用（白方块）来表示。

人的额叶和匠人的就差不多大。如果我们用调整尼安德特人群体规模的方法（见第六章），等比调整直立人的群体规模，那么，这两个早期人类物种之间的差别大多可以弥合。这样一来，直立人面临着的明显更严重的时间分配危机也就迎刃而解了。换句话说，能够解决匠人时间分配难题的答案，同样也解答了直立人的难题。

早期古人的大脑容量为什么会增加？

伴随着人科的出现，大脑容量也出现了快速的增加。那么，是什么因素推动了如此突然的激增呢？也许，针对作为一个整体的人科物种，最被广泛接受的解释是"气候变化模型"（climate variability model）。这种解释指出，在人类进化史上，大脑容量的增加，主要发生在气候的不稳定期，尤其是那些在湿润和干燥之间来回变化的时期。在气候变得特别不稳定时，智人需要更大的大脑来应对更具有挑战性的觅食环境。这种假说有一些不同版本，有的把这些认知上的变化归结为对制作更高质量工具的需要。这种解释得到了一些实证上的支持，比如，一直居住在欧洲高纬度区域的鸟类，因为必须面对四季气候的变化所导致的食物供给量的急剧变化，大脑明显要比飞到热带温暖地区过冬的候鸟大。大脑容量越大，应对不可预测的环境当然就更加从容。

　　过去四百万年间大脑容量和气候变化之间的关系，是这个智人大脑假说最主要的证据。然而，这个关系只是把各个物种的样本安插在地理时间轴上，却忽略了这些样本属于不同物种这一事实。如果我们按单个物种的样本再做一次梳理，这种关系就不复存在了，尤其是在早期古人时期。脑容量的各种变化，完全是因为物种的不同而不同，和气候没什么关系。或许我们不必对此感到吃惊：其实并没有凭据证明生态对整体上的灵长类脑容量有任何的影响，这样说来，如果突然之间，像变魔术一般，灵长类中惟有智人身上发生了完全不同的情况，那倒是很不合情理的。也没有任何证据证明工具的复杂性和大脑容量之间有什么关系，确实，工具随着时间的推移变得越来越复杂，但是，这些变化总是跟在脑容量的变化之后，也就是说，工具的变化是脑容量变化后的结果。总之，虽然气候的变化是产生这些变化的重要诱因，但是，气候变化模型还是不能成为我们的答案。

　　有证据显示，早期古人大脑容量的显著增加，正好和一段时间的湿润气候同步出现。当时，东非大裂谷造成了从埃塞俄比亚南部的奥莫（Omo）山谷到肯尼亚中部巴林戈（Baringo）湖的巨大深水湖，在它的南面，肯定还有更大的湖泊。这些湖泊，极大地拓展了一些智人群落的居住区域，使其生活范围扩大到以前不曾抵达的土地。但是，生态环境本身并不能说明为什么它们需要更大的大脑，只是提供了一个有利于更大大脑进化的环境。事实上，这些裂谷巨湖经常会干涸（而且经常会干得很快），这种特殊的生态环境当然会对在此生存的动物形成很大的适应性压力，它们必须很快地适应突然变得干旱的环境，否则就会灭绝。

这就给了我们两个可能，一个是灵长类普遍面临的威胁，也就是来自天敌的威胁；二是来自其他人亚科群体的威胁，这样的对手可谓是另一种天敌。来自天敌的威胁是一个说得通的原因，因为搬迁到更开阔的地区之后，失去密林的掩护，早期古人自然就会暴露在天敌的觊觎之下，这时候，大规模群体的安全性就能凸显了。比如，狒狒之所以能离开它们原先藏身的森林，进入有更多天敌的林地，甚至于平坦开阔的草地，是因为它们是猿猴中集群最大最稳定的。而且，更重要的是，越是在更为开阔的草原上生活的群体，其规模就越大。极端的例子是生活在埃塞俄比亚高地上的狮尾狒狒，这种食草性狒狒物种有着时分时合的社会体系，其基础是小型多配偶的家庭单位。同一觅食群体中家庭单位的数量，取决于当地天敌威胁的程度。当它们在高原草地上觅食时，一个群体中就会聚集最多数量的家庭单位，因为那里没有任何树木的遮蔽和保护。*

---

* 和狮尾狒狒同期出现的天敌主要是金钱豹和鬣狗（曾经也有狮子），虽然现在的埃塞俄比亚高地上已经看不大到金钱豹了，但鬣狗还是很常见的（埃塞俄比亚的鬣狗异常大而且凶猛）。

　　但是，这种看法还是有一个问题。人类和黑猩猩面临同等程度的天敌威胁，然而，并没有证据显示，这两个物种的群落级别和天敌威胁有什么直接联系。因为两个物种都生活在时分时合的社会体系之中，即使是高级别群落中的成员，因为彼此间的物理距离，也难以对天敌形成统一的抵御防线。黑猩猩为抵御天敌而组合成的觅食群体规模是3—5，人类狩猎时形成的觅食群体规模按性别有所不同，男性狩猎群体规模5人，而女性狩猎群体规模为10—15人，有时还可能形成30—50人的过夜群体。过夜群体的较大规模可能反映了现代人类的弱点，在晚上更易暴露在天敌的威胁之下。猿猴通常夜宿于树上或者悬崖的侧壁，但是，人类受爬行能力的限制，难以找到安全的睡眠地点，通常来说只能睡在平地上，再加上灵长类普遍有夜视能力差这一通病，它们夜里遭到攻击的风险非常高。所以，无论如何，高级别的群体组织（黑猩猩群体大约为50，人类群体大约为150）都因为成员彼此间过于分散而难以起到共同御敌的作用。

　　无论黑猩猩群体组织的级别有什么功能，几乎可以肯定的是早期古人和它们也差不多，据推测，早期古人的群体规模比黑猩猩的大不了多少，两个物种都差不多是75—80。对于这种黑猩猩群体规模，一个合理的解释就是为了保卫自己的领地，既是为了占有领地内的食物资源，也是为了占有领地内的繁殖资源，也就是在领地上生活的雌性猩猩。为了占有食物是有可能的，虽然这种做法在灵长类中比较少见。虽然很多灵长类都有强烈的地域占有性，但一般来说，雄性保卫领地是为了占有领地内能够生育的雌性，这一点可以从雄性黑猩猩群起攻击其他雄性这种行为中得到证实。在极端的情形下，它们甚至会把相邻群体里的雄性赶尽杀绝。黑猩猩群体看起来简直像一个自卫联盟，雄性黑猩猩会像黑帮成员一样团结起来，既捍卫它们自己的生命，也捍卫它们对领地上的雌性的独占权。

　　如果说早期古人只是把黑猩猩的行为延伸到更大的区域和群体，这种观点从逻辑上似乎能说得通。但是，如果说这一切因为争夺配偶而起，那又是说不通的。在群体合作的前提下，它们原本是有能力捍卫自己的领地的，既然如此，它们为什么会突然需要扩大自己的领地呢？要知道，更大的领地需要更大的群体去捍卫，而更大的群体意味着更高的大脑成本。对于这些疑点，似乎没有显而易见的理由可以作为解释。更重要的是，即使雄性黑猩猩联合起来保护同一个交配领地，它们之间也是处于一种微妙的平衡，并非完全没有底线的。在滥交的体系中，比如像黑猩猩和狒狒的群体，如果群体中有五个以上雄性，那么，即使是雄性里的老大也无法阻止其他雄性和"它的"雌性交配。老大独霸雌性的能力，随着群体中其他雄性个数的增加而递减，这跟群体中雌性的个数无关。雄性并没有能力守住多个雌性，所以，它只能把精力放在正在发情的雌性身上。如果有两个雌性同时发情，那也只能把其中的一个雌性让给其他雄性。这种现象，我们在黑猩猩、狒狒和猕猴的群体里都能看到，所以这和它们时分时合的社会体系并没有什么关系，仅仅取决于老大的对手的多寡。如果让一个高级别的雄性容忍群体里的其他雄性，并且心甘情愿地和它们分享自己的雌性，那么，必然会有一个不得不为之的原因，而且，这个原因的根源一定是来自群体的外部。如果不是为了对付天敌，那么就可能是为了防范和它属于同类物种的其他群体（conspecifics），黑猩猩就有这个问题；也可能是为了占有更大领地里的觅食资源。现在仍然不清楚的是，究竟是什么原因导致了早期古人对更大群体的需求，进而转化成对更大容量的大脑的需求。我会在第七章中再次回到这个问题上，但是，就眼下来说，还是让答案再飞一会儿吧。

不过，眼下我们可以确认的一点是，早期古人是多配偶制的。早期古人的二态性的程度比大部分南方古猿要低一点（比值大约为1.25），但仍然比现代人类要高，意味着它们在很大程度上是多配偶或滥交的。我们无法确认的是，这究竟是个体的雄性争抢进入生育期的雌性（像黑猩猩和狒狒那样），还是雌性被群体中地位高的雄性以后宫形式独霸（像狮尾狒狒、阿拉伯狒狒和大猩猩那样）。和南方古猿一样，这可能取决于它们的觅食群体有多大的规模，彼此间有多分散。但是，既然它们的群体稍大于南方古猿和黑猩猩的群体，那么，某种形式的多配偶制应该就是最合理的结论。

————————

到目前为止，我们的故事还是相当的简单明了。时间分配在进化的过渡阶段中起了变化，首先发生在南方古猿身上，然后是发生在早期古人身上。这些变化相对较小，我们应付起来也比较从容，只需通过食物结构的微小变化以及生理结构的进化带来的行动优势等等方面做出合理的解释，或者，还有一些因素，如第二个过渡阶段里的欢笑，也可以成为奇妙的个体黏合方式，从而成为我们的答案。这在很大程度上是因为在这两个过渡阶段中，大脑容量和体量上的增加并不像我们原先以为的那么多。但是，我们提到的这些改变，都有其独特的意义，并非微不足道。每一个变化，都不仅仅是将原有的猿类特性进一步放大而已。正是这些变化的积累，使得我们顺利地让早期古人走上进化之路，而不必过早地引入用火和烹饪。这意味着我们给自己留了余地，可以将烹饪留到下一个脑容量进一步增大的关键时点。这一点非常重要，因为在从早期古人进入古人的第三次过渡时期，大脑容量将有一个飞跃性的增加，而我们的故事也因此变得更加错综复杂。

第六章
CHAPTER 6

第三次过渡：
古人

虽然站在历史的高度来看，全球气候从来就没有稳定过。但是，过去这一百万年的气候尤其变幻莫测，前所未有。从格陵兰岛冰层核心部分氧同位素以及非洲大西洋深海原生生物壳内尘土和氧同位素比例这两项指标来看，冷热气候的此消彼长伴随着极地周围区域巨型冰层的生长和消退。*在最寒冷的世纪，冰层曾经覆盖全球陆地三分之一的面积。

冰河效应对气温震荡变化的影响是巨大的。跟现在相比，热带地区的平均气温曾经最多降低过 3 摄氏度，欧洲的平均气温曾经最多降低过 16 摄氏度。地表的大部分水都结成了冰，海平面比现在要低 150 米，因而水下部分的大陆架都浮出了海面，像英国这种向外延伸的岛屿也因此和相邻的大陆连在了一起。在降温最厉害的时期，多达五千万立方千米的水都

---

* 氧有两种同位素（16O 和 18O），一种稍重。因为稍重的同位素更有可能因为气候的变冷而随着降雪沉淀下来，因此，这两种同位素在冰层核心中（或浮游生物的骨骼）的比例，能够提供一个气温的指数（也就是 18O 指数）。

结成了冰，使得降水量大大减少，结果是冰期的气候比现在要干燥得多。森林变成了草地，草地又变成了沙漠。在冰川时期，因为陆地被严重侵蚀，狂风刮起松散的沙尘，洒落到临近的大海里，深海中心的尘土量急剧增加。

在过去的七十五万年里，地球上经历了八个冰川周期。每一个为时大约十万年的周期中，都有着一个随着气温的逐级下降，冰层不断累积增厚的过程。这个过程会被骤然上升的气温阻断，预示着一个最短大约只有一万年左右的间冰期的到来。实际上，冰川周期并不意味着持续不断的严寒，在这些周期之内，也会夹杂着寒冷和温暖的小周期，气温处于反复升降的动荡之中。

离我们最近的上一个完整周期（这个周期包括了上一个间冰期、上一个冰期和当前这个温暖的间冰期）是从十二万七千年前开始的。大约十一万五千年前，上一个间冰期结束，气温开始逐步下降。在欧洲，森林退行，变成了林地。然后，从大约七万年前，气温开始急剧下降，于是，上一个冰期迅猛地席卷而至。欧洲大陆上最后一点森林也都消失了，取而代之的是开阔裸露的冻土地带，冻土上的典型植被是在冰层到来之前就有的生草丛（tussock grasses）和莎草（sedges）。随着冻土地带的延伸，以前生存在更北面的驯鹿、高鼻羚羊、长毛犀牛、野牛、麝牛和猛犸象都迁徙而来。而一起南迁的掠食者，包括巨大的穴熊、穴狮和穴鬣狗，它们的体型都比现在的熊、狮和鬣狗庞大得多。

到了距今四万年前，整个欧洲和西亚完全进入了冰期。这个冰期在大约一万八千年前达到极限，欧洲北部和中部的绝大部分地区都埋在了厚厚的冰层之下。然后，在大约一万四千年前，气候开始再一次逐渐变暖，直到大约一万年前新仙女木事件（Younger Dryas Event）*结束时，气温在短短的半个世纪内上升了令人咋舌的 7 摄氏度，突然就结束了冰期。大幅升降的气温造成的生态环境不稳定，是非常具有挑战性的。

匠人和直立人有着漫长的进化枝（clade），从一百八十万年前到五十万年前的一百多万年中，它们在解剖学和物质文化上的变化都很小。†这就说明了当环境因素没有施加任何选择性适应压力时，什么事情都不会发生。然后，在大约六十万年前，一个新的物种突然就出现在非洲。古人（通常被称作海德堡人）来了。‡

很显然，海德堡人在很久以前就占据了欧洲和西亚，根据博克斯格拉夫（Boxgrove）遗址的考古发现，这个时间可

---

* 在这个时期发生的三起仙女木事件都伴随着短暂然而剧烈的降温期，不同程度地受到因为大火山的爆发而形成的核冬天效应的影响（德国的拉荷西火山在这段时期里非常活跃），北美洲受到一颗巨大陨石的影响，或是受到北大西洋洋流运送带（把热带的温水带入北半球的洋流）的影响。

† 一条进化枝（clade）是一组有着共同祖先的物种。

‡ 这个脱离出来的群体之前还有几个物种，主要是非洲的罗德西亚人（Homo rhodesiensis）和西班牙的先驱人（Homo antecessor），但是，我们可以忽略这些分类学上的细节，集中地把海德堡人作为古人的典型。

以上溯到大约五十万年前。而且，在此之后的二十万年间，它们一直在那里生存（图 6.1），不过，在大约三十万年前，欧洲的海德堡人开始进化成早期的尼安德特人。而往东去，它们似乎进化成了另一个古人物种丹尼索瓦人。到目前为止，关于丹尼索瓦人，我们只发现了几根在一个距今大约四万年前的洞穴中发现的骨头，那个洞穴隐藏在西伯利亚南部的阿尔泰山脉之中。但是，它的 DNA 和尼安德特人以及解剖学意义上的现代人类都非常不同，这表明了这些物种的最近共同祖先（LCA）可追溯到大约八十万年前。最大的可能性是，它们是海德堡人进入欧亚大陆，向东延伸的一个早期分支。

古人体型强壮结实，在这一点上它们和早期古人很相似，这种特征，在欧亚大陆的尼安德特人身上也得到了继承。不过，尼安德特人在这一段时期里也展示了非常明显的进化痕迹，它们的颅腔容量在不断增加，它们的身体为了适应欧亚大陆南部更寒冷的气候而变得更加强壮。它们身躯粗壮结实，四肢短小，这些特征和现在的爱斯基摩人很像，这两个群体都是因为要减少身体热量的消耗，而各自形成了这些身体上相应的特征。有些专家认为，这一时期的尼安德特人在工具设计的复杂度和美学价值上都有了明显的进步，*不过，这个观

---

* 后期的尼安德特人通常和查特隆尼文化（Châtelperronian）联系在一起，这种文化以更高阶的工艺为标志，以它的发现地法国南部查特佩戎（Châtelperron）的菲斯溶洞遗址（Grotte des Fees）命名。这种工艺运用新的勒瓦娄瓦（Levallois）技术敲打石块以制作工具。但是，并不是所有人都认同查特隆尼工具制作者中包含了尼安德特人。

点常常遭到质疑。

大脑容量的大幅增长，从匠人的 760 毫升和直立人的 930 毫升，到海德堡人的 1,170 毫升（比匠人多了 55%）和尼安德特人的平均 1,320 毫升，再到我们这个物种（也就是 AMH，解剖学意义上的现代人类）化石成员的 1,370 毫升，这一切，发生在大约三十万年不到的时间里，过程充满了戏剧性，令人眼花缭乱（图 1.3）。这一现象表明，整个这段时期，对大脑容量都有很大的选择性适应压力，这种压力，在我们考古发现的工具类型以及其他物质文化类型上都留下了烙印。正因为这个原因，我开始依循惯例，将海德堡人及其同期伙伴之后的物种称为人类，它们和早期古人确实不属于同类。

第一个家庭

在靠近西班牙北部的布尔戈斯，有一座阿塔普尔卡山，山中有一系列被称为胡瑟裂谷（Sima de los Huesos）的骨穴，在骨穴里挖掘的化石，是人类进化史研究领域中最引人注目的发现之一。这个洞穴最早被发现是在 20 世纪初，在修建一条通过这座山脉的铁路时被发现，并做了首次初步勘探。接着，经过重新发掘，发现在一段长得不可思议的时期里，这个洞穴中居住过不同的人科物种，这个发现使得这个洞穴的重要性在上世纪的六七十年代获得了高度的肯定。1983 年，

图 6.1

主要古人遗址分布图

▲ 古人
（*海德堡人、古尼安德特人、*
古现代人、丹尼索瓦人）
● 尼安德特人

参见 Klein（2000），Bailey 和 Geary
（2009）和大阪城市大学（2011）

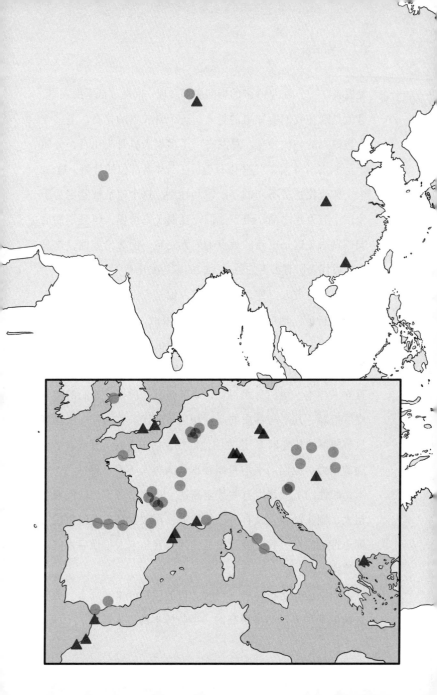

发掘者在一个高达 13 米的烟囱底部发现一间屋顶低垂的穴室，这就是现在我们所知道的骨穴。这个骨穴里的化石，是迄今为止最大的一次发现，总共有一千多根人科骨头化石，分属于至少 32 个个体。这些化石包括了身体各部位的骨骼，这 32 个个体也覆盖了不同的年龄段和性别。这个遗址被鉴定为距今三十五万年之前，至于他们究竟属于海德堡人还是早期尼安德特人（这是更新的观点）尚无定论。但无论如何，这是一批可代表所有古人的独一无二的家族类化石。

　　和其他古人一样，这些洞穴人也呈现出现代人和原始人的混合特征。他们眉骨突出，额头很低，没有明显的下颌。然而，他们的大脑容量达到了可观的 1,125 到 1,390 毫升，以现代人类的标准，处于下限，但是已经明显大于任何匠人或直立人样本。他们身躯粗壮，骨骼强劲，例如，他们的腿骨皮层极厚，几乎与骨质的厚度相当（现代人类的骨皮层厚度只有薄薄的几毫米），这表明他们在生活中需要负重或者承受别的压力。他们的平均身高和现代人类差不多，雄性约 1.75 米，雌性约 1.70 米，有些甚至高达 1.80 米。考虑到他们眉骨粗大、额头倾斜、没有下巴的特征，再加上第三颗臼齿后方标志性的空隙，我们能看出这些阿塔普尔卡人很像后来的尼安德特人。

　　如果这些化石代表了当时人口的随机样本，那么，成年之前的死亡率显然是很高的，半数样本的主人死于 18 岁前。

这些样本的门牙磨损特别严重，加上下颚和头骨关节处的关节炎（几乎所有样本都有），可以推断出它们的门牙经常被用来啃咬食物或者非食物（比如兽皮或者工具）。牙齿的生长线显示出很多个体在一生中经历了生理上的压力期（可能伴随着病痛，或者是食物短缺），很多个体的压力期很可能从四岁断奶时就开始了。除此之外，他们的牙齿状况好得出奇，几乎没有龋齿，这大概是因为他们经常使用牙签，臼齿外沿釉质上有垂直的槽纹，看上去是类似于用作牙签的尖细物品造成的。

然而，同样明显的是，他们的得病率很高。5号阿塔普尔卡人头骨显示头骨主人死于败血病（看上去病症先是从牙齿开始，然后向上扩散感染到眼眶，病人一定承受了剧痛）。另一个样本提供了最早的耳聋证据（因为他的耳道被发炎后增生的骨质堵住了）。这些样本都没有骨折的痕迹，但是，数只头骨上留下了被撞击的痕迹，这可能是因为摔倒，也可能是被坚硬物体砸到过。5号阿塔普尔卡人的头骨上就共有十三处这样的撞击痕迹，这说明他要么非常不小心，经常摔倒，要么经常跟别人打架。

至于这些阿塔普尔卡化石为何最终会聚集在这个骨穴中，仍然是个未曾解开的谜。骨头之所以会堆积在冲击洞里，通常会有两个理由，一是捕食者把猎物的骨架拖回洞穴内，二是动物死后留在地面上的骨头被暗流冲到了一处。但是，这两个理由在这里似乎都说不通，至少有几具骨架还非常完整，不大像被捕猎者啃食过，也不像被长时间的水流冲过来的，而且，没有一块骨头上留有被咬过的痕迹。那么，这些尸体很有可能是被故意扔在这里的，这样做有可能是为了防止招致别的动物，也有可能是为了防止腐烂后的尸体污染位于洞口位置的生活区域。或者，这个穴室被看作通向另一个世界的入口（这是原始萨满教的共识，我们在第八章中会讲到），所以这代表了一种埋葬方式。不管是什么原因，这种处置方式看起来相当随意，尸体杂乱无章地横陈在地上，好像是从烟囱的通道里被扔进来的。

洞穴人的生活

在第五章中我们得出结论，海德堡人的进食时间必须占到一天里的64%（图5.2），这个百分比，比匠人经高能耗组织调整后的56%略高了一点（图5.4）。当然，海德堡人更大容量的大脑，表示他们的群体规模也有了显著的增长。所以，除了进食时间之外，他们还必须花更多的社交时间来维持更大的群体。用我们的公式，可测算出海德堡人群体的平均规模是125，比匠人的74.5要大出非常可观的68%（图3.3）。因而需要花费在梳理上的时间是30.5%，比匠人几乎高出12%（图5.3a）。那么，在调整了高能耗组织的影响后，他们总的时间分配需求是 134.5%，几乎比匠人高出 10%（图 5.3b）。当然，这段时期气候的持续变冷会缩短他们的休息时间，但是，最多也就减少一两个百分点，他们还是面临着化解重大超标的难题。

然而，当我们把注意力集中在研究物种的平均值时，忽略了一个问题，那就是，在大约三十万年前，海德堡人的大脑容量有过一次突然的急剧增加（图 6.2）。虽然，在样本数量比较少的时候，很难确定。但是，关于图 6.2，比较容易被接受的解释是，起点是它们的脑容量较之匠人有所增加，从那时之后到五十万年前，脑容量逐渐减少，然后，又在大约三十万年前开始了一段急速的增加。请注意，早期的热带样本数据点（空心标记）处的脑容量普遍高于欧洲样本数据点（实心标记），这暗示了高纬度地区的生活给这些北方人口带来很大的压力，为了平衡时间和能量的分配，只好做出牺牲，迫使脑容量缩小（在直立人中也看到类似的体型缩小现象）。但是，在三十万年这个分水岭之后，脑容量有了急剧的增加，同时，高纬度和低纬度人群之间的差别也开始消失，看来他们找到了解决问题的方法。而这个时期（大约四十万年前，见第五章），正好是用火技术出现的关键点，这两者肯定不是偶然的巧合。或许，在这段时期，对用火技术的掌握，烹煮肉食的能力，终于让古人冲破了之前一直限制着他们的大脑容量的瓶颈。

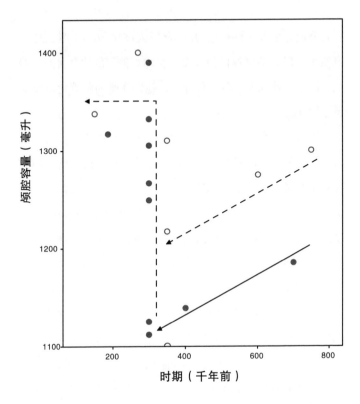

图 6.2

● 高纬度地区（欧洲）
○ 低纬度地区（非洲）

　　按时间排列的海德堡人个体样本颅腔容量。

　　数据显示，在三十万年前它们的脑容量是逐渐减少的，这是因为气温降低加上纬度的影响。之后，这些限制因素随着用火烹煮、气候变暖、尤其是活动时间的增加而逐渐减弱影响。来源：De Miguel 和 Heneberg（2001）。

　　不管是什么因素激发了后期的大脑容量增加，这对我们预测社交群体规模和总体时间分配都产生了一定的影响。如果我们按照时期和纬度做出相应的调整，那么，三十万年前，低纬度人口的平均总体时间预算是实际的142.2%，高纬度人口是139.4%。而在三十万年时间分水岭之后的对应数值分别是146.7%和142.4%。既然我们已经找到了解决匠人和直立人时间分配缺口的答案，那么，我们只需要再解决海德堡人和后匠人/直立人的129.5%之间的缺口即可。这也就意味着，早期海德堡人只差了11个百分点的缺口，后期低纬度海德堡人尚缺13个百分点的缺口，后期高纬度海德堡人尚缺12.5个百分点的缺口。

　　这个明显的答案当然就是烹饪，由完全煮熟的肉类加根茎类构成的食谱能提升50%的营养摄取量，单凭这一项就能把后期海德堡人的进食时间减少14.7%（图6.3）。*这就轻松地弥补了低纬度人口的差距，至于高纬度人口，还能有5%的盈余。因为有了盈余，他们可以有一个烹饪的过渡期，不必从一开始就煮熟所有的食物。最初可能是偶尔的烹煮（像直立人一样），后来到了早期海德堡人那里是经常性地烹煮，再到后期海德堡人就煮得更多。如果能腾出点盈余的时间，让

_____

* 　和前面一样，经计算，最多有45%的食物是来自根茎和肉类（根据现代狩猎 - 采集群体的数据），营养增量达到50%，这部分的进食时间会从45%减少到45/1.5=30%，所以一共节省了44-30=14%。

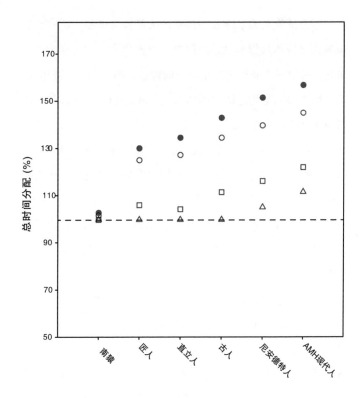

图 6.3

大量肉食对主要人亚科物种总时间分配的影响。如图5.6，图中（●）所示是总时间分配基础线，（○）是因高能耗组织效应所造成的减少，（□）是欢笑，（△）是大量烹煮肉食的影响。

早期海德堡人可以花些时间来学习操练用火烹煮，那么整个假设就更加令人信服了。早期海德堡人所拥有的这点时间分配上的盈余，对于三十万年前开始的脑容量的再度增加来说意义重大。图 6.3 中的三角形，让我们直观地感受到了高度依赖肉食的饮食结构，加上能让高耗能组织受益的烹饪方式，会对整体的时间分配产生多么大的影响。

烹饪还有一个出乎意料的好处。在近期一项有关老鼠进食行为控制机制的研究中发现，进食的过程能够激活内啡肽系统，也许这就是我们在饱餐一顿之后，感到满足和放松的原因吧。如果说聚在一起，比如在一个特别的节日里，吃一顿大餐，能够激活内啡肽的话，那么烹饪自然而然地会将人们聚集在一起，一起做准备工作，然后一起用餐，欢声笑语中，相互间的关系就更加紧密融洽。一起吃过饭的伙伴，会尤其感到亲切友好，或许这就是为什么我们觉得社交性的进餐那么重要。这也是为什么我们常常会觉得一起吃饭是了解陌生人的最好机会，尤其是那些我们并不熟但是希望能加深了解的人。社交性的聚餐让人乐此不疲，它在每一种文化中都很重要，但是，没有人好好思考过为什么会这样。社会人类学家会关注菜单的社交意义，新石器时代考古学家会对狂欢聚餐的证据很感兴趣（见第九章），但是，好像从来没有人会发问，我们为什么要费老大的劲来做这事，我们觉得人类天生就该这么做的。其实，一个显而易见的答案就是社交联络。如果真是这样的话，那么，一举两得的聚餐或许能让古人再减少一些在时间分配上的压力，从而在大脑容量的增加上再添加一些盈余。

所以，这样看起来，烹饪的发明，很可能成为海德堡人关键性的创新，为他们所面临的时间分配难题提供了完美的答案。另外，因为烹饪这件事本身就需要多人参与，所以无意中增加了群体间的情感联络和合作互助，与此同时，社交时间自然而然地就增加了。虽然这种观点还不足以解释海德堡人的群体急速膨胀的现象，但是，一起做饭进餐的确为大型的群体提供了额外的社交时间。海德堡人群体规模增长的现象可能还需要别的解释，但欢笑大概不能作为解释。因为我们曾经分析过，欢笑同时最多只能影响到三个人，而且，欢笑的优势在匠人／直立人时期的最后阶段已经将情感联络的作用发挥到极限了，所以，不可能再从笑声中寻找答案。我还会在后面的章节中再回头来讨论这个关键点，但是，现在让我们先来看看另一种古人尼安德特人是如何应对时间分配问题的。

神秘的尼安德特人

在人类进化故事中，没有哪个物种像尼安德特人那样受到世人的关注，激发着人们的想象力。在普通人的眼里，尼安德特人是我们的远古时期的缩影，他们是步履蹒跚而头脑迟钝的穴居人，他们是应该被聪明睿智的现代人类取代的进化失败者。事实上，尼安德特人绝不是演化历程中的一潭死水，而且，他们一点也不愚钝。在比现代人类存在的历史更长的二十五万年间，他们称雄欧洲大陆，疆域广阔，西自大西洋，东到乌兹别克斯坦和伊朗，北到英伦南部，南到黎凡特，都是他们的地盘。他们能应对冰期的气候，他们是史上最彪悍的大型动物狩猎者。

　　尼安德特人的生活方式当然和现代人有很大的不同。通过对他们的骨胶原蛋白中氮和碳同位素的测定，*我们发现他们的氮同位素的水平明显高于同区域的食草动物，但是接近现代肉食动物（比如寒带的狐狸和狼）骨头中的氮同位素水平。他们的碳同位素含量显示，他们主要是靠捕杀陆地哺乳动物为生，而不是以水域里的鱼或水鸟为主食（图 6.4）。从黎凡特遗址出土的文物显示，尼安德特人善于使用有分量的执矛，执矛的顶端安装了三角形的勒瓦娄瓦石制矛头。†这些证据说

---

* 胶原蛋白中的氮和碳的同位素直接来自我们吃进去的食物。因为动物骨骼中化学元素的摄入方式，动物体内的氮含量总是会比食物中的高出一个固定的数量，据此我们能够推测出在它死之前的几年内吃了什么。根据它们栖息地是海洋、陆地还是淡水环境，碳同位素的含量可以让我们分辨出它们捕食的是什么物种。

† 勒瓦娄瓦技术（以法国勒瓦卢瓦 - 佩雷遗址命名，此处现为巴黎郊区）是一种在旧石器时代晚期出现的独特技术。它是石器制作的一种复杂方法，在打下石片之前，先修理出一个击打平面，然后从预制的石核击落石片。当平面被敲击时，石片从石核脱落，形成一个独特的凸面，而它的边缘在修理时被削尖。这个技术在控制石片的大小和形状方面更进了一步。制作完成的石片有时会安装在执矛或箭的顶端，又被称为勒瓦卢瓦石镞。

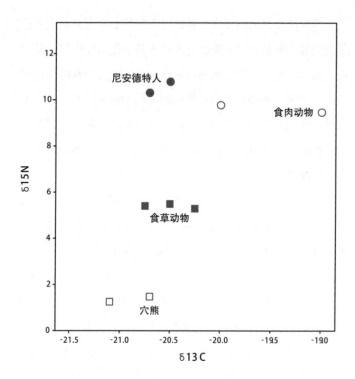

图 6.4

碳（13C）和氮（15N）同位素在以下动物骨骼中的含量：
（●）尼安德特人，（○）食肉动物（北极狐和狼），（■）食草动物（野牛和鹿），（□）在克罗地亚凡迪亚洞穴中的穴熊（距今约两万八千五百年前）。

根据 Richards 等人的图表重绘（2000）。

明他们很可能采用埋伏式狩猎法，猎者近距离地用执矛刺杀猎物。和后来现代人类用的执矛不同，他们的执矛不是像标枪那样用来投掷远距离的动物的，而是用来刺扎近距离的猎物。他们的手臂比现代人略短，投掷标枪式长矛时，发力不如现代人，投掷距离也不如现代人，因此狩猎效果不佳。但是，尼安德特人硕壮的躯干和强劲的上身给了他们特有的优势，使他们特别擅长于近距离狩猎。

尼安德特人在不同的地点，会猎杀不同的猎物，这说明他们会根据环境的不同，相应地调整狩猎策略。在克罗地亚克拉皮纳的尼安德特石洞（时间上距今约十三万年，最后一个间冰期开始的时候）遗址里发现的大部分骨头，都是属于幼年的犀牛和其他动物，而且很可能把整只动物都搬进了洞里。但是，在另一个离现在更近的生活层，距今大约十二万年前，发现了大量头骨和角的化石，躯干骨骼不多，而且多数属于老年动物。而在有些地方，尼安德特人专门猎杀成年动物，在最北面的一个遗址中，也就是位于德国的萨尔茨吉特莱本施泰特的遗址，发现的化石，除了成年驯鹿，几乎没有别的动物。再往后，到大约四万年前的最后一个冰期，尼安德特人几乎都在猎取中型的食草动物，比如马鹿和黇鹿。在西班牙的波罗莫遗址，留下了经常烹煮兔子的痕迹。所有这些迹象，都表明他们是多面手猎者，适应力很强，能根据居住地周边的动物情况，随机改变狩猎策略。

从一些遗址里发现的化石来看,这些地方的尼安德特人偏向于猎杀年老的动物,这似乎指向他们主要食用自然死亡或者被别的肉食动物杀死的动物(年老或行动不便的动物更可能成为其他捕食者的目标)。但是,这些骨头上并没有留下其他肉食动物的牙齿印记,所以,更有可能的情况还是他们自己猎杀的。很多大型动物,比如猛犸象,没有几个猎者的协同作战,是很难制服的。所以,在这种情况下,尼安德特人会形成一个包围圈,近距离合作,一起刺死这只不走运的猎物。显然,这样狩猎方式十分危险,我们前面提到过,一些尼安德特人的头骨上有很多受到撞击的痕迹,传统的解释是,这是因为头骨的主人在用执矛围攻猎物时,大型困兽暴起反击,伤到了狩猎者。

尼安德特人所采用的埋伏式狩猎法,证明了他们的合作程度之高。我们可以断言,他们具有完全现代人式的认知和预测能力,因为这样的狩猎方式需要相互间密切的配合。而这一切又证明了他们和我们一样,具备亲社会性和利他性,这些都是现代人类行为的核心。在伊朗的沙尼达尔(Shanidar)和法国拉夏贝尔(La Chapelle)遗址都发现了老年人的骨头化石,这些老人都已经严重残疾,丧失了狩猎的能力。这些间接的证据,证明了尼安德特人会照顾他们群体中的老弱病残者,而不是将他们遗弃了事。

毫无疑问,在所有古代及现代智人中脑袋最大的尼安德特人不可能智力低下。可是，他们低矮的额头和后脑勺的凸起（这个特征性的凸起被称为尼安德特"圆发髻"）总是让人觉得哪里不对。通过对大脑在头骨内留下的浅纹做出的分析，我们发现，他们的大脑结构和我们有点不一样。当然，他们也有和我们一样的不对称的脑回（这些不对称的大脑表面沟回，通常被认为是具有语言能力的标志），但是，他们的脑壳不像我们这样呈球状，而是更长一些，颞叶和嗅球较小，额叶也较小。是什么造成这些不同呢？这些不同又对他们的社交和认知生活产生什么影响呢？

一切都在眼里

脑容量不代表一切，根据社会大脑关系理论，我们知道其实大脑的某些特定部分（主要是新皮层，尤其是额叶部分）才是决定该物种社交世界大小的关键。另外，大脑是由几个不同部分组成的，它们分工不同，各自有特殊的任务。比如，视觉处理就是后脑枕叶的专职工作，虽然视觉输入是逐步地经过一系列的大脑区域，最终，不断积累的细节性的分析信息才被传到额叶部分（这里才是我们最终把视觉图像和它的含义联系起来的地方），然而大部分的后脑区域除了处理从视网膜传来的影像信息流之外，就没有多少其他的功能了。

这种认识或许提供了一些探索尼安德特人大脑的线索，

我们会不由得联想到他们凸出的后脑勺，或许，那个别具一格的"圆发髻"意味着他们的视觉系统发育得异常完美。但是，如果真的如此的话，这又是出于什么原因呢？的确，事实上，他们的视力比我们好很多，但是其中的原因却有点"偏左"，容我来解释一下为什么这样说。

尼安德特人面临着一个新的问题，这个问题，是他们生活在热带的先辈们没遇到过的。在尼安德特人居住的地方，冬天的白昼比较短，光线也比较弱，即使是在夏天，光线也比较弱。在热带，一年四季白天的长短都差不多，除了偶尔的阴天之外，绝大多数日子都是阳光灿烂的。但是，离开热带，无论是往南或者往北，白天的长度都会随着季节的交替而变化（这是因为地球相对太阳有一个倾斜度，使得冬日短夏日长），而且日照也逐渐变弱（因为光线要穿过更多的大气层，强度变弱，这当然也是为什么高纬度地区更冷的原因）。对于尼安德特人来说，冬天很可能带来额外的挑战，不仅仅是因为寒冷，也因为他们只能在变得很短的白天里抓紧时间觅食（可想而知，其他社交活动的时间也缩短了）。在北纬三十度的地区（比如地中海以北一带）十二月中旬的白天是十个小时，可是在北纬四十五度（即使在间冰期，这也是尼安德特人能够抵达的最北地带了），白天的时间只剩下了八小时。在高纬度地区，他们一天要损失的时间多达四小时（这可是一天的三分之一啊），但是，他们依然需要按照时间分配原则在每项活动上花一定的时间，以维持基本的生存。野山羊这种至少在欧洲北部属于完全昼行的动物*就面临着同样的问题，根据我们的野山羊时间分配模型以及生物地理学的理论，越是往北，它们在欧洲北部高纬度区域的生存能力越是受到白昼长度缩短的影响。

此外，尼安德特人还会面临另一个和光照有关的问题，在高纬度地区，光线质量会大幅度减弱，这就意味着远距离的物体他们可能看不太清楚。对于狩猎者来说，这个问题就很严重，比如说在试图猎杀小犀牛时，要是没看到犀牛妈妈正躲在附近林子的暗处，那就惨了。在光线暗的环境中生活要遇到的困难，比大多数研究者所能想象的要大得多。

进化对低亮度的反应就是扩展视觉处理系统，传统的观星望远镜也是这个原理，当夜空中光线不足时，一个更大的镜面能聚集更多来自观测目标的光线。同样道理，一个更大的视网膜能收集更多的光线，以补偿光线的不足。而视网膜更大，也必定意味着会有更大的眼球用来依附，所以，夜行性灵长类的眼球比昼行性灵长类的眼球要大得多，就是因为这个道理。当然，如果后面没有一个足够大的计算机制来综合处理接收到的信息，那么，单有一个超大的光线接收机制（即眼睛），也就没什么意义了。因为视觉系统是一个层次性

---

* 野山羊一般属于热带动物，在高纬度地区，会寻找山洞过夜以抵挡夜间的寒冷（参见 Dunbar 和 Shi 的论述，2013）。

很强的架构，从视网膜到视神经，到视神经交叉，到外侧膝状体核，到枕叶最后面的初级视觉皮层（v1），再通过层层的视觉系统（v2 到 v5），一直到额叶和顶叶。层次和层次之间，紧密相连，协调合作。

我们掌握的确切的证据是，尼安德特人的眼眶比生活在同区域的解剖学意义上的现代人大约 20%。那么，有没有可能是因为他们需要适应高纬度区的较弱光线，从而进化出了特别强大的视觉系统？如果答案是肯定的话，那么，会不会因为他们的大脑中用于视觉的部分超过了应有的比例，从而使得大脑前部社会认知部分的能力相对较弱呢？

答案显示是肯定的，但是，这个结论绝非一目了然，需要把几块不同的拼图巧妙地拼合在一起才能推断出来。出乎意料的是，其中的一块拼图，显示出我们现代人类也有同样的情况。我当时的一个学生，埃莉·皮尔斯（Ellie Pearce），曾经测量了博物馆馆藏的从世界各地收集来的史上现代人类的头骨样本。她发现，在所有人群中，眼眶的大小和颅腔的大小都有着直接的关联，而且，两者都和纬度有关。生活在高纬度区域的人群，颅腔和眼眶都要大于生活在赤道附近的人群。在后续的研究中，她继而发现，利用不同区域人群的大脑影像扫描图，可以看到枕叶中视觉区域的大小也与之呈正相关。但是，在不同纬度的地区出生并长大的人群，在自然光下（相对于室内的人造灯光）的视觉敏锐度（也就是看清小字的能力）却是相同的。这样看来，生活在不同纬度的人群，视觉敏锐度其实是一样的，但是，生活得越是靠近两极地区的人群，越是需要更大的视觉系统来实现这种敏锐度。换句话说，即使是现代人类，也会因为高纬度区光线较弱，调整大脑视觉区的大小，从而保证差不多相同的视觉敏锐度。但是，他们却没有因此而牺牲大脑前部，也就是主管智力和社交能力的那一部分。

这里的关键，就在于眼眶大小和视觉系统大小之间的关系。如果这个关系能让我们估算出化石样本中分管视觉部分的大脑体积，那么，我们就可以把这部分从大脑总容量中减去，从而更准确地估算出对群体规模有着决定性意义的那部分大脑的大小。在第三章中我们讲到，灵长类的数据告诉我们，事实上，额叶是群体大小的最佳指标，但是我们无法根据化石头骨推测额叶的大小，不过，如果我们能够除去视觉系统，那么，我们至少能够除去很大的一个部分，这个部分和群体规模并没有什么关联，这样一来，我们预测的准确性，就会有一个可观的提升。

如果我们将归纳出的眼眶大小和视觉系统大小之间的关系，用在欧洲的尼安德特人、其他古人和解剖学意义上的现代人的化石上，先估算出它们主要的视觉皮层区域的大小，然后把这个区域从整个大脑容量中减去，我们就能得到有关这些物种社会大脑的更精确的估算。将重新估算出的这几个

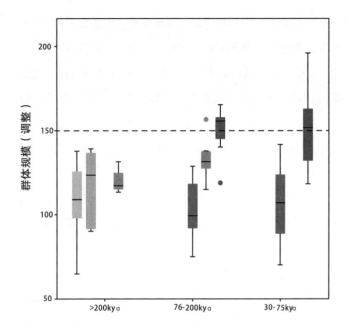

图 6.5

　　旧石器时代中期和晚期人亚科的群体规模中间值（50%和95%范围）。通过把个体的颅腔容量值代入图3.1中猿的回归公式得出。古人和尼安德特人的样本经过纬度对视觉系统影响的调整（根据Pearce等人的论述，2013），请注意，直立人的颅腔容量值未经纬度的调整。

▭ 海德堡人

▤ 古尼安德特人

▨ 尼安德特人

▥ 古现代人

▬ AMH现代人

物种的大脑容量，代入猿类社会大脑的公式中，就得到了图6.5。结果发现，尼安德特人的群体规模比解剖学意义上的现代人类（AMH）的群体规模要小得多（也比没有考虑视觉系统的因素时要小得多）。事实上，正如图中所显示的那样，尼安德特人的群体大小和海德堡人是一样的（大约为110人，是 AMH 的三分之二）。[*]也就是说，当尼安德特人的视觉系统逐渐适应了高纬度的环境时，他们的额叶却并没有增大。起先，解剖学意义上的现代人类的群体大小和海德堡人（尼安德特人的前辈）的群体大小是一样的，但是，在他们进化的早期，还生活在热带非洲，尚未面临高纬度区域光照不足的问题之前，他们就已经经历了群体规模的逐渐增长（以及相应的大脑进化）。

尼安德特人和 AMH 在群体规模上的差异是非常重要的，也对尼安德特人的社交时间分配产生着重大的影响。因为进食时间和整个大脑的容量以及体量有关，所以，进食的时间分配并没受到影响。但是，他们和现代人类在群体规模上有着 40 个人的差异，这意味着他们能省下 11% 的社交时间，这大大减少了他们的压力。然而，他们每天仍然需要将 67.5%

---

[*] Pearce 等人（2013）给出的数值稍微偏大，因为在论文评审的要求下，他们重新计算了社会大脑和颅腔容量的关系，而不是和新皮质大小的关系。虽然这种计算方式也能推演出明显的相关性，但是，同时也产生了更多的出错机会，因为它将大脑中无关的部分（脑干、中脑、小脑等）也计算在内，这就不可避免地使得斜率更加趋于平缓，减少了物种之间的区别。

的时间花在进食上（图 5.2），但他们的时间缺口从 39%（经过高能耗组织效应调整之后）降低到 28%，和海德堡人的时间缺口持平（图 5.3b）。这就意味着海德堡人用于解决这个时间分配问题的方法，同样也符合尼安德特人的要求。烹饪带来的额外的时间节省，虽然不多，但也足以让尼安德特人的大脑得到一定的进化，至少进化到比他们的海德堡祖先略微大一些（也就是 141 毫升，即 12%）。

会歌唱的尼安德特人？

关于会唱歌的尼安德特人，英国考古学家史蒂文·米森（Steven Mithen）曾经有过著名的长篇论述，肯定了尼安德特人（以及解剖学意义上的现代人类）在声音和语言方面的进化，认为他们这方面的能力已经达到可以帮助他们应对冰期挑战的程度。虽然尼安德特人（以及海德堡人）的群体规模比解剖学意义上的现代人类的规模要小一些，但是，也已经有了相当的规模，凭靠梳理和笑声作为关系黏合剂，已经不足以有效地维持个体之间的亲密关系了。这么说来，他们一定找到了别的策略，来弥补这个不足。

一种可能性就是音乐，唱歌可以成为笑声的一个自然延伸，这是很明显的。唱歌的过程中涉及的解剖学和生理学过程，和欢笑完全一样。这两者都需要控制呼吸，都对横膈膜和胸腔肌肉有高要求，也因此都可能有效地刺激内啡肽的分泌。无词的哼唱和大笑和说话有一些共同点，包括分段、重音、停顿以及和声等等，因此唱歌就很自然地成为笑声和讲话之间的完美过渡。在第八章中，我还会回到音乐上，再做详细讨论。现在我只想重点提几个和音乐相关的身体行为：哼唱（没有歌词）、舞蹈以及有节奏感的音乐表演（比如打鼓、鼓掌、演奏几种不同的简单乐器）。

在灵长类物种中，我们或许能找到一个这方面的先兆。狮尾狒狒生活在规模适中的生育群体中（这种群体的通常组合形式是，一个有生育能力的雄性狒狒，有时候可能还会有一个雄性跟班，三到六个生育期的雌性，以及它们的后代）。这些群体会合在一起，组成规模更大的小队，平均个数在100到120（这样的规模，比起任何其他灵长类物种，都要大很多）。这么多来自不同生育群体的狒狒生活在一个大群体里，这肯定对生育小群体中的狒狒造成了很大的压力，因此，它们会花很多时间在相互梳理之上（比任何有记录的已知灵长类都要多）。但是，就梳理时间关系（见图 2.1）而言，它们又并没有花费和这样的自然群体规模相匹配的梳理时间。根据我们的梳理时间等式，平均规模为 110 的群体，应该在相互梳理上花费 36% 的时间。可是，实际上它们平均只花费了17% 的时间，它们应对时间瓶颈的困局的方式，似乎是发展出了一种口头上的梳理。

狮尾狒狒是所有灵长类物种中声音最丰富多变的，它们的声音，比其他各种猴子（或猿类）都要更响亮，也更复杂。而且。它们相互之间打招呼的叫声尤其复杂，和别的狒狒以及猕猴相比尤其如此。它们不光是在梳理时会不断地发出这种呼唤声，更重要的是，在进食的时候也同样会这样。狮尾狒狒的呼唤声有两种形式，一种是在梳理中的伙伴之间的一呼一应，有点像人类的对话；另一种是生育群体中的雄性一带头，所有的狒狒都会一起呼唤，开始大合唱。这种阵发性的呼唤，相互间的呼应拿捏得非常精准。当它们轮流呼叫时，当中间隔的停顿时间很短，短到几乎没有反应的时间，所以不大可能是在问答。这种呼应，更像是准备呼唤的狒狒，非常熟悉同伴的呼叫模式，能够准确地预测到同伴的短促停顿，因而在最恰当的时间无缝切入。这些呼唤声，似乎起到了远程梳理的作用，忙碌的白天，在行走和进食之际，即使不能在一起有身体上的物理接触，同伴间仍然可以有交流互动。

特别有意思的是，这些狮尾狒狒之间的呼叫声，在现在看来肯定含有音乐的元素。正是这些富有歌唱特质的元素，使得它们在灵长类中别具一格。或许，也正是这种特质，使得狮尾狒狒能够生活在规模大到非同寻常的群体之中。制造这些不同的呼叫声，要求狮尾狒狒能够整体地控制声腔（包括了嘴唇、舌头和口腔等部位），运用这种控制能力的方式，在非人类的灵长类中是非常少见的，但是，却和人类用于说话的技能有异曲同工之处。正因为如此，这就为我们研究智人支线是如何学会合唱的提供了完美的模型。

如果说，音乐是梳理和笑声的延伸，那么，它肯定也同样具有激活内啡肽的能力。像测试笑声一样（见第五章），我们就不同的音乐活动，进行了一系列的实验。我们用痛阈的变化来测量内啡肽的分泌，把一个进行着音乐活动（一项带有歌唱、围圈敲鼓和舞蹈的宗教仪式）的小组和另一个没有音乐活动的控制小组做比较。结果显示，任何形式的音乐活动都会促进内啡肽的飙升，但是，更为静态的活动，或者被动地听音乐，则不会激发内啡肽的分泌。所以，这样看来，音乐好像也能被用做一种药理学机制，用来维持社交上的亲密关系。

同样是维持社交亲密关系的机制，相比欢笑声，音乐有两大优势。一是它能覆盖更多的个体，因而能够快速地扩大梳理圈。到目前为止，我们尚未发现音乐表演有效性的上限，但是，可以肯定的是，这个上限一定比欢笑所能影响的三个要多得多。而只要有效影响范围大于三，那么它就有可能将更大的群体黏合在一起。第二个优势是，音乐制作（无论是唱歌、演奏乐器还是舞蹈）是个需要协调同步的行为，这种同步当然主要是依靠节奏，节奏能让所有人步调一致。

同步真是个很奇怪的东西，它的存在，能够让身体在运动中产生的内啡肽再增加一倍。我们用一次相当优雅的实验验证了这个结论，这项实验由罗宾·艾斯蒙–弗雷（Robin Ejsmond-Frey，牛津大学划船俱乐部前主席，三度蓝船队员）和埃玛·科恩（Emma Cohen）与牛津大学划船队合作完成。到了这个级别的划船比赛，比拼的东西已经超越了身体素质，所有队员都是一样的强壮，一样的技能娴熟。那么真正能够决定胜负的，是他们对划桨频率和时点掌控究竟能够保持多久的同步性，八个划船队员中，即使有一人的节拍稍有一点点不一致，船只立马就会丧失很大一部分划水前冲的动力。正因为这些原因，划桨比赛成为观察行为同步性的最理想的试验台。

在队员们的早间健身房划船机训练过程中，我们用痛阈来测试他们身体中内啡肽水平的变化。首先，我们只是测试他们在划船机上的练习，然后，在不同的日子，我们再次测试他们在虚拟船上的练习。当机器和虚拟船连上时，队友们必须同步划船，这种状态和他们在河面上划船完全一样。我们得到的结果非常惊人，在虚拟船上练习时，内啡肽的分泌（以痛阈指数为指标）比队员独自在划船机上练习时要多出一倍，虽然在这两种状态下，力量的输出是完全一样的。总之，采取紧密的同步行动，似乎会激发内啡肽的大量分泌。

如果群体规模一旦达到 75，这也是典型的匠人／直立人群体规模，音乐（最初或许只是类似欢笑的无词哼唱，后来才演变成我们所熟悉的音乐和舞蹈的形式）就能够起到隔空梳理的作用，同时涵盖更多层次的社交网络，那么，所需要的额外社交时间，和原来都进行一对一交流所需要的时间相比，就变得非常少了。

我们只要看一下我们自己现在的社交网络，就能够理解这个问题。在现代人类的关系网中，我们在每个个体身上所花费的时间，随着对方所处的社交网络层次的外展，而急剧下降（见图3.5）。最外面150人圈中的那100人，我们每年大概只见两面。而最核心部分的5人，我们可能平均每隔一天就会见次面。在这5个和我们关系最密切的人身上，我们花费了40%的社交精力和情感投入，而对最外圈的所有人加在一起，我们只投入不到20%的社交精力。但是，即使我们和外圈的人们见面时间很短，但是每年仍有近200次的个人之间的交流，加起来的时间还是很可观的，尤其是如果见这些人还需要我们再花费旅行和路上的时间，那么时间成本就更高了。无论是在狩猎－采集时代还是现在，最外圈中的大部分人，都住在距离我们一天旅程之外的地方，图3.5中的欧洲的个人社交网络样本显示，我们和这些人的平均距离是17.8个小时，也就是说，和他们见面，几乎要花去两天的旅行时间。

当然大多数人是以家庭为单位居住在一起的，也就是说，这样的一次旅程，大概能一下子见到5个人。但是，即使每次旅行只花一天的时间，那么，每年还是需要花费38天的时间，才能每年两次见到这 150 人中的 100 位不是那么亲密的亲友。这还不算上内圈更亲密的那 50 人，这个圈中的有些人，几乎是需要每天见面的。如果音乐表演这种形式能够让你在一个一年举办一次的舞会中把这些人都见到了，那也就意味着只需要一两天的时间就足够把他们都"梳理"个遍，这里省下的时间是十分惊人的。就算一年只有一次为时三天的狂欢节，有这三天大家聚在一起唱歌跳舞，那么一年也能省下 35 天的时间，而在最外圈的 100 人身上，可以说几乎就没花什么时间。以海德堡人的更大的群体规模，他们所需要的 6% 额外社交时间，其实就是一年之内的 22 个整天。如果能把这个所需天数减少到 3 天，那么，很明显可以看出，省下的时间是非常可观的。这样一来，他们的额外的社交时间需求就只比匠人高出 1%，海德堡人的时间预算就绰绰有余了。

　　然而，这里还是有一个障碍。举办这种规模的年度狂欢节目，肯定需要语言。这就给我们提出了一个问题，古人是否已经有了自己的语言，或者，退一步说，是否有足够的语言能力来安排这样的群体活动。我会把有关语言在何时开始进化的问题放到下一章去讨论，但是，现在就把这个疑问提出来，先做个记号是非常有必要的。不管怎样，音乐仍然很可能在古人时期就有了，虽然不一定在黏合比较大的群体时起到作用，但是作为小型群体联络感情的一种方式，它是对欢笑的很好补充。

────────────

古人面临的时间分配问题主要被千呼万唤始出来的烹饪解决了，当然，音乐也帮了一些忙。考古学的证据显示，大约三十万年前是个关键的分水岭，这个时间和尼安德特人开始进入欧洲的时间相吻合，这个时期解决了脑容量增加的一个主要的瓶颈，我认为这和用火以及和开始烹饪的时间是吻合的。下面，就该轮到解剖学意义上的现代人面临同样的问题了，我们的第四次过渡即将开始。

第七章
CHAPTER 7

第四次过渡：
解剖学意义上
的现代人

距今约二十万年前，非洲出现了一种身材更加纤细的古人类，解剖学意义上的现代人（AMH，简称为现代人，或者智人）终于到来了。有断断续续的化石证据显示，在非洲这个新物种很快地取代了古人。到距今十万年的时候，非洲已经没有古人这个物种的踪迹了，至于他们最后的结局是什么，到现在还是没有定论。不过，在非洲之外的欧亚大陆上，古人仍然是唯一的人亚科物种，其代表是尼安德特人、丹尼索瓦人以及在远东地区残留的一些直立人。最晚到距今大约七万年前，这个新的古人类物种开始跨过连接非洲和欧亚的黎凡特大陆桥，一波接着一波地越过红海的北部和南部，往东面迁徙（图 7.1）。现在的学者把发生在七万年前的这次大规模迁徙称为"走出非洲"之行。

经过黎凡特往北方迁徙的现代人，半路上肯定会遇到尼安德特人，事实上，很可能正是这些占据了黎凡特的尼安德特人，起初阻碍了现代人沿这条北线走出非洲。结果，最早

图 7.1

解剖学意义上现代人化石遗址的分布图。箭头所示是经霍尔木兹海峡走出非洲进入亚洲的早期途径，以及经黎凡特进入中亚、最终到达欧洲的晚期途径。

数据来源：Klein（2000），Bailey 和 Geary（2009）和大阪城市大学（2011）。

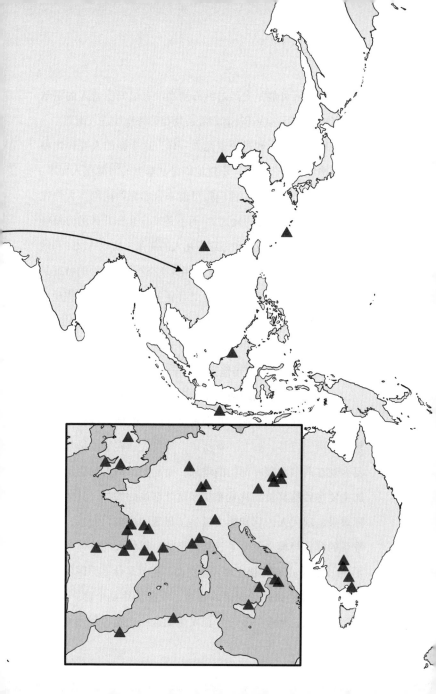

的走出非洲很可能是先经过红海南端没有尼安德特人的霍尔木兹海峡，然后这些迁徙者们经由阿拉伯海岸线进入南亚。

跟尼安德特人和丹尼索瓦人一样，这个新的人亚科物种也从海德堡人进化而来，不过他们是从非洲的海德堡人而来。根据最新的考古发现，他们很可能来自非洲西南部（大约在南纬14度东经12度的地区），而不是来自非洲北部的海德堡人，后者是尼安德特人和丹尼索瓦人的前辈（所以 AMH 和欧亚古人有着一致的最后共同基因祖先）。这个新物种的特征是骨骼明显更加细长，大脑容量也有显著的增加。有一些观点认为，这是个分成先后两个部分的过程，并不是同时发生的。骨骼的变细变长发生在大约二十万年前，而后才有了脑容量的增加，这一步最晚有可能到十万年前才发生。

人类大脑容量的增加，和我们所观察到的尼安德特人的大脑容量增加是同步的，几乎发生在同一时期，也有可能是紧随其后。但是，如上一章所述，现代人脑容量的增加，主要表现在前脑和额叶部位的增加，而尼安德特人脑容量的增加主要是后脑部位的视觉系统和枕叶部位的增加。具体到实际效果，现代人的认知能力发生了显著的增加，而且，能够维系的群体规模也发生了显著的增加，现代人的群体规模有了36个百分点的跨越式增长。然而，究竟是什么原因促成了现代人脑容量如此戏剧化的猛增，现在仍然是个谜。但是，有意思的是，距今约十万年前发生的这一次脑容量剧增，在时间上再一次和东部非洲裂谷大湖的巨变发生了巧合。这一次，和脑容量的增长相呼应的，是这些大湖开始变得干涸，也许，正是这个原因迫使早期的现代人沿着干旱地区向北进发，寻求更加适于生存的栖息地。至于更大的大脑容量是否成了改进觅食技能或者维持更大群体的必要条件，现在仍然是众说纷纭。

现代人的出现，造成了两个重大的影响，一是这个物种很快在地球可居住地上蔓延开来，到距今四万年前（这个时间距离第一次走出非洲仅仅三万年），现代人已经出现在澳洲。而最晚到一万六千年前，现代人的足迹已经遍布北起阿拉斯加南抵美洲大陆最南边的大片疆土。现代人占据美洲大陆的速度简直就是个奇迹，他们靠的只有一双脚，那时候人类还没有开始豢养任何用作交通工具的动物。*影响之二是，现代人进入欧洲大陆，发生在四万年前，从时间上看，这和尼安德特人的消亡刚好吻合。在现代人从俄罗斯草原往东进发前（这条路径成了历史上后来者的必由之路），尼安德特人已经在欧洲和西亚生存了近二十万年。可是，在现代人出现后不到一万年的时间里，他们突然就彻底消失了。尼安德特人的消亡成了一个千古之谜，至今还引人无限遐想，而他们的消亡，其实上溯不到一千代人，说起来仿佛近在眼前。

---

*　不论是好是坏，在这个过程中，美洲的巨型动物一个个地消失了，其中包括了长毛象、乳齿象、剑齿虎、马、大树懒以及其他很多物种。

那么，他们是被非洲来的现代人杀死了？还是因为运气差，没能挺过最后一个冰期的严酷？

我会在结束本章的时候再回到这个问题上，但是现在还是让我们先来仔细研究一下现代人这个新物种，看看他们为什么能够这么成功。

基因中的历史

在过去二十年中，分子基因学为人类种群历史的研究开启了新的篇章，通过详细比较现存人口 DNA 的分子结构，我们可以重塑现代人迁徙的历史细节。或许，最让人吃惊的发现是，所有现代的欧洲人、亚洲人、太平洋岛人、澳洲土著和美洲土著互相之间的关联，都要比他们跟任何一种非洲人之间的基因关联要更加紧密。这就意味着所有这些人种，都同属于非洲某一小部分物种的后裔。正是这个发现，让我们第一次把注意力聚焦在了大约发生在七万年前的走出非洲事件。所有这些非洲人后代身上微小的基因差异，在距今大约七到十万年前的某个节点上交汇在一起，也就是说，在那个点上，这些散落在地球不同地方的现代人人种，他们各自的变异最终都可以追踪交汇到同一个共同祖先。

大多数有关这方面的基因分析都落在了线粒体 DNA（mtDNA）上，这种 DNA 只通过母系遗传（无论男人还是女人，都继承了母亲的 mtDNA）。这就是说，当你看着某一个人的 mtDNA 时，其实你看到了一条清晰而连续的世系可以追踪到这个人很久很久以前的某一个女性祖先。Y 染色体也有同样的性质，这种染色体只能由男性从他的父亲那里继承，但是，它能上溯的时间比较短，在大约六万年前就交汇了，这反映了多配偶制的结果（不同寻常的是，相比单配偶制，多配偶制导致更少的雄性能够留下后代）。

在非洲，共有四种主要的 mtDNA 单倍型（基因谱系，或称基因组），它们反映了现代人在非洲的悠久历史，以及表现于基因差异上的地域分布。这四种 mtDNA 基因组分别被称为 L0、L1、L2 和 L3 单倍型，每个单倍型之下又有很多个亚组。这些基因组分布在非洲的不同地区，L0 主要在非洲南部和东部（拥有这种基因的主要是几个说话语音嘀嗒嘀嗒的狩猎族，比如克瓦桑人和哈扎人*）；L1 主要在非洲西部和中部（最典型的是俾格米小矮人）；L2 是最普遍的单倍型，分布于非洲的西部和东南部；L3 是最年轻的基因组，离现代最近，携带者主要是班图人（这个人种起于非洲东部，后来经历了历史性的大扩张，进入了非洲西部，再后来，在大约三千年前的第二次大扩张中来到了非洲南部）、非洲北部和阿拉伯半岛的闪米特人和半闪米特人（碰巧也包括了犹太人）。在非洲以外只

---

*　他们靠舌尖与口腔唇齿摩擦而发出不同的嘀嗒声作为辅音，这种语言被认为是很古老的，这种嘀嗒声的发音方式在其他语言中都已经消失了。

有两种 mtDNA 单倍型（就是我们所知道的 M 和 N 宏谱系，涵盖了所有的欧洲人、亚洲人、澳洲人和美洲印第安人），它们都来自 L3 中的一个亚组，历来分布在非洲东部。

基因数据显示，其余三个最古老的单倍型谱系在过去十五万年间都在缓慢而稳步地增长，但 L3 在大约九万年前在非洲东部出现了变异，此后不久就从大约七万年前开始了人口爆发性的持续增长。与之相反，唯一的另一个有爆发性增长的单倍型，也就是 L2，直到两万年前才开始人口的增长。至于 L3 的人口爆发增长究竟发生在走出非洲之前（那么这可能就是走出非洲的原因，因为爆发的人口需要寻找新的栖息地）还是之后（那就可能是因为走出非洲之后，生存资源的限制减少了，于是人口辐射到更多地方），现在还不是很清楚，没有足够的证据确证事件发生的先后次序。但是，很清楚的一点是，不管怎样，L3 的快速扩张和现代人的第一次走出非洲同时发生，两者之间必然有着某种密切的关系。

对一个难题的天才解答

解剖学意义上的现代人和尼安德特人的大脑容量相同，但是，和尼安德特人不同的是，现代人类还需要找到额外的社交时间。因为，就像上一章的最后部分所提到的那样，依据社会大脑理论，他们的群体规模要比古人类大三分之一。

光是这一项，就给他们的社交时间分配再加上了 12 个百分点，把总的时间缺口扩大到几乎不可能填补的 50%。那么，他们又是如何解决这个时间分配危机的呢？

我在第六章里说过，在尼安德特人的食谱中，起码要有一半是熟食，才有可能平衡他们的时间分配，而且，我们也了解到肉食已经成为了他们的主要食物。那么有一个可能就是现代人吃的熟食比尼安德特人还要多，也就意味着肉食的比例更高，这样才能把更多的时间省出来增加社交活动。要想在进食的时间里再挤出 12 个百分点的时间，现代人必须从食物的烹煮中获得 18 个百分点的额外优势，这就相当于在尼安德特人 42.5% 的熟食基础上再增加 20%。*也就是说，他们的食物中，煮熟的肉类和根茎要占比 42.5+20=62.5 个百分点。要知道，现代狩猎人群的食物中，也只有 45% 是煮熟的（图5.1），所以，62.5% 这个数字看上去几乎不可能。无论是生活在什么纬度的现代狩猎—采集人，食物的煮熟比例都在 35—50% 之间。只有在特别高纬度的区域（纬度在 60 度以上的区域），他们才会更加依赖肉食，而且，这些地方的肉食主要是鱼类（吃过日本菜的人都知道，鱼类即使是生食也是比较容易消化的）。不过，现代人类踏上如此高纬度的区域，也就

---

*　烹煮使可消化度增加了 50%，12% 的进食就等于 12 × 1.5=18% 的进食时间。根据对大脑容量和体型大小的预测，现代人需要把 88.5% 的时间花在进食上，18%就是 18/88.5=20% 的总进食时间（或者是等同于摄入的食物量，进食的时间和食物量是大致上成正比的）。

是在最近一万年前才开始的，这已经是大脑进化完成之后的事了。再加上现代人也不是纯粹进食红肉的肉食动物，所以，这个可能性基本就被否决了。

如果说，现代人并不能从食物的烹煮中省下更多的时间成本，那么，这些时间到底从何而来呢？在上一章的最后，我提出了一个歌舞假说，探讨他们是否能够通过集体性的唱歌跳舞，来增加在同一时间内进行社交的人数。我说过，可能就是通过这种方式，将早期古人社交群体的75人，增加到古人社交群体的100人。虽然音乐和舞蹈确实能在黏合本地群体（宗族或营地）上产生实际效果，甚至可能是作为对欢笑功效的加强而进化出来的。但是，在语言尚未诞生的情况下，或者至少在语言的复杂程度还不足以安排事项的情况下，组织筹划集体性的跳舞唱歌活动，可能并不具备在大群体范围内开展的条件。

因为有了语言的辅助，定期举办集体性舞蹈歌唱之类的活动就有了可能，这些活动能够把现代人为了黏合150人的大群体（相比于匠人的群体而言）所需要的额外时间大幅降低，降到约一个活动日之中的1%。但是请记住，灵长类互相梳理所需的时间是随着群体大小的增加而增加的（见第二章），因为群体越大，个体承受的压力越大，需要的梳理时间就越多，集体舞蹈可能会减少对外围成员所花的时间，但并不一定能减少在亲密成员身上需要多花的时间，用来保证这些亲密伙伴在你需要帮忙的时候会出现。

因为作为一种社会关系黏合剂的语言允许更有效率的交流和沟通，和梳理相比，其优势是不可比拟的。语言的效率，体现在能让我们做到以下几点：1.同时和数人交流；*2.和别的活动同时进行，时间上没有冲突（我们可以在走路、煮饭、吃饭的同时说话，而这些活动显然都不能和梳理同时进行）；3.可以了解社交网络的情况（比如像猿猴这样规模的群体，如果只是依靠观察，是很难掌握有关其他成员的更多情况的）；4.增进自我的利益（比如夸大自己，贬低别人）。这些都是有效利用语言的手段，能省下大量的时间。但是，这些也许只是在语言出现之后才浮现的特性，也就是说，是语言因为某个其他的原因发展出来之后可以对其加以利用的新方式。还有更重要的一点是，至少，就我们目前所知，交谈本身并不能激发内啡肽的分泌，而内啡肽对于形成亲密关系至关重要。

然而还有一种可能性，在我们讨论人类进化的过程中几乎被完全忽略，具体来说，这种可能性就是当语言和用火行为结合在一起时，继而产生的结果。通常来说，在考古学的研究中，对火的讨论只注重它的两个重要功用，一为煮食，

---

* 虽然交谈小群体的有效上限是 4 人，但是利用语言可以面向更广大的听众讲话，前提是听众必须要遵从一定的规矩，不去打断发言的人。显然，我们必须要先有语言，才能谈得上同意遵守这些规矩。

二为取暖。毫无疑问，用火对人类在煮食烹饪方面的发展是最为关键的，早在匠人和直立人时期，用火的历史已经很悠长，虽然可能表现得断断续续，后来，在海德堡人手里，火得到了进一步的利用，尤其是在四十万年前之后的时期，得到了集中的利用。在高纬度地区，火的利用对缓解高寒恶劣环境也起到了重要的作用，尤其是在寒冷的冬夜，气温比热带要低很多。可以肯定的是，在四万年前之后的那段时期，当冰川推进，气温骤降时，如果没能不断更新掌握用火技术，古人和现代人在欧洲及西亚是根本无法生存的。

　　但是，火还有另外一个被忽视的重要功能，它是一个能延长白昼的人造光源。冬天，当高纬度区域的白昼只有八小时，显然这个用处就变得非常重要。即使在热带地区，能够延长原本十二小时的白昼，也能缓解时间分配的压力。对猿猴来说，黑夜是死寂的，相比大多数其他哺乳动物，所有灵长类的夜间视觉都很弱。一旦夜幕降临，它们所能做的事就是睡觉，至少，睡觉于隐蔽之处，能够躲避夜行天敌的伤害。但是，如果火的利用能让它们从事一些相对静态的活动，比如坐着制作工具之类的活计，或者，如果能进行一些社交活动，那么这些夜晚的时间就能被更加充分地加以利用，真正的白天时间就能省出来，去从事诸如觅食这样维持生存的活动。

　　按照我们现代人类的习性，每天大约睡眠八小时，如果把八小时视为睡眠的最低需求，那么，围在篝火旁还能增加四个小时的活动时间。这样一来，本来只有十二小时活动时间的一天，又多出了四个小时，这就相当于拥有了133%的时间预算，而不只限于100%。这多出的部分，已经解决了预测的现代人额外时间分配需求的相当一部分，他们甚至不需要像尼安德特人那样倚重煮熟的食物。图5.4显示，现代人的时间支出大约超额45%（已经按高能耗组织进行调整）。将一天的活动时间增加三分之一后，所需要的额外时间仅剩145−133=12%，这部分的时间有待继续在其他方面寻找。更为重要的是，这样的安排几乎已经完全解决了现代人所需要的额外社交时间（图5.3a的预测是35%）。图7.2中，实心三角形显示的是延长的白昼对三个人类物种在时间分配上的影响。

看起来，这一切似乎在告诉我们，现代人不需要语言，就已经能够解决相互间亲密粘合的问题。但是，还有两件事不得不考虑，一是整段增加出来的夜晚时间是否都能被用来从事社交活动，二是把这些原本花在以往的灵长类一对一互相梳理上的时间省出来，是否足以照顾得到增大了的群体。而其他的活动，主要是烹饪煮食，还有特别是进食，也需要发生在傍晚的这段时间。这些活动，如果大家聚在一起做，或者至少以家庭为单位来做，就会更加有效率。当然，虽然我们可以一边吃一边说话，但是，这样的时间共享活动，还不能完全算是时间的双倍利用。

还有一个需要考虑的重要方面是，并非所有成员都会在

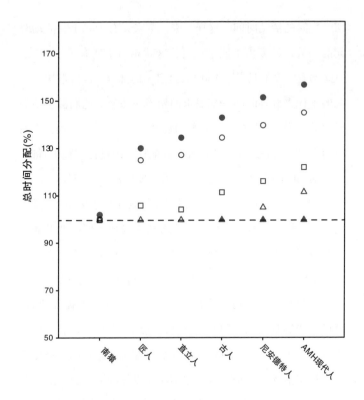

图 7.2

　　因为用火而延长的白天时间对三个人类物种在总时间分配上的影响。图标和图6.3一样，还包括了（▲）标识的古人、尼安德特人和现代人的延长后的白天时间。

这段时间里活跃地参与社交活动。以狮尾狒狒为例，每天早上，在开始觅食之前，都会有长达几个小时的专门用于社交的时间。但是，我们收集到的数据显示，大约只有40%的这种动物会积极地参与社交活动，也就是主动去梳理伙伴，或是接受伙伴的梳理。而剩下的成员基本上都干坐着，有些在休息，有些在打瞌睡，偶尔吃一口食物，基本上就是在等着别的狒狒过来，然后才和它们一起相互梳理。如果这种社交密度也适用于围坐在篝火边的现代人，那么，在夜幕降临之后的这段时间里，即使有了火光的照耀，但实际上还是只能解决14%的社交时间分配缺口。剩下的21%，还是要来自白天的活动分配。或者，可以利用欢笑和音乐来压缩实际需要的社交时间，但是，这种假设的基础是，所有对话的社交密度都像两个人间的对谈那样热烈，也就是像一对一的相互梳理那样亲密，但是，日常经验告诉我们，这是不大可能发生的。

即使我们先来假设，他们的火边夜谈能够一直保持热烈和亲密，但是，另一个关键问题又来了，这样的交谈，能够容纳多少人的参与？我们关于交谈小组的数据，始终显示出人类交谈的人数上限是四个人，在这种情形下，一个人说话，三个人倾听，而交谈群体的平均人数更接近三个人。如果语言和梳理有着同样的人际黏合效果，那么，从所能够影响到的人数来说，交谈比一对一梳理的效率能高出两到三倍。如果梳理的效率增加一倍，就等同于现代人的社交分配增加一倍到了 28%，那么，在白天的活动安排中，只需要解决很小的一部分，也就是大约 7% 的时间。这个解决方案的好处在于，它意味着我们根本不需要再考虑利用更多的煮食来节省进食的时间分配，古人已有的煮食比例已经足够。这一点是很重要的，因为我们已经利用了最大化的煮食比例（按现代狩猎－采集族的标准），来解决海德堡人和尼安德特人的时间分配缺口。

　　现在需要回答的一个重大问题是，交谈和梳理在建立社交关系方面，是否具备同样的效果。换句话来说，在交谈的过程中，内啡肽会从哪里被激发出来？在第五章中，我提到匠人和直立人进化出了欢笑来增加社交时间的效率。在第六章中，我又说古人进化出了唱歌和舞蹈的方式，来进一步扩大受影响的社交圈。可以想象的是，这些活动都可以放在夜晚的时段里进行。事实上，在传统社会里舞蹈也确实都放在夜晚的时段，这几乎在哪里都是一个惯例。即使对于我们自己来说，白天的舞蹈和晚上的舞蹈是完全不一样的，在大白天跳舞，没有在夜晚跳舞的那种魔力。确实，即使是讲故事，在晚上讲，也会在心理上产生某种特殊的效应。

　　但是跳舞不是每天都会进行的活动，而且舞蹈的亲密程度稍弱，这个特性决定了它也许只对社交关系网外围较弱的关系圈有作用。灵长类的社交模式有其特殊性，当群体的规模增加时，它们的核心团体的亲密度就会进一步增强（见第二章）。考虑到这一点，或许，我们确实还需要一点额外的东西，能够让我们在这些更亲密的关系上花更多的时间。晚上能围坐在篝火旁，一边梳理，一边聊天，欢声笑语对增进成员间的融洽程度显然是很重要的。

篝火旁半明半暗的环境，把活动范围限制在了对视觉没有要求的项目上，于是有声交流在最大化地利用这段时间所提供的机会方面就有了明显的优势。笑声的确是很管用的，但是，日常的生活经验告诉我们，只是远远看着别人笑，并不能有效地感染他人。比如说，听到从房间的另一头传来的笑声，只是让我们感到好奇而疑惑，而不会让我们爆发出笑声。如果要让这个声音渠道扮演一个重要的角色，从而产生效果，那么肯定不能仅仅依靠观察别人的行为。于是，在这个时候，就产生了对语言进化的选择性压力，当视觉渠道不是那么畅通的时候，作为有声交流方式的语言就能交换更可观的信息量。

从这个角度来看，语言拥有两个潜在的，有利于社交关系的优势。首先，语言能够通过讲笑话来操控欢笑，归根结底，在没有语言的情况下，欢笑只是回应某一事件而发的一阵和声，就像我们现在看滑稽表演时发笑一样。但是，这些事件的发生具有不可预测性，而且完全依赖视觉的帮助，所以，它们一般都只发生在白天。而有了语言，情形就不同了，通过讲笑话的方式，欢笑发生的间隔时间和缘由得到控制，因此欢笑发生的次数及其效果是可控的。其次，篝火边的对话还有一个重要的功能，火光跳跃中，人们的想象力被激发出来，于是就有可能开始讲故事。讲故事对于人类来说非常重要，它对维系外围群体的关系起到两个关键的作用，一是它能让我们架构出一个社会史，我们会因此形成一个由共同的历史联结在一起的社群；二是它能让我们讲述一个未曾见到的世界，也就是虚构的世界和精神的世界，因此虚构文学和宗教才有可能出现。

在下一章中，我会用更多的篇幅阐述这两个要点，但现在我只想重点讨论语言究竟是在什么时候产生的，因为语言产生的时间跨度，也和人类进化的历史跨度一样众说纷纭。在一个极端，神经生物学家特里·迪肯（Terry Deacon）认为，语言的出现，与匠人物种的出现在时间上相吻合，那是大约一百八十万年以前。而在另一个极端，一些考古学家认为语言的出现不过是在五万年前（在时间上与欧洲旧石器时代后期重合，这个时期的标志是涌现了大量的小型工具、手工艺品、岩洞艺术和雕像）。请注意，这两种观点，也包括其他大部分的考古学观点，都只注重语言作为符号的作用（也就是说，使用语言，能够通过声音符号来表述日常所用的概念）。在我看来，语言的这些复杂应用，确实是很晚才出现的（很有可能如考古学家所言，直到大约五万年前才出现），其发展的基础是不断的日常社交互动和故事讲述。

如果有确凿的凭据证明，语言在远古时代就已出现（比如说，出现在早期人类的时代），那么，我的解释就站不住脚了。相似地，如果语言很晚才出现（比如说，距今不过五万年前），那么，语言在那个时期的出现，对于现代人面临的黏合相互关系的瓶颈，也已经为时过晚。总之，要让我的假设成立，那么，语言的出现，必须与解剖学意义上的现代人的出现同步，甚或可能略早于现代人。

语言的进化发生在什么时点?

一直以来，确定语言进化的确切时点都是个难题，考古学家们的关注点有两个，一是符号学的证据（其推理基础是，如果没有语言的描述，诸如神或者祖先等符号就没有任何意义），二是大脑偏侧化（brain lateralization）的证据。现代人类的语言功能区位于大脑的左侧，恰巧，现代人类大脑的左侧也比右侧要大一些。至于这种解剖学现象是否和语言功能有任何关联，那完全是另一个话题。不过，古人类学家于是假设大脑的偏侧化（也就是大脑左侧大于右侧）就是产生语言的证据，而且，他们还不断地努力在头骨化石中寻找偏侧化的迹象。

事实上，符号学和偏侧化理论都存在着问题。在考古学的研究中，能令人信服的符号证据（主要是一些岩洞壁画和雕像，被解释为象征性地代表了现实生活中的人物或者概念）只出现于旧石器时代的晚期，也就是基本上处于三万年前之后。但是，这些证据只能给我们一个可能的最晚时间，在人们想到把这些符号投射于实体物件之前，可能已经用象征性的语言符号对话了很久了。而在另一方面，偏侧化的现象，可能和对投掷手臂的控制有更强的关联。*事实上，偏侧化的历史可能更久远，这种现象也更普遍。很早以前的脊椎动物就进化出了偏侧化的现象（比如，史前的鲨鱼就是这样的），只不过是在古人类身上，这种现象更为明显。我们不禁会问，也许，在这个问题上基因学能助我们一臂之力？如果我们能确定和语言相关的基因，那么，或许我们能够通过复杂的进化基因数据来测算这些变异最初是何时发生的。从这一角度来说，有两种基因特别吸引我们的注意力，它们是 FoxP2 基因（这是和现代人的语言与语法缺陷相关的变异性同位基因）和肌球蛋白基因 MYH16（这种基因和猿类强壮的颚肌相关，在颚肌弱小的现代人类身上，该基因已处于休眠状态）。

最初的测算显示，FoxP2 的起源可回溯到大约六万年前，这个结果，一定能让一些考古学家很高兴，因为这个时期正

---

* 现代人类绝大部分是右撇子（考古学记录也证实情况一直如此，一百五十万年前的纳里奥克托米男孩似乎也是右撇子）。根据制作工具时击打石块的角度，可以判断化石人亚科是左撇子还是右撇子（参见 Cashmore 等人的论述，2008）。

好处于旧石器时代晚期符号艺术出现之前。但是，后来又有研究结果显示，在尼安德特人的基因组中，也发现了FoxP2。这个发现，被认为是这个物种已经开始使用语言的证据。这表明，FoxP2的出现早在八十万年以前，也就是尼安德特人和解剖学意义上的现代人这两条线开始分支的时候。这当然就意味着所有古人和现代人（或许还包括晚期的直立人）都已经有语言了。但是，紧接着又有了新发现，在鸟类身上，找到了一种类似的基因。这就意味着，这个基因的真正作用可能是控制发声，而不是语言。换句话说，FoxP2这个基因能提供给我们的信息是有关发声（或者是哼唱），而不是有关语言的。

人类物种中的肌球蛋白基因的起源，被测定在两百四十万年前，这个数据，似乎支持语言在早期人类时期就有的观点，甚至有可能还可以继续往上追溯，直抵南方古猿阶段的晚期。但是，真正的问题在于，肌球蛋白基因能告诉我们的到底是什么。事实上，很难确认肌球蛋白基因和语言有任何关系，或许，语言的使用（或者，也包括了欢笑）需要较小的颚肌是有道理的。但是，光有较小的颚肌显然是不够的，而它们更可能与饮食的变化有关。至少，我们可以确切地认定的是，就在那时，早期人类开始更多地食用肉类（见第五章）。如果说，语言需要较小的颚肌（这一点现在尚未被证实），那么更有可能的情况是，这只是语言所需要的众多条件中的一个。所有这些条件都具备之后，再经过很长时期的进化，才产生了语言。*所以说，不是较小的颚肌标志着语言的产生，相反，它只是语言产生的一个先决条件。

不过，还有三种途径，可以让我们来探索语言的起源，一是控制发声器官的神经解剖学证据，二是人类进化历史上社交时间需求的预算，三是意识技能的进化模式。单独来看，这三种途径都不能提供绝对可靠的证据，但是，结合起来看，它们确实都聚集到同一个焦点。

基于对现代人类和猿类及其他灵长类之间差异的观察，来自神经解剖学的证据有两种。一个是胸腔部分脊髓（也就是控制横膈膜和胸腔肌肉神经分离出脊柱的地方）的大小，另一个是颅骨底部舌下神经管（这里是支配舌头和嘴巴的第十二对脑神经通过的地方）的大小。按体型来看，和猿猴相比，人类的这两个部位都有明显的扩大，而这个扩大很可能和说话有关（第一个部位对横膈膜产生控制，以维持说话时所需要的长久而稳定的呼气，第二个部位控制发声的空间）。如果我们能通过化石来确定这些部位的扩大所发生的时期，那么，虽然不能确认语言的起源，但是至少我们能确认控制发声空间的起源。虽然化石数据相当零散，并不完整，但是，

---

* Aiello（1996）指出，在这段长时期的进化过程中，还必须经历一系列身体上的变化：类似于猿的平坦胸膛；双足行走的移动方式，能够释放胸腔的肌肉，使之不会在运动的时候受困；对控制呼吸和发声区的控制，降低的喉头位置。所有这些都有古老的根源，但是所有这些都必须按部就班地到位，才能在最后水到渠成地迎接语言的进化。

拼凑在一起，还是能看出南方古猿和早期人类的这两组神经都和猿类相近，而海德堡人、尼安德特人和解剖学意义上的现代人的这两组神经的数值则和现代人类差不多。[*]

最近几年，又有两个解剖学上的证据浮出水面。一是舌骨的位置，这是块非常脆弱纤巧的骨头，在喉咙的上部和舌根之间，起到了联接的作用。在黑猩猩的喉咙中，舌骨所处位置较高，而在人类喉咙中所处的位置较低。正是这个偏低的位置，对人类某些特定声音（主要是元音）的发声能力起到了重要的作用。可是，因为这块骨头又细小又脆弱，几乎不可能以化石的形式保存下来。不过，在以色列的卡巴拉洞穴遗址，考古学家们发现了一根尼安德特人的舌骨，这根依然处于原位的舌骨，从它的位置来看，和现代人类是一样的低位。自此，在后续的考古发现中，又陆续成功地定位了数个其他的化石舌骨，那些从早期人类化石中发现的舌骨，其位置似乎和猿类一样处于高位。另一个解剖学证据和耳道有关，这是一条骨质的管道，呈半圆形，位于颅腔之内，它让我们能够听到声音。我们可以看到，人和黑猩猩的耳道存在

---

[*] 这个舌下神经管的解释已经遭到过质疑，因为有些南猿个体的数值甚至超过了现代人类，而这样的交叉意味着这部分南猿已经有了语言（参见 DaGusta 等人的论述，1999）。显然，这是个非常可疑的结论，原因有以下几点：（1）它混淆了方差和平均值，代表物种能力的是平均值；（2）它忽略了即使某个个体具备了控制发声的能力，并不意味着整个群体有了语言，语言毕竟是个社会现象（必须在很多人都具备说话的能力时才会产生）；（3）它无视这一事实：所有胸神经、舌骨和耳道的数据都在一定程度上能够互相佐证，并指向同一个答案。

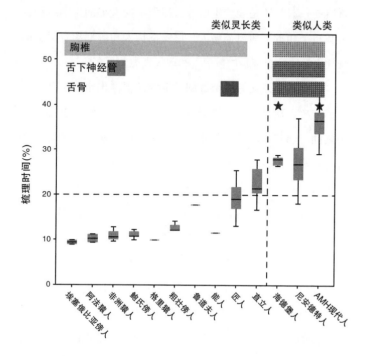

图 7.3

说话进化以后的测算，主要亚人科物种梳理时间的中间值（50%和95%范围），根据图2.1的回归公式和图3.3的群体大小数据测算。图的上方显示了灵长类（阴影）和人类（加线条阴影）的胸椎、舌下神经管、舌骨的分布。（★）表示能听到人说话声音的耳道。这些和人类相似形式的发声和感受话音的解剖学特征最初在五十万年前的古人（海德堡人）中出现。（注意本图中海德堡人和尼安德特人的数值和图5.3a中的不同，已根据纬度对视神经系统、即额叶新皮质容量的影响做了调整。）数据来源：Pearce等人的论文，2013。

着巨大的差异，这种差异会影响到听闻人声的能力。最近，对西班牙北部胡瑟裂谷的古人（距今约五十万年前）化石所做的 CT 扫描结果，显示出它们的耳道和人类非常相似。

看来，把这四个解剖学证据放在一起，我们至少能得出一个结论，那就是人类说话的能力（但并不一定是语言的能力）在大约五十万年前的古人时期就已经开始进化了。图 7.3 把这些数据和不同人类物种的社交时间需求预测做了比较。请注意，解剖学证据指向的嗓音控制出现的时期，恰好和社交时间需求第一次突破 20% 瓶颈的时期相吻合。如果说有哪一个时期在维系社交关系方面最具挑战性，那么这个时期正是这样，因为没有其他的哪个灵长类物种把一天中超过 20% 的时间用于社交之上。这样看来，就在那个时期，在对嗓音的控制方面出现了一些变化，显然也不足为奇了。

但是，我们必须清楚地认识到，发声（发出一种嗓音）和语言（说出有语法结构的话语）是不同的。上述的解剖学证据只能告诉我们，古人和现代人有足够的能力控制自己的发声器官，从而发出复杂的声音。但是，至于这里是否涉及语言，那完全是另一回事。我在第六章中提到，无词的哼唱很可能早在古人时期就有了，哼唱在对嗓音的控制方面是和说话一样的，但是，即使我们常常唱出了词儿，但是这并不意味着它必然要求语言能力。

简而言之，解剖学证据或许能告诉我们何时出现了对嗓音的控制，但不能告诉我们何时产生了语言。当然，增加对噪音的控制力以及更为复杂的声部都是语言进化的重要前提，而且，很有可能的是，在人类进化的早期，因为要应对更大的群体规模，声部就已经开始进化得复杂起来了。其实，这样因为群体的增大而产生的应对方式，在鸟类和猴子中都普遍存在。托德·弗里伯格（Todd Freeberg）在一系列特别精巧的田野实验和实验室研究中发现，随着群体的逐渐扩大，无冠山雀（chickadee，山雀属的一种北美洲小鸟）的叫声也会一天天地变得越来越复杂。更有意思的是，据美国人类学家塞思·多布森（Seth Dobson）发现，随着群体规模的增加，灵长类的面部表情和手势会而变得更复杂（与之相对应，大脑区域也会变得更大）。与此同时，英国生物学家凯伦·麦库姆（Karen McComb）和斯图尔特·森普尔（Stuart Semple）也发现，类似的情况在灵长类的发声状态中也一样存在。由此可见，随着群体规模的增加，控制噪音（和手势）复杂程度的能力也随之增加，这种规律自古就有，而且并不是人类所特有的，和语言更是没有任何关系。

第三个数据来源是关于心智化能力。心智化能力对于语言来说是至关重要的，因为在语言交流的过程中，无论是说话的人还是倾听的人，都需要设法去理解对方的想法。说话的人当然希望对方能够接收他所要传递的信息，而倾听的人也会对接收的信息做出相应的反应（图 2.2）。两个人的交流过程中，倾听的人或许只需要二度意向性，但是说话的人很可能就已经需要具备三度意向性，而这还是谈话没有涉及第三人的情况。心智化能力对语言来说还有第二个重要性，那就是心智化的反身结构和句子语法结构的嵌入从句有着奇妙的相似之处，而且两者的最高意向限度差不多都是在五度左右，因此，要想解码我们所定义的语言的内在真实含义，必须首先要具备心智化能力的五度意向性。

通过神经影像实验，我们发现了心智化能力和大脑思维网络的大小有关，尤其是和其中眶额皮质的大小相关（见第二章），这个重大发现为灵长类心智化能力和前额叶区域大小有正相关这个论点提供了重要支持（图2.4）。以此为前提，我们可以用图2.4中的等式来测算化石古人的心智化能力，因为根据定义，它们的心智化能力必须处在南方古猿和现代人类之间。图7.4画出了答案，南方古猿作为一个整体，它们和其他猿类一样，非常整齐地环绕于二度意向性的周边，所有早期古人群体都处于三度意向性的周边，古人和尼安德特人刚刚能到四度，只有化石解剖学意义上的现代人能够达到五度意向性（在这点上，和他们现存的后代已经趋于一致）。

这个结果告诉我们，即使尼安德特人已经有了语言（很多人都持有这种观点），但是我们依然能够明确地推断，他们语言的复杂程度绝对难以与现代人的语言相提并论。由于心智化能力在语言中起到的关键作用，考虑到这两个物种在大

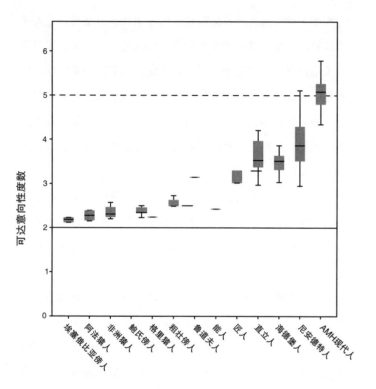

图 7.4

主要人亚科物种所能够达到的意向性度数。显示的数值是化石样本的平均值（50%和95%范围），通过把颅腔容量（转换成相等的前额叶容量）代入图2.4的公式中得出。虚线是成年人类的标准值（五度），古人和尼安德特人的头骨容量经纬度视觉系统影响调整，直立人颅腔容量未经调整。数据来源：Pearce等人的论文，2013。

脑结构上的差异，这就说明从语言质量上来说，尼安德特人和现代人之间存在巨大的差异。简单地说，尼安德特人语言的概念和语法结构都是比较原始的。

考古学家倾向于认为尼安德特人已经掌握了完整形态的语言（也就是说其复杂程度达到我们现在所使用的语言），他们的理由之一是，尼安德特人的狩猎模式是合作型的（在这种狩猎模式中，几个成年男子将大型凶猛猎物围困，继而刺杀）。但是，做到这一点，并不能说明他们必定具备了语言能力。狼和鬣狗（也有人会提到黑猩猩）在没有语言能力的情况下，照样能很好地配合围攻猎物。再则，即使他们需要语言来配合合作，但是又有什么证据显示他们需要五度意向性的复杂语言呢？简单的合作，不太可能需要超过三度意向性的语言，在围猎过程中，能表达出这样的意愿：我想你知道我要你从另一边攻击猎物，三度意向性的语言已经足够了。三度意向性的语言不能做到的是讲述复杂的故事，关于这一点，我们在第八章中会再回到这个话题上。

一个有关繁殖的小问题

在大容量大脑的背后，隐藏着一个不容忽视的问题。对于哺乳动物来说，一旦胎儿大脑发育基本成熟，可以独立生存时就可以被生下来了。但是，因为神经组织的生长速度有其自身的规律，缓慢而固定，任何一个有着大容量大脑的物种，只能依靠相应延长孕期以保证胎儿大脑的充分发育。所以，为了应对这种规律，像灵长类这样有着大容量大脑的物种，就会减少婴儿的数量，降低生育的频率，同时，它们还需要更长的寿命来保证有足够的后代以延续这个物种。

出于大脑容量的原因，人类需要配备一些很独特的便利条件。依据哺乳动物的标准，现代人的孕期应该是21个月，只有达到这个时长，才能让人类的婴儿在出生的时候就拥有和灵长类婴儿同等发育程度的大脑。*然而，不巧的是，由于脊椎动物在进化成哺乳动物之前，进化历史中发生的一个意外，在哺乳类动物的分娩过程中，婴儿必须要通过由两片骶骨所形成的骨盆中间的一个洞，这个洞的大小，制约了所能通过的头颅的大小。而这个问题，又因为直立行走变得更加严重，因为骨盆为了要支撑内脏和上身而变成碗型，这就导致骨盆入口和产道愈发变窄，这就是所谓的分娩困境。†当然，通过进化，这个问题其实不难解决。只要让女性的髋部进化，

---

* 至少像类人猿灵长类这样的早熟哺乳动物是这样的。而晚熟的哺乳动物（比如鼠类以及多种肉食动物），在生出早产儿之后，需要在窝巢中完成功能性的发育。

† Dunsworth等人（2012）最近提出，其实并没有生理上的限制，而问题可能在于母体的能量消耗。他们认为，人类达到可生产的时间就是母亲无法再承受因为胎儿长大而带来的体能消耗的极限时间。但是，这个解释完全忽略了在孩子出生之后，母亲给子宫外的婴儿喂奶所消耗的体能，是孩子在子宫里生长时的1.7倍。因为虽然喂奶相当于有效地延长了胎儿的生长期，但是，它的能量转换效率非常低，把体内能量和蛋白质转化成奶水时损失了大约40%的能量。如果确实有能量限制，那么还不如在母体内完成21个月的孕期，然后再去寻找一个解决髋部过大问题的方案。

使之大到可以生出 21 个月大的有着完全发育成熟大脑的胎儿即可。这一点，自然选择就可以做到，结果就会和有着超长孕期的大象一样。但是，这里的问题在于，远在人科动物在拥有超大大脑之前，它们的身体已经进化成适合游居生活方式的模样，一米多宽的髋部显然很不适合行走，更别提奔跑了。这样一来，匠人在游居中获得的优势又将不复存在。

于是，我们的祖先最后来到的妥协方案是：在生育出一个能够存活的婴孩的前提下，最大限度地缩短孕期。然后，婴儿在子宫之外继续大脑的发育，这有点像袋鼠的解决方案。这就是为什么猿猴的幼仔出生后几个小时就能够摇摇摆摆地走来走去，而人类的婴儿出生后要经过大约 12 个月才能尝试行走。这也是为什么早产的婴儿（孕期少于 7 个月的婴儿）面临的风险极大，需要借助现代医学的技术才能存活下来。而在过去，大多数的早产儿出生后不久就会夭折。

即使这样，比起任何种类的猿猴，现代人类生产的过程依然要痛苦得多。大自然用一种令人落泪的方式，才使得大头婴儿艰难地穿过一个小小的洞口，呱呱坠地。在分娩的过程中，连接母亲骶骨的软骨组织会变软，随着婴儿向外冲撞，骨盆向两侧扩展外移。这也就是为什么女性在生育之后，髋部不再会完全回到生育前的形状的原因。还有，婴儿头颅的骨板在出生时是分开的（直到孩子长到 5—7 岁，大脑停止发育时，才会合上形成封闭的头顶），在产道的压力下，骨板的边缘会有些许挤压和重叠，将婴儿头颅压缩到能够顺利地穿过产道的大小。

我们知道，在人类进化过程中，这种伴随着延长的发育期的繁殖方式出现得较晚。通过对头骨化石中牙齿釉面横纹[*]的计算和鉴定，可以推断化石的主人经过多长时间的发育才能进入成人期。纳里奥克托米男孩死去那年才8岁，但是他已经完全成年了（虽然也有人推测他是12岁）。当时，以他的年龄，他已经有一米五的身高。而现代人类的儿童，还要经过好几年的成长，才能达到他的发育程度。

总体来看，现代人类出生过早、成熟过迟的成长方式，形成的时间不太可能会远远早于古人（海德堡人）的出现。很可能海德堡人的脑袋依然足够小，不太费劲就能挤出产道了，但是，到了尼安德特人，情形肯定不一样了。在尼安德特人时期接近尾声的时候，他们的大脑已经和我们的一样大了，因此，他们必然会和我们一样陷入分娩困境。所以，最低限度的猜测是，在尼安德特人和解剖学意义上的现代人身上，各自进化出了类似于现代人类的缩短了的孕期。或者也有可能在他们的共同祖先时期就进化了，但是肯定不会比这更早。

不过，似乎只有现代人才有特别漫长的儿童期。最近，在

---

[*]　釉面横纹就是牙齿釉面的生长线，在牙齿的生长过程中，釉面会一层层生长，就像树木生长时有年轮一样，每一层大概对应一周的生长。这些层次，在牙根的表面形成一系列纹理（又称勒兹纹理线），只有在显微镜下才能看得见。

一项对尼安德特人牙齿釉面横纹的研究中发现，在出生之后，尼安德特人发育得比现代人快得多，抵达青春期和成年期要早好几年。这个发现一点也不奇怪，对于灵长类物种来说，测量非视觉性大脑皮层大小的最好指标就是它的社会化时期（从断奶后到青春期）的长度。当大脑停止生长后，皮层越大，就相应地需要越长的社会化时间。在这个阶段里，少儿将会学到未来独立生存所需要的社会技能。在上一章中，我们说过，尼安德特人的额叶和颞叶都比现代人小，所以他们的社会性也没有我们那么复杂，那么，他们只需要较短的社会化时间也就不足为奇了。在这么短的时期内，所能够学到的有限的社会技能，当然就极大地影响了他们发展深奥复杂的文化的能力。

维持一个大容量大脑的任务非常艰巨，于是，在这里，出现了一个很有趣的可能性，我们很可能得到了外在因素的援助，而这种援助则是以肺结核病菌的形态出现。虽然肺结核通常被看作一种可怕的疾病，但事实上，只有 5% 的带菌者会有显性的病症，而其中死亡的比例很小（通常情况下，死亡都是由于恶劣的生活环境加重了病情）。结核病菌更像是共生体而非病原体，虽然很多共生体在极端情况下会变成病原体。*然而，重要的是结核病菌会分泌烟碱维生素（也就是维

---

* 共生体是建立了一种共生互惠关系的有机体，它们可能是以某种方式共同生存的两个物种，或者是一种在主体中生存、为主体提供服务的微生物（比如我们肠内的很多细菌）。相反，病原体是一种对主体有害甚至致命的微生物（比如很多能够导致麻疹、伤寒、疟疾等疾病的细菌和病毒）。

生素 B3），这种维生素对大脑的正常发育起到了关键的作用。如果体内长期缺少维生素 B3，会导致像佩格拉症这样的大脑退行性疾病。这里有一个关键点，维生素 B3 的主要来源是肉类食物，所以，当肉类成为主要的食物之后，维生素 B3 的补充就能得到保证。然而，不同于采集，狩猎是需要点运气的，因此肉类食物的来源难免不是那么可靠稳定。尤其在新石器时代，这个问题更加突出了，当人类转向农耕之后，占据饮食结构中很大比例的是谷物。但是，谷物中维生素 B3 的含量非常低，因此找到一个额外的来源就变得异常重要。虽然我们曾经认为，人类的肺结核菌源自八千年前开始驯养的牛科动物，但是现在的基因证据显示，人和牛的结核菌是完全不同的。人类的结核菌可以追溯到至少七万年前，如果结核菌真的出现于那个时候的话，那么，它的出现，在时间上呼应了解剖学意义上的现代人类大脑容量在十万年前的突然增加，一个多么神奇的巧合。

尼安德特人究竟怎么了？

在欧洲和西亚成功地生存了三十万年后，尼安德特人在大约两万八千年前（这是他们的化石证据给出的最后的时间）神秘地消失了。那么，这个成功得不可思议的物种，为什么会拱手把欧洲让给了他们的非洲表亲解剖学意义上的现代人，而自己却走向了灭绝呢？对这个问题作出过的回答，可能比人类进化历史上任何一个问题的回答都多得多，它们包括：无法适应最后冰期的严寒；高加索山脉一系列的火山爆发造成了核冬天的状态；[*]因为冰川推进或是火山爆发，把大量的动物群逼向南面，尼安德特人无法跟上它们的步伐，因此没有猎物可以食用；来自现代人类的生态竞争；人口稀少而且分散，无法创造或者维持文化创新；被解剖学意义上的现代人从非洲或亚洲携带过来的疾病消灭了；和解剖学意义上的现代人杂交后，被同化并吸收了；解剖学意义上的现代人对他们进行了种族清洗，他们都被杀死了。或许，所有这些解释或多或少都说出了一部分真相，但是，毫无疑问，真正的答案是他们遭受了一系列不幸的事件。

和当今的现代人类一样，尼安德特人被不断推进的冰川逼得步步南下，逼进了欧洲的下腹部地带（西班牙、意大利、巴尔干）。生态保护生物学的经典发现之一是，当一个物种被逼到残存的零散栖息地时，它们的数量就会急剧减少，彼此间隔绝，于是很容易发生局部灭绝，而这样的灭绝，很难再次用迁徙来避免。这个效应，或许因为尼安德特人的群体规模较小（见第六章）而更为显著。

---

[*] 在高加索山脉确实有过一系列的大爆发，影响到了整个欧洲中部，但它发生在距今约四万年前，是在解剖学意义上的现代人到达欧洲之前，而尼安德特人的灭绝更是在一万年以后。根据事件发生时间的推算，更可能的是这些火山的爆发迫使解剖学意义上的现代人从俄罗斯草原往西迁徙到欧洲。

如果他们只需要面对一种状况，尼安德特人或许还有生存的希望，但是，同时应付如此之多的不利因素，显然已经超出了他们的能力范围。如果他们和解剖学意义上的现代人类有过任何可能的接触，这种接触也不会带给他们任何帮助。相反，接触的后果甚至可能是致命的，因为他们对解剖学意义上的现代人所携带的病原体没有任何免疫力。这个情形，和三万年之后发生的一幕非常相似。当时，来自旧大陆的欧洲殖民者抵达美洲，他们身上所携带的传染病，虽然没那么厉害，却仍然放倒了美洲印第安人。

尼安德特人的物质文化，比如他们制作的工具和衣服，也很成问题。近年来，很多人试图证明尼安德特人的物质文化和现代人类发展出的物质文化相当，或者退一步说，至少在他们灭绝之前，是朝着现代人类的方向发展的。*但是，残酷的事实是，两者并不在同一水平上，尼安德特人的工具缺乏多样性、创造性和精致性，而这些特性都是现代人类物质文化的特征。总的来说，他们的工具带有更明确的功能性，而缺少后来解剖学意义上的现代人的艺术品中体现出来的无用性。由于两者在心智化能力方面的差异，这些现象并不令

---

* 或许，其中的一个问题是，有人会觉得需要解释一下，尼安德特人到底拿他们和解剖学意义上的现代人差不多容量的大脑派了什么用场，要知道，解剖学意义上的现代人可是用他们的大脑引爆了旧石器时代后期的文化革命。但是，正如我在第六章中所述，尼安德特人大脑的功能性部分并没有解剖学意义上的现代人那么大。因为在他们的大脑中，很大的一部分是用于视觉处理。至于在认知能力方面，他们依然还是古人类。所以，这点其实并没有什么需要解释的。

人感到惊异。他们在心智化能力上和解剖学意义上的现代人整整相差了一度意向性，这种缺陷限制了他们的艺术创造力，面对一块原石或一根象牙，他们没有能力展开想象，从而创作出代表其他物件的艺术品。这种心智化能力上的缺陷，同样也限制了他们在技术上的创造力。

有一种看法是，解剖学意义上的现代人面对同样恶劣的气候环境，却能躲避尼安德特人的厄运，在很大程度上得益于他们更大容量的大脑，高度发达的大脑使得他们拥有更广阔的交易网络和更多样的文化创新。在第六章中，我们说过，尼安德特人不仅在群体规模上比解剖意义上的现代人要小得多（大约只有后者规模的三分之二，见图 6.5），而且他们交易或交换原材料的范围也要相差一个数量级：在尼安德特人遗址里所发现的工具中，70% 的原材料来自 25 千米之内的范围，而在解剖学意义上的现代人遗址里所发现的工具中，60% 的原材料来自 25 千米之外的范围，有的甚至有 200 千米之远。在更辽阔的地理区域之中拥有更广泛的社交网络，这为解剖学意义上的现代人提供了一层保护，缓冲了局部灭绝的危机，在危急时刻，他们可以寻求朋友的帮助，找到一处避风港，但所有这些尼安德特人却无法做到。如果说解剖学意义上的现代人在走出非洲之前就已经有了最外层的社交网络（即图 3.4 中 500 到 1,500 的层次），而且看起来这个假设也是很有可能性的，那么，尼安德特人和他们之间的差距就更大了。

除心智化能力上的差异之外，解剖学意义上的现代人和尼安德特人在大脑结构上也有很大的差异，这对文化的复杂性也会产生影响。在灵长类物种中，除了心智化能力，还有一种能力也同样取决于大脑皮质（也就是大脑最前端的部分），这就是设想未来行为并且为此安排事先计划的能力。从类人猿进化到解剖学意义上的现代人的历史，也就是大脑前部区域逐渐增大的历史。*较小的大脑前部皮质决定了尼安德特人的计划性较弱，这不仅影响到他们在设计工具和制作物件方面的能力，也影响到他们预测行为后果的能力，进而影响到他们应对突发事件的能力。

在文化适应性方面，解剖学意义上的现代人表现出的显著差异之一就是他们的衣着。根据旧石器时代第三阶段后期的气候模型所推测的气温条件，莱斯莉·艾洛和彼得·惠勒对尼安德特人和解剖学意义上的现代人的衣着保暖性进行了估算，足够的保暖性是他们在最近这个冰期的欧洲得以生存下来的必要前提。在任何一个时期，尼安德特人的居住地区都比现代人更加趋于南方，因此他们对衣着的保暖性的要求

----

* 有争议说，人类的前额叶相比之下并没有比猿猴的大多少，如果用前额叶对大脑总容量回归，那么人类的回归线无异于普通灵长类（参见 Semendeferi 等人的论述，1997；Barton 和 Venditti 的论述，2013）。但是，这条回归线是一条斜率约为 1.2 的双对数线，也就是说，前额叶大小会随着大脑容量的增加而按指数级增加。无论如何，决定神经元数量（也就是认知能力）的是绝对大脑容量而不是相对大脑容量，斜率不变并没有关系，人类前额叶的绝对大小依然比猿猴要大。

没有现代人那么严格。尽管如此，在当时的严寒环境中能够生存下来，显示出他们的身体在对寒冷的适应性方面强于现代人，或许事实也的确如此。

依我的猜测，这体现了缝制的衣服（缝制的衣服比较合身，手脚更加保暖）和简单的包裹之间的区别。在距今三万年前的欧洲解剖学意义上的现代人化石遗址里，陆续出土了带针眼的骨针，这显然并不是偶然的发现。事实上，解剖学意义上的现代人使用钻孔的工具由来已久，这段历史至少可回溯到十万年前，在非洲南部，人类开始用锥子在贝壳上钻孔做项链。然而，没有任何证据证明尼安德特人拥有能做这样精细活的工具，这个结果几乎确定无疑地反映出这两个物种在心智化能力（或者，至少是心智化能力所依赖的认知能力）上的差异。

有关解剖学意义上的现代人的衣着，更为引人注目的证据，来自后旧石器时代的出土葬品。在莫斯科东北方向，伏尔加河上游的松希尔（Sungir），发现了一个距今两万两千年的墓穴遗址。墓穴中有一个双人墓，两个小孩头对头地埋葬在一起。令人吃惊的是，在墓穴中发现了大量钻了孔的珠子，制作这些珠子，需要数千个小时的打磨和钻孔。在一个小孩（可能是男孩）的身上，发现了4903颗珠子，那些珠子覆盖在孩子身上的样子，看着像是缀缝在一件非常合身的衣服上。在他的腰间，有250颗钻了孔的北极狐牙齿，它们很可能曾经是腰带的一部分。在他的喉部，还有一根象牙别针，似乎是用来别住披风的领口。另一具骨骸（有可能是一个女孩）上，总共有5374颗像是缝在她的衣服上的珠子，她的喉部位置上，也有一根象牙别针。解剖学意义上的现代人开始穿衣服的历史可能还远远早于这个时间，因为在三万五千年前旧石器时代后期的很多欧洲遗址里，都发现了用象牙、兽骨、琥珀、贝壳和石头做的珠子和纽扣。而在非洲发现的衣饰还要更早，可以说，解剖学意义上的现代人很早就开始穿上了缝制的衣服。

　　现代的分子基因学，又为我们提供了一些意想不到的衣着证据。解剖学意义上的现代人身上有两种虱子，这两种虱子分属于不同的亚种，一种是头上的虱子（Pediculus humanus capitis），一种是身上的虱子（Pediculus humanus corporis）。这两种虱子寄生在人体的不同部位，一种藏身于头发中，一种在衣缝间穿行，也就是位于人体的躯干部位。这两种虱子相安无事，也不会杂交。身上的虱子只能生存在人类的衣缝里，所以，这种虱子的出现，意味着它们的进化只能是在人类常规性地穿上衣服之后。科学家对来自全世界十二个地区的虱子展开研究，比较了这两个虱子亚种的DNA线粒体，他们发现，寄生于身上的虱子是从寄生于头发里的虱子进化而来的，而且，这两个亚种有一个大约十万年前的共同祖先。这个研究结果表明，早在那个时候，人类已经开始经常穿衣服了。这个发现的重大意义在于，这个时点比解剖学意义上的现代人走出非洲进入欧洲还要早，也就是说，当他们在四万年前进入欧洲的时候，他们已经在非洲穿了几万年的衣服了，而这个时期，也恰恰和大脑进化的最末端时期相吻合。

有一个躲不过去的问题，如魅影般时隐时现，那就是尼安德特人的灭绝，是不是因为在和解剖学意义上的现代人的交锋中，被彻底消灭了。关于这个问题，或许我们永远都不会找到确定的答案，但是，至少我们知道，留在尼安德特人骨骸上的某些伤痕，应该不是在狩猎中不小心造成的那样简单。通过对三万六千年前法国圣塞赛尔（St Césaire）遗址的年轻人伤痕的仔细分析发现，某些伤痕是利器造成的，很可能是暴力的结果，但是，这个结果是源于尼安德特人自己内部的争斗，还是源于尼安德特人和解剖学意义上的现代人之间的争斗，那就永远是个谜了。

解剖学意义上的现代人和尼安德特人之间可能发生的杂交，曾在媒体和学界引起很大兴趣。有关这个说法，最初的证据是一只来自直布罗陀的头骨，这只解剖学意义上的现代人的婴儿头骨，兼具了尼安德特人和解剖学意义上的现代人的某些特征。但事实上，任何基于婴儿头骨特征的假设，充其量只能是猜想。更为严肃的证据来自基因学上的发现，现代欧洲人的基因和尼安德特人（而不是和现代非洲人）有2—4%的相似。更有意思的看法是，解剖学意义上的现代人和远东的丹尼索瓦人有过杂交。对丹尼索瓦人的基因组分析显示，约 4—6% 的现代美拉尼西亚人和澳洲土著的基因可能源自丹尼索瓦人。当然，无论是哪一种状况，都不足以证明这些物种之间的杂交普遍存在。事实上，也有人认为，这种情况仅仅反映了当这些物种居住在相似的栖息地时，会面临相似的选择性压力，因而会发生基因的趋同。

当然，解剖学意义上的现代人和古人类之间的杂交，并不意味着这两个物种之间友善的彼此通婚。现代人类殖民者就经常偷拐土著妇女，大家都知道这种事情常常发生，尤其是在美洲和印度。但是，基因学提供了更确切的证据，明示这类事件有着悠久的历史。比如在英国南部，女性主要有凯尔特人的 DNA 线粒体，但男性的 Y 染色体呈现一个明显的渐次变化，从东部以盎格鲁－撒克逊人为主，到西部主要是凯尔特人。这个现象说明了在五到六世纪间，盎格鲁－撒克逊人从大陆攻占进来时霸占了当地的妇女，使得英国本土男子无法留下后代。类似的故事还在冰岛发生，80% 的冰岛男性的 Y 染色体来自挪威人，但 63% 的女性的 DNA 线粒体是凯尔特人的，这说明很有可能的事实是，在去往冰岛的途中，海盗劫走了不少凯尔特女性，这些女性可能被迫随着他们进入了冰岛。*同样，亚洲和欧洲东部边缘的男性染色体的

---

*　很多早期移民到冰岛的男人，是从斯堪的纳维亚和英国被驱逐出去的，因此很可能没有同行的女人。从基因证据上来看，他们在途中停下来，抓了女人一起上路的现象是很普遍的。

7% 来自蒙古人，普遍的看法是因为成吉思汗以及他的宗族在十三世纪对这一区域有过极为短暂的统治。*

换句话说，根据人类历史上我们已知的事件来推断，解剖学意义上的现代人基因组中之所以有少量的尼安德特人的成分，很可能反映出他们中的部分交配期男性对尼安德特人的掠夺。如果说，尼安德特人和丹尼索瓦人在他们灭绝的过程中的确和解剖学意义上的现代人发生过杂交，那这个结果也很可能并不是出于古人的愿望，甚至，这样的掠夺很可能会引发古人的反抗。如果真的发生这种情况，那么，看似不起眼的两个物种间的群体规模的差异，在这个关键时刻，就会对胜负起到决定性的作用。显然，前面说到的解剖学意义上现代人的优势都会体现出来，他们可以从社会关系更广泛而紧密的群体中纠集到更多的男性，而且，他们还能跑到更远的地方，找到更多的帮手。而这一切，都是古人难以望其项背的。

---

* 从历史的记录中，我们能够确定地了解到当时的事实情况：当蒙古人占领了一个曾经抵抗过他们的城市之后，会杀死所有的男人，至于女人，比较文明的说法是，暂时将她们吸收为蒙军的随行人员。

第八章
CHAPTER 8

血缘关系、
语言和文化
是怎么来的

大约四万年前，解剖学意义上的现代人出现在欧洲大地上，他们的出现是以一系列崭新而独特的工具和艺术品为标志的，人们通常把这段时期称为旧石器时代晚期。从此，更有杀伤力的新式武器开始普及，其中包括类似标枪的长矛以及长矛投掷器*，还有弓箭等技术创新的产物。同时出现的，还有做衣服用的精细的锥子和针、油灯和铺着石子地面的小木屋。这种文化活动的大爆发也蔓延到了装饰艺术上，涌现出一大批艺术品，诸如洞穴岩画，用象牙和石头雕刻的"维纳斯小像"（图 8.1），投掷器的马头形把手，还有骨笛和象牙板上刻的日历等等。从这时起，也开始出现刻意墓葬，死者的尸体和丰富的陪葬品被埋在一起。这种现象说明了那时候的人们可能已经有了来世的意识，觉得死者也需要日常生活的

---

* 长矛投掷器实际上就是一根一头开槽的棍子，矛的尾端可以插入其中，起到了增加投掷手臂长度的效果。这样，在投掷的时候能产生更大的角动力，比仅仅依靠手臂力量投掷的矛飞得更快更远。

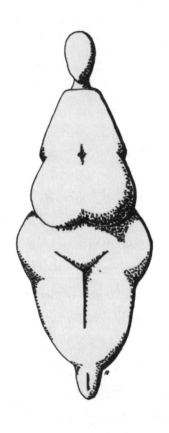

图 8.1

法国南部列斯普格的维纳斯小像，距今两万五千年。

根据 Lewis-Williams（2002）重绘，© Arran Dunbar 2014。

用品。就这样，现代思维终于到来了。

当然，这并不代表说，某一天某个人突然开窍了，于是开始创造这些新鲜的物品。相反，这是一个漫长的积累过程，在非洲，有考古记录可循的历史就至少有十万年之久。事实上，这个时期主要是从四万年前开始，然后，经过接下来两万年的蓄势，突然在质量、数量和种类上发生了戏剧性的爆发。这种爆发在欧洲特别明显，但绝不仅限于欧洲。

虽然，更为精良的工具占据了这时期文化发展中很大的比例，因此依然是围绕着觅食的需要展开的，但是，其中也有相当一部分与觅食无关的内容，比如洞穴艺术和维纳斯小像，就很难从觅食的角度去理解。相反，这些艺术品的出现，很有可能是为了解决一个困扰了人类进化很久的问题。这个问题在人类进化的最早期就出现了，到了智人时代后，这个问题的急迫性更是达到了顶点。这个人类进化过程中面临的关键性问题就是如何在分布于广阔区域的大型社会化群体中维持凝聚力。因为所有这类机制归根到底都是文化性质的，那么，语言就必然扮演了一个关键的角色。

语言为什么会产生

历史上，比较一致的看法是，语言被进化出来，是因为人们需要交换对这个物质世界的真实描述。但是，也有另一种看法认为语言的产生是为了促进社会性的联系，至少对于解剖学意义上的现代人来说。这两种观点的一致之处是都认同语言语法结构的设计是出于交换信息的目的。而它们的分歧在于鉴定哪一方面的事实对人类的生存来说更加重要，是功能性还是社会性。也就是说，这两种看法的不同点在于对语言主要功能的看法不同，语言的次要功能被认为是无关紧要的副产品，是拥有了语言的主要功能之后免费附带的。

问题在于，并没有什么原则性的理由让我们在两个观点之中做出选择。而且，在没有可比较数据的情况下，很难检验这两个观点（毕竟我们是唯一拥有语言的物种），也没有任何相关的考古学证据（哎，对话可不会变成化石）。一个可以用于区分这两种假设的方式是，测试提问对象更容易记住哪一类信息，这个方式的前提假设是认为人类大脑被设计成了特别关注某类信息（语言就是为了这类信息而产生的），而不那么关注另外一些信息。这个方式背后的逻辑很简单，那就是即使一种特征在经过后期改造后拥有了其他功能，但是，它为之而生的主要功能总是最自然最直接的。显然，这并不是测试这些特征主次顺序的最好方法，但是也许已经是我们的最好选择了。

有关语言的社会性假说，曾经有过三个不同的版本：为了交换社会关系信息（也就是我最初的八卦假说）、为了正式约定和公开宣言（也就是社会契约假说，最初由特里·迪肯提出）和为了吸引和挽留异性伴侣（这是最早由进化生物学家杰弗里·米勒［Geoffrey Miller］提出的山鲁佐德［Scheherazade］假说）。

八卦假说非常简单，按照这种假说，语言的产生是为了交换可以用来建立和维持社会关系的信息，让每个人都能对其他所有的人有一定程度的了解。这种信息和了解，如果都要靠面对面的互动交流显然是难以做到的。也就是说，我们可以通过八卦，了解有关他人相互之间关系的信息，表达对他们行为的看法，而这些信息，是不可能通过直接的观察来获取的。

在提出社会契约假说时，迪肯考虑的是关于婚姻关系的契约。他指出，在狩猎时代，按照性别的分工，男性出门打猎，一去数日，而他们的伴侣则留守家中，无人保护。在这种情况下，他们的伴侣被对手趁虚而入的风险非常高。于是，一些相互间的语言承诺就变得很重要，以明确对性伴侣的所有权，明确后代的生身父亲。所以，迪肯认为这些承诺就是比如婚姻这种象征性契约的基础。这个论点很有说服力，因为父亲身份的确定，对于男性来说，是进化中的一个重大议题。女性总是知道她们的孩子是谁的，但是男性就不同了，他们不可能百分之百确定。他们可不愿意做冤大头，把时间和精力花在别人的孩子身上，而且，自然选择也是不会奖励这样无私的举动的。但是，诸如此类的契约是语言的起因还是结果呢？婚姻契约的前提是劳动力的分工，而按照性别的分工，可能是男性在开始大规模的狩猎之后才形成的。

　　和迪肯的观点不同，米勒则提出，语言的产生始于寻找潜在的伴侣，以及在配对后继续保持伴侣关系的需求。他指出，这就是为何语言（尤其是男性的语言）经常显得华丽而冗长，因为把语言运用得娴熟自如，能显示机智和聪明，也就是显示你具有良好的基因（大脑）。性选择是进化中的一个尤其强有力的推动力，它总能很好地利用自然选择提供的所有优势窗口。所以，用语言来推销自己，很可能是在性选择中使用语言的结果，而非语言产生的主因。

　　为此，我们做了两组系列实验，以测试语言的各种功能，根据被试对讲述过的故事内容记忆的多少，来测试人类大脑究竟最适合接收哪一类的信息。两组实验得出的同样结果是，人们都更多地记住了社会信息，而不是物质世界中的一些事实性信息。同样，对网络上微博内容记忆的测试也得出了一致的结果。这些研究结果说明，社会信息的交换对于我们来说是更加重要的，或者，至少说明这类信息更加容易引起我们的注意，因此也更容易被记住。

　　我们的第二项研究，由吉娜·雷德黑德（Gina Redhead）策划并实施，其目的是为了对四种假说（其中三个为社会性，一个为功能性）进行直接的测试。在这项实验中，每个假说由不同的故事来展示，另外还增加一个社会性的版本，侧重于伴侣间的亲密关系（这个版本纯粹是社会信息交换假说的八卦版）。这项实验在设计上的一个可圈可点之处是，米勒的山鲁佐德假说由一个功能性的（而不是社会性）的故事来展示，并且用华丽的语言来表达。结果显示，人们对三个社会性故事的记忆明显比两个功能性故事的记忆来得深刻（图8.2），至于对三个不同的社会性故事的记忆，并没有差异。更为重要的是，用华丽版的功能性故事（一个关于蜜蜂产蜜的故事）所产生的结果，和基本版所产生的结果几乎一样，这说明了巧舌如簧的口头表述本身也许并不是语言功能的核心，虽然在后期的发展过程中，有可能伴随着性选择而进化成了语言的特性之一。

语言的分布为这个议题提供了更多有用的线索，若干年前，丹尼尔·内特尔（Daniel Nettle）就发现，一个语言群体的规模（讲某种现代语言的总人数）以及这种语言所覆盖的区域，都和纬度有关，或者，更确切地说，是和植物生长季的长度有关（纬度越高，季节越分明，因此适合植物生长的时间越短）。他认为，在季节分明的区域，气候多变而且生长季很短，因此需要在更大的范围里建立交换或贸易关系。辽阔的地域提供了更多的选择，当原先的居住地状况恶化，至少还有别的地方可以去。在这种情况下，为了能从邻居处寻求帮助，就要有能力和他们进行交流，这就意味着大家需要共享一种相同的语言。同样重要的是拥有共同的世界观（比

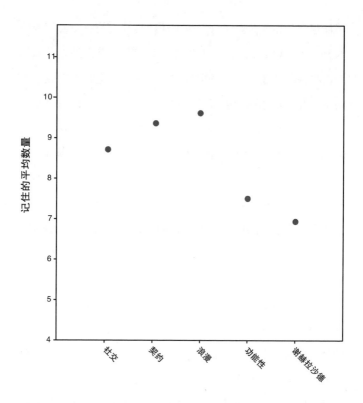

图 8.2

对短暂图案记忆的平均数，体现了不同的语言功能假说。从左到右，是这些不同的版本：八卦假说（普通社交八卦和情侣关系八卦）、迪肯的社会契约假说、功能性假说（用来交换事实信息）以及米勒的谢赫拉沙德假设（支持功能性假说的华丽版）。

根据Redhead和Dunbar（2013）的图表重绘。

如道德观念和对世界的看法等等），有了共同的语言，就能分享世界观。在我们对友情的研究中发现，拥有共同的语言和世界观，对加深和巩固友人间的情谊起到了非常重要的作用（见第九章）。

我们的实验结果除了显示人类记忆不能很好地折射非社会性世界，它也告诉我们，人类不是那么热衷于交流关于物质世界的信息，除非这些信息能够让自己的亲朋好友获益。美国东北缅因州龙虾渔夫的故事就是一个很好的例子，这些在海岸边捕捉龙虾的渔夫用无线电交流有关龙虾出没的信息，但是，克雷格·帕尔默（Craig Palmer）发现，如果在一个有着众多陌生人的大型群体里，这些渔夫显然不是那么愿意广播龙虾讯息。相反，如果是在一个小型的群体里，成员基本上来自同样的圈子，而且大家相互认识，大家就比较乐意交换这类的信息。因此，信息的交换只能发生在我们用语言建立了某种社会关系之后。

语言有个显著的优势，它改变了建立社会关系的渠道，从一对一的物理渠道（相互梳理）变成一对多的声音渠道，从而实现同时给多个人"梳理"的效果，有助于建立规模更大的群体。语言可以通过三种方式来达到这些效果，一是通过交流自己对这个世界的看法（建立共同的世界观），二是通过讲述故事（关于我们是谁和我们来自何方的故事），三是通过讲笑话让大家欢笑。我会在下一章中针对第一种方式做深入的探讨，所以，在这里我着重讨论后面的两种方式。语言的进化永远地改变了欢笑的性质，之前，欢笑只是某种形式的和声，因为某一突发的事件（或许是表演，或许是别人的尴尬事）而同时爆发出来的笑声。这种笑声也是对该事件的简单注解，但是，这样的事件并不会经常性地发生，而且也不可预测，所以，欢笑的间隔毫无规律可循。然而，语言的出现改变了这一切，让我们能够更有效地管理欢笑。于是，我们可以随时用讲笑话的方式来触发欢笑，不论是在白天还是在夜里。笑话总是关于他人的心理状态，需要更高度的意向性才能理解，尤其是在用到隐喻的时候（在这种情况下，没有心智化能力是不可能理解的）。所以说，欢笑作为一种社会联系工具，因为有了语言的介入，它的效率被提高到一个前所未有的程度。但是，笑话只是有了语言之后出现的一个副产品，而并非促使语言产生的原因。编造笑话有个前提，要求我们首先要能够理解别人的心智状态，才能用笑话的形式去取笑别人。

　　讲述一个故事，无论这个故事是叙述历史上发生的事件，或者是关于我们的祖先，或者是关于我们是谁，我们从哪里来，或者是关于生活在遥远的地方的人们，甚至可能是关于一个没有人真正经历过的灵性世界，所有这些故事，都会创造出一种群体感，是这种感觉把有着共同世界观的人编织到了同一个社会网络之中。重要的是，故事还能让我们明白，生活在旁边那条峡谷里的人们是否属于自己人，是否可以和我们同属一个群体。这样一来，就具备了创造出 150 人以外的另一个社交层次的潜力，否则的话，我们的群体中的成员只能局限于那些我们真正认识的个体。

不管讲述的是什么内容，围坐在火塘边，伴着跳跃的火光讲述着引人入胜的故事总能创造出温馨的氛围，在讲故事的人和听故事的人之间形成一种亲密的联接，也许，是因为被激发的情感会促使内啡肽的分泌，有益于群体感的建立。在大多数的传统社会里，成人礼经常是很可怕的经历，然而，共同体验这种经历的人们，却会有永远的兄弟情感和互相承诺。讲故事一般都在晚上进行，这应该不是偶然的安排。人们对黑夜有天然的恐惧，有经验的讲故事的人会利用这种情绪，从而加强刺激人们的情感反应。黑夜屏蔽了外面的世界，能让人们产生更加亲密的感觉。

在结束这一节之前，我们应该稍作停留，思考一下，语言这个用来交换信息的实用工具，有着一个很奇怪的特性，那就是它们会不断地形成不同的方言，而方言又会很快发展成互不相通的新语言。比如说英语，现在就有六种不同的官方版本。*这些版本都是在过去这一千多年里产生的，有些甚

---

* 这六种是：英语（在美国和英国使用的语言）、莱兰语（或称为低地英语）、苏格兰英语（苏格兰南部非盖尔语的传统语言）、加勒比海英语、城市黑人切口（美国城市黑人语言）、塞拉利昂克里奥尔语和新几内亚混杂语。这些语言在语法结构和用词方面都有很大的不同。

至就在数百年前产生。如果语言是用来合作的工具,那么它又为什么会如此的低效,以致相邻的群体都不能互相听懂对方?简而言之,为什么方言会如此明显地标记出你的来历?

看来,答案似乎在于方言能够识别来自同一地方的小群体成员,至少在小范围内,群体成员之间很可能是有亲属关系的。即使在当代世界,方言的变化依然非常快速(如果不能说是十年一变的话,至少也是一代人会有一变)。所以,方言不仅能透露出人们来自哪里,甚至也透露出他们属于哪一代人。如果说,语言的存在只是为了交换功能性的信息的话,那么这些特性就毫无意义。但是,如果说语言的进化目的也包括创造和维系小群体内部的专属关系的话,那么,这些特性就变得顺理成章了。

确定血缘关系

语言有一个重要的方面,甚至于被很多人认为它构成了语言的起源,这就是语言在称呼有血缘关系的亲人中起到的作用。虽然,给人起名字的做法很可能从远古时期就开始了,但是没有特别明确的理由让我们认为,称呼亲属的历史也有这么古老。从另一方面来说,血缘关系的分类(比如兄弟、姐妹、祖父、姨妈和表兄妹等等称谓)实在太复杂,它不仅需要归纳的能力,还需要有在语言上分类的能力。而且,由于血缘家谱是个自然嵌入的结构，它还需要处理嵌入结构的能力。

给血缘关系贴上标签，这种方法使得我们只用单一的词语就能准确地描述两个人之间的关系。人类学界普遍认同的是，一共有六种血缘关系命名体系，它们分别是夏威夷、爱斯基摩、苏丹、克罗、奥马哈和易洛魁。六个体系的名称，分别取自六个采用不同命名体系的部落名称。这些不同体系之间的主要差别在于是否区分并行的和交叉的表亲*，后代是按单边还是按双边计算。† 这些命名体系为什么会有这样的差异，至今还没有令人满意的解释。总之，因为亲属命名体系的重要功能之一是确定两个人能否婚配，所以，这些体系很可能是反映了这些不同地区在婚配和继承方式上的不同。例如，克罗体系和奥马哈体系互为镜像，看起来很可能是由于父系确定性（paternity certainty）程度的差异所造成的（其结果是，一个是父系社会，一个是母系社会‡）。有些体系可能有文化和历史上的原因，但是，另外一些或许是出于当地的资源短缺

---

* 并行（parallel）表亲是父母的同性兄弟姐妹的孩子，交叉（cross）表亲是父母的异性兄弟姐妹的孩子。

† 单边血缘关系是只计算父母中单方的血亲，双边血缘关系是计算父母双方的血亲。英语的习惯是算双边血亲的（我们用同样的 cousin、aunt、uncle 等词语来称呼父母双方的亲戚），但有些语言（如盖尔语）则用不同的词汇称呼父亲或母亲的亲戚。

‡ 只通过女性的后代确认血缘关系的母系继嗣体系，似乎主要存在于父系确定性低下的文化中（也就是男性不能确认他妻子所生的孩子是否的确是他的骨血）（请参照 Hughes 的论述，1988）。

和生态危机，比如，如果像土地这种可以传给子孙后代的资源需要被其中一个后代独占的话，血缘关系立刻就会变得尤其重要，因为这决定了谁可以获得继承权。

　　人类学家有时会认为，生物学并不能解释人类血缘关系的命名体系，因为，在很多社会里，没有生物学关系的人也会被确定为亲属。有两个各自独立的理由可以证明这只是一个似是而非的结论，理由之一是，这个结论只是基于对生物学血缘关系过于简单的理解，我们对待姻亲的态度最能说明这一点，在英语中，我们称呼姻亲亲戚（即和我们没有生物学关系的亲戚），用上了和称呼有生物学关系的亲戚同样的词，比如岳父（father-in-law）和嫂子（sister-in-law）等等。在这点上，我和马克斯·波顿－彻里欧（Max Burton-Chellew）的看法是一样的，我们之所以在感情上把他们当作和自己有血缘关系一般的亲人，有一个很好的生物学上的原因，那就是他们和我们共享下一代的基因。我们习惯于认为遗传关系反映了过去的历史（也就是说，两个算是亲戚的人，在族谱中是如何可以追溯到一个共同祖先的）。虽然用这样的方式来判断两个人之间的关系显得很方便，但实际上，从生理学的角度来看，这却不是问题的关键所在。奥斯登·休斯（Austen Hughes）有一本格外有见地、但是不被广泛接受的著作（主要是因为书中有太多的数学知识），休斯在书中指出，血缘关系的关键所在不是去回溯过去的联系，而是着眼于未来的后代。姻亲对婚姻中后代的重要程度不亚于任何其他有血缘关系的亲戚，所以，他们也应该得到其他亲戚同样的对待。休斯的这种观点，是对血缘关系的更为成熟的阐述，从而巧妙地解答了人种学中大量有关亲戚关系的确定和共存的问题，而这些问题在人类学家看来是无法从生理角度去解释的。

理由之二是，在传统小型群体中，所有人之间都是亲戚关系，无论是属于通过生养的血亲还是通过婚配的姻亲。而那些互相之间没有关系的少数人，也很快就会通过婚姻、领养或者认干亲等等方式，和群体中的别人形成某种关系。即使有些人只是被误解为有亲戚关系，或者，某些人之间其实只是形式上的干亲关系，这些都不足以说明整个命名体系不遵循生物学原则，少数的几个例外是不会对生理血缘关系的进化过程造成干扰的，*再说，生理学中的一切都是基于统计上的概率，而不是绝对的。要推翻这一点，需要足够的案例来证明命名体系确实超越了生理关系，而事实上，它们从来不曾被超越。被领养的孩子会把养父母当作他们的亲生父母，但领养这种方式本身就是比较小概率的事。而且，在传统社

---

* 原因是如果沿着家谱往回追溯，基因关联性很快就会衰退，尤其是在小型群体中，只要倒回去六代以上，所有人之间的关联性就都一样了，多多少少都有点沾亲带故。Hughes（1988）认为家谱的引入是一个天才的解决方案，比如，如果我和你想要找到我们之间的关系，就不能找正值青春期的人，这个年龄段的人每年都有可能发生变化，很难找到一个属于我们之间关系的稳定支点。Hughes 发现，而从前的某个远祖，就能成为定义我们之间关系的一个不变的支点。更重要的是，这个祖先是否真的存在过也无关紧要，只要在家谱中的位置足够高，对于定义两人之间的关系就无任何区别。

会中，即使有领养发生，也经常是由亲戚来领养的（这个结论有人类学的研究来证实）。真正意义上的亲情关系，只会在孩子很小的时候就被领养的例子里才会发生（即使这样，孩子的感受也比父母要强烈得多，毕竟父母从一开始就知道孩子不是他们亲生的）。

由于血缘关系的确定体系在总体上趋近生物学关系，那么，一个自然的假设就是它们产生于生物学血缘选择理论（biological kin selection theory）。*从这个角度看，血缘关系和朋友关系是两种非常不同的关系，我们和其他学者都做过很多研究，来比较人们在对待亲疏远近各不相同的家人和朋友时，表现出来的利他性的程度。所有的研究都发现，人们更愿意为家人做出利他的举动，即使家人和朋友处于同一个社交距离层次中（也就是他们所处的社交网络层级相同）。这似乎说明，偏向我们的家人是一种本能的反应，也许这就是血缘关系选择的结果。

但是，血缘关系中的某些现象，确实很令人费解。我们可能会觉得血缘关系中的亲密感来自从小一起长大，从幼儿时期开始就非常亲近了解。在这个意义上，血缘关系或许等

---

* Hamilton（1964）将生理血缘选择定义为一个重要的进化动力，如果我帮助我的兄弟姐妹更成功地生育了后代，那么，无论我和他们共享的基因是什么，这个基因都会传给下一代，就像我自己生育了后代一样。Hamilton用这个理论来解释利他主义对血亲的进化，从此以后这个概念就在现代进化生物学中扮演着基础的角色。大致上来说，帮助亲戚的意愿，和亲戚跟自己的亲近程度成正比，而这种亲近程度，可以准确地通过了解他们的长辈而计算出来。

同于某种非常亲密的友情。但是，我们对某些远亲（比如远房表兄妹，还有曾祖或曾曾祖辈的亲人们）产生的亲密感并不亚于近亲。然而，这些远房亲戚对我们来说只是语言学中的一个名词分类（比如说，杰克是你的远亲，这仅仅意味着你们有一个共同的曾祖母）。但是，在你被告知某人和你有亲戚关系的这一刻，虽然他只是远亲，你们也未曾谋面，你也马上会把他放到一个和朋友不同的类别中。这是很不寻常的，仅仅一个语言标签，就能激发出强烈的情感反应，这种反应按理说只应存在于有深度情感和生理联系的近亲之间。

这就引出了一个可能性，有可能血缘关系是一条"捷径"，当面对复杂的人际关系时，血缘关系省了我们很多时间，让我们快速地做出决定以应对。在这种情况下，我们只需要知道一件事，那就是确定他们和我们是否有血缘关系（也许还可以加上这种关系的亲密程度）。相反，在对待朋友时，我们需要根据过去的交往，以决定在不同的情形下该做出怎样的应对。正因为和血亲相关的信息处理过程简洁得多，所以，和血亲相关的决定会做得更快，认知成本也更低。从心理学的角度来说，这就意味着血缘关系是一个隐性的过程（换言之，自动的过程），而朋友关系是一个显性的过程（必须经过考虑）。在一个成员之间都有亲属关系的小型群体中，血缘关系的确定，能帮助你为每个成员提供一个"短平快"的认定方法。

在一个异族通婚（夫妻中的一方来自族群外，而另一方终生生活在族群内）的社会中，一对夫妻可以追溯两代的亲戚，也就是有着共同的曾曾祖辈的亲戚（即现在生活着的三代，祖辈、父辈和子辈）差不多正好是 150 人。或许，这并不是巧合，在一个族群中，这些就是差不多所有人能够数得清的亲戚关系人数。令人吃惊的是，所有的血缘关系确定体系，都没有逾越这个自然界定的 150 人家谱成员数目。*所以，这些体系似乎都是为了维持这些人类自然群体成员的关系而设计的。

宗教的位置

讲述故事是所有宗教的重要组成部分，宗教故事里，有那些在很早很早以前就死去的祖先，有生活在鬼神世界的存在，也有富有魅力的宗教领袖和圣徒，这些都是宗教故事常见的要素。在传统的小型社会中，宗教是一种你能够直接感受到的体验，通常来说，这种体验和和萨满巫师以及迷幻的状态有关（图 8.3）。音乐和舞蹈在巫师的法事中起着重要的作用，常被用来（有时还会配合以药物）对信徒施展法术，直到他们彻底丧失理智，进入出神迷离的状态。在这个状态下，他们会进入超自然的世界，在祖先或是神灵的带领下漫

---

* 皇室和贵族通常能追溯到更早的祖先，但这是个特例。他们对土地的所有权以及其他特权通常是通过世袭继承而来的，他们那些长长的家谱，就是为了证明这些权利都是合法继承的。

A

B

图 8.3

史前宗教，（a）跳舞的兽人（鹿头"巫师"），来源：Les Trois Frères 画廊，River Volp 洞穴群，法国，距今一万两千年前。（b）桑族迷幻舞蹈，非洲南部桑族岩画艺术。

根据 Lewis-Williams（2002）重绘，© Arran Dunbar 2014 。

游世界，或许还会面对恶魔的挑战，就像霍比特人在《指环王》中那样。显然这种超越现世的漫游只存在于他们的意识中，但是，他们的感觉会强烈到似乎身临其境。

到这里为止，语言对于宗教的重要性还没有体现出来，因为宗教只是你的体验，并不是什么高深的、认知层面的神学理论。或许你也想告诉别人你在精神世界里的漫游，并且和他人达成某种可以交流的共识。但是，你不需要复杂的神学知识，你在神灵世界里遇到的大部分动物，其实也就是你平时所熟悉的，虽然有时会出现半人半兽的怪物（图 8.3a）。迷幻的状态以及如何进入这种状态的知识由来已久，最初很有可能是偶然发现的，或许，在海德堡人时期，当音乐和舞蹈在维持社会关系中变得越来越重要时，有些人如此忘我地投入歌舞之中，直到虚脱昏迷，然后就进入了迷离恍惚的状态。一旦知道了如何才能进入这个状态，再次复制就不难了。所以，在第一次的偶然发现之后，人类很可能有意识地去反复尝试再次进入这种状态。

世界各地的萨满教都有一些共同的主题。比如，穿过一个洞穴或隧道，然后进入神灵世界，在那里，有光芒的照耀，一个明亮的天地。比如，进入那个世界的旅途充满危险，于是需要一个好心的向导（可以是一位慈祥的祖先，或者是一个图腾性的动物）。还有，到了那里所有人都会担心再也找不到回家的洞口，这大概也反映出疯魔的舞蹈会耗尽体力，有人会因此倒地而亡。如果你愿意，你也可以将这种情形解释为他们是找不到回来的洞口，于是就留在那边了。

　　这类令人神志恍惚的迷幻舞蹈似乎在维系群体内的社会平衡上起到重要的作用。在非洲南部的布须曼人中，当群体中开始有矛盾、成员有互相争吵的现象时，他们很可能就会开始跳迷幻舞蹈。这种时候，这种舞蹈起到了抚慰人心，使其恢复平静的作用。在癫狂的起舞中，所有不和谐的记忆似乎被抹去了，所有恶化的关系似乎得到了修复。一场迷幻舞蹈跳下来，似乎能够把所有的社会关系重启到默认状态，让群体作为一个互助的关系网再次投入正常的运行。直到经过数周甚至数月的积累，另一些小的问题和矛盾不断加深，然后需要又一次迷幻舞蹈将一切困扰驱散。这种情况很可能反映出一个事实，因为迷幻舞蹈（或是说就是迷幻状态本身）和内啡肽的大量分泌相关，所以这是一种由来已久的治愈方式，用来维系成员之间的联系，修复人际关系中出现的问题。另外，内啡肽对我们生理和心理的健康都很有好处，所以迷幻舞蹈对整个群体的健康和社会凝聚力都是有益的。*

---

*　有些学者（如 Boyer，2001）认为，宗教并没有带来健康方面的益处，但这个结论似乎和事实相去甚远。有证据显示，积极参与宗教活动能带来广泛的优势（参照 Koenig 和 Cohen 的论述，2002）。在这个问题上，可能存在着一些概念上的混淆，所谓宗教的益处，到底是宗教本身（也就是相信神）带来的，还是积极参与宗教仪式和活动带来的。这两者之间是有差别的，如果仅仅是声称相信某种宗教，并不能带来什么益处，如果 Boyer 的着重点在这个方面，那么难怪发现不了任何益处。宗教的认知科学似乎只关注那些和教义宗教相关的复杂概念，而忽略了宗教体验中核心的高强度情感体验。

　　所以，宗教被进化出来，似乎是为了增强小型群体中的社会凝聚力和彼此投入的结果。但是，它有一个很不幸的副作用，那就是它不可避免地划分了自己人和别人的界线，形成了一种组内针对组外的思维方式。拥有共同的世界观，拥有同样的宗教体验以及拥有相同的行为准则，这些共性就像是一道分割线，把我们这个群体和山谷另一边的那些人区分开来，他们和我们不一样，他们就是些做坏事的坏人。

　　美国生物学家科里·芬彻（Cory Fincher）和兰迪·桑希尔（Randy Thornhill）在他们的一系列重要论文中指出，一个传统宗教的支持者数量、同一语言群体的规模以及个人主义和集体主义之间的平衡都和纬度有关。在赤道附近的人类群体规模较小，呈内敛型状态，成员之间有着紧密的联系。而靠近极地的群体规模较大，呈发散型状态，更加倾向于个人主义。他们同时论证了导致这种现象的内在驱动力，决定因素是病原体的数量。热带是出了名的疫病高发地区，即使在现在，那里也是很多新病害的发源地。他们的论点是，在这种多病原体肆虐的地区，健康生存下来的策略就是要避免和其他群体混合（尤其是要避免交配）。最好的办法就是坚守自己的群体，只暴露在自己的疾病之下，因为经过时间的洗礼，我对它们都已经具有了一定的免疫力。

　　这个观点和我前面提到的丹尼尔·内特尔的观点衔接得天衣无缝。内特尔的假设告诉了我们为什么高纬度区域的语言群体比较大，但并没有说明为什么热带地区的语言群体会比较小。相反，芬彻和桑希尔给出了为什么热带的群体比较小的原因，而没有给出高纬度的群体为什么需要加大的原因。像芬彻和桑希尔那样，只是说在高纬度区域，因为病原体较少，群体就可以比较大，这样的看法并没有解决我们在第二章中提到的大群体中社会和生物学方面的额外成本问题。但是，如果把这两个假设合并在一起，就会产生一个令人满意的答案。热带群体因为病原体的原因，规模比较小，但是，在高纬度地区，因为没有了这种选择性压力的制约，出于大型贸易关系的需要，群体也会随之扩展，变得越来越大。

在高纬度地区，我们需要更大的社会群体，但是，我们同时也需要建立一个机制以缓解大型群体不可避免的压力。在这种情况下，宗教仪式似乎能为维持群体凝聚力起到关键的作用。即使在今天，对一个宗教的信守，会增强一种群体的归属感，会使人们互相之间更加慷慨（有时候，对完全不认识的人也会有这样的慷慨，但是不可能始终这样做）。不过，我论述的要点并不在于宗教能让人更加社会化（那只可能是它的一个有益的副产品），而在于宗教能让人对特定的群体内的其他成员有更多的承诺。我会在下一章中再回来讨论这个议题，因为它对最后一个过渡至关重要。

考古学和来世

通常来说，考古学家只有在发现刻意墓葬的痕迹时，才会认定存在相信来世的证据。他们将刻意墓葬定义为有殉葬品的墓葬，殉葬品的存在，说明人们相信死者在来世需要这些日常必需品。所以，如果不是因为相信有来世，我们很难理解在埋葬死者时为什么还要花费这多心思和精力。为什么不直接把尸体扔在树林里，或者，像在胡瑟裂谷的骨穴遗址里发现的那样，把众多的尸体扔进洞穴后面的天坑里？

刻意墓葬在旧石器时代后期很普遍，在欧洲和非洲西部，已经被发现的遗址多达一百余个。然而，旧石器时代中期的这类墓葬遗址却少得多，至多不过三十几个，虽然这段时期覆盖的时间段要长得多。旧石器时代后期的墓葬和之前的所有墓葬有明显的不同，在大多数情况下，尸体都是双腿伸直，朝天仰卧的（当然也发现了两具呈俯卧状态的尸体，还有几具腿是弯着的）。但是，几乎所有旧石器时代中期，包括尼安德特人的墓葬遗址里，发现的尸体都摆放得毫无章法，更像是随意扔在那里的。

在很多旧石器时代后期的墓葬遗址里，都会发现红色的赭石粉末，在有些遗址里，赭石多到甚至染红了尸骨和周边的土壤。在有些墓葬里，比如意大利的封曲力诺石窟遗址（Grotta dei Fanciulli），放置于头部和骨盆部位的赭石粉末特别多。在旧石器时代后期的墓葬里，为什么会用到大量的赭石，我们至今不得而知。但是，这种习惯很可能是和身体装饰的仪式有关，因为赭石经常被传统族群用作涂抹身体的颜料。

很多这样的墓葬做得非常气派华美，而且，通常都会有大量的精致殉葬物品。我们在第七章中提到，在俄罗斯大草原上，有一处距今两万两千年的松希尔遗址，这个墓穴是在永久冻土层里挖出来的（当初人们准备这个墓穴，一定花费了很多功夫）。墓穴里，和两个孩子尸体埋葬在一起的还有品种繁多的珠宝、工具、象牙雕刻和装饰性鹿角，还有一根人的股骨，骨腔里塞满了赭石粉末。另外，还有十一支标枪和2.4米长的象牙长矛，放在他们的身边。在两万一千年前的西伯利亚玛尔塔（Mal'ta）遗址里，一个小孩的殉葬品有一个头冠、一条带坠子的项链、一条手链、一个雕像、纽扣、骨制小刀和其他工具。在法国西南部的克罗马农人（Cro-Magnon）洞穴遗址里，陪伴着尸体的是一堆打过洞的贝壳以及动物牙齿，在意大利的格里马迪（Grimaldi）洞穴遗址也发现了同类的殉葬品。在意大利的康迪德（Arene Candide），"年轻王子"之墓被认为是旧石器时代后期最华丽的墓葬代表之一。死者的身体上洒满了大量的红色赭石粉，佩戴着用猛犸象牙制作的垂饰，身边落着原本可能是手链的贝壳，他的一只手里还握着一把23公分长的燧石刀。在葡萄牙，一个安眠于两万五千年前的拉皮尔多五岁幼童，他脖子上的坠子，是用穿孔的贝壳做的，他头上的发冠，是用四匹不同的马鹿的牙齿做的。事实上，项链和发冠尤其普遍，在旧石器时代后期的三分之二墓葬中都有发现。

旧石器时代后期的墓葬还有一个非常明显的特点，那就是经常以集体墓葬的形式出现。在松希尔遗址，两个儿童的尸体头对头埋在一起，边上还有一个成人。在黎凡特的卡夫泽（Qafzeh）遗址，一个旧石器时代后期的妇女（标号 QafzehⅨ）和她的婴儿埋在一起。在法国的克罗马农岩石洞穴，五具尸体（其中包括一个婴儿）被埋在一起。在捷克的下维斯特尼采（Dolni Vestonice），三具成人尸体（很可能是两个男性一个女性）被埋在一起。最大的集体墓葬出现在捷克的普拉德莫提（Predmosti）遗址，一共发现了在不同时间里埋进去的十八具尸体。这样的集体墓葬形式，在旧石器时代后期之前是没有的，这样的集体墓葬似乎在暗示，这些埋在一起的死者，将要一同前往另一个神灵世界。或者，像普拉德莫提那样的形式，隐含着后来的死者要追随先行者，一同前往。

这些发现告诉了我们，至少在两万五千年到三万年之前，有关来世的信仰已经形成，人们相信人死后将要去往一个神灵世界，或者，在活着的时候也可以通过迷幻状态而进入这个神灵世界。这是我们所能够确认的最晚时期，很有可能的是，这样的信仰已经存在了很长一段时间。但是，有一点是很明显的，这些信仰，及其相关的活动，只在解剖学意义上的现代人中存在。没有任何证据可以表明海德堡人或尼安德特人也有这种复杂程度的活动，这个结论似乎能够佐证我们的观点，那就是这种复杂程度的宗教，是在解剖学意义上的现代人这条支线上开始的。而且，宗教的发展，很可能是现代人类得以维系更大群体的关键所在。

图 7.4 所示的心智化能力发展方式也暗合了我的结论，个人宗教信仰的复杂程度是基于个人心智的意向性程度的（表8.1）。虽然在三度或四度意向性层面上，也可能有某种宗教，但是，当意向性达到五度时，人们在信仰的质量上会真正上一个台阶。包括尼安德特人在内的古人似乎没有超过四度意向性的（图 7.4），因此，他们就可能不会有很复杂的宗教，这到底意味着什么还不是很清楚，但是，根据有限的考古证据，我们得知古人虽然宗教活动频繁，但是其复杂程度显然是很低的。

另一类宗教信仰的证据，是在史前的洞穴中发现的岩画。自从我们最初在西班牙北部的阿尔塔米拉岩洞（Altamira）里发现了岩画（图 8.4），之后的大约一百年间，已经发现了一百五十多个有着新石器时代后期岩画的洞穴，艺术家们用动物、人体和抽象物体的图案，装饰洞穴的墙面和顶部。有些图案是用天然颜色画上去的，也有些是以蚀刻的方式，用手指在较软的墙面上进行白描和涂鸦。

这些有岩画的洞穴大部分集中在在西班牙北部和法国南

意向度	可能的信仰陈述	宗教形式
一度	我相信神[... 存在]	存在信仰
二度	我相信神会[... 出面，如果你不遵守他的律法]	超自然事实
三度	我想要你相信神会[... 出面]	个人宗教
四度	我想要你相信我们要神会[... 出面]	社会性宗教
五度	我想要你相信神知道我们要神会[... 出面]	公共宗教

表 8.1

心智化能力（以意向性度数表示）和宗教信仰的复杂程度。

来源：Dunbar（2008）

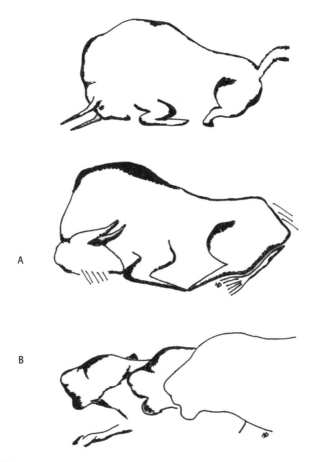

图 8.4

  欧洲旧石器时代晚期的岩画。（a）西班牙北部阿尔塔米拉岩洞中的野牛（距今一万两千年前）。（b）法国南部肖维岩洞中的三只雌狮（距今三万年前）。

  来源：根据 Lewis-Williams（2002）重绘，© Arran Dunbar 2014 。

部（图 8.5），但也有一部分远在德国南部，甚至英国。一些岩洞因为洞顶坍塌，已经很难进入，也有一些岩洞的洞口已经没入海底。比如位于法国地中海海岸的科斯奎岩洞（Cosquer Cave），只有潜入海底才能到达洞口，因为在一万年前最后一个冰期结束时，海平面升高了一百二十米，把原本在海平面之上的洞口淹没了。史前的岩画艺术非常丰富，比如在南非的布须曼人以及在美国新墨西哥州和亚利桑那州的旧石器时代土著居民都有大量的创作。这样看来，位于欧洲和非洲开阔区域的很多岩画没有能够保存下来，而保存至今的欧洲岩画，很可能是因为洞穴较深，躲过了岁月的侵蚀。

　　一直以来，判断岩画的准确时间都是个难题，直到近期科学技术的发展，让研究者可以取用极少量的颜料样品，进行分析研究。虽然有些岩画的年代并不久远（著名的法国拉斯科洞窟［Lascaux］距今大约一万五千年，西班牙的阿尔塔米拉岩洞和沃尔普［Volpe］洞穴距今只有一万两千年）。另一些岩洞却比人们想象的要古老得多，在法国，肖维岩洞、列斯普格岩洞（Lespugue）和科斯奎岩洞分别距今有三万年、两万五千年和两万七千年之久。

　　大部分岩画的内容都是成群的动物，主要是马、牛、羊、猛犸象和犀牛，偶尔也会出现狮子、鱼和水鸟等动物，画中的这些动物常常是挤在一起，图像相互重叠，呈现密集繁杂的状态。有时候，艺术家会利用岩石的自然形状来表现一只

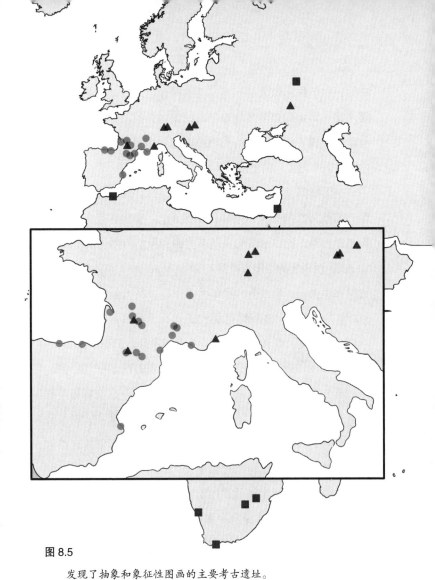

图 8.5

发现了抽象和象征性图画的主要考古遗址。

● 装饰洞穴

■ 个人装饰

▲ 维纳斯小像

来源：Klein（2000）Bailey 和 Geary（2009）和大阪城市大学（2011）。

动物，赋予作品惊人的动感。在有些作品中，动物的形象必须从某一特定的角度才能看见。抽象的几何图形以及点和线也经常出现，但是，描绘人物的图案却少得出奇（虽然人物主题在南非狩猎族的史前岩画中经常出现）。

毫无疑问，在所有的岩画作品中，最让人惊奇欣喜的是看到那些留在洞壁上的手印图（图 8.6）。手印在很多洞穴里都非常普遍，比如法国的科斯奎岩洞和佩斯梅尔岩洞（Pech-Merle）、西班牙的圣维森特洞穴（San Vincente）和普恩特维斯戈洞穴（Puente Viesgo）都有手印作品。在人们发现的总共 507 个手印中，大多数是把手放在岩石上然后再喷上颜料的"负片"。但是，在肖维洞穴中，有两组手印，一组 48 个，一组 92 个，都是用手沾上颜料之后，再按到岩石上的"正片"。

至于旧石器时代晚期的人类为什么会创作这些岩画，我们至今仍然不太清楚。不过，画中出现的大量动物，以及看似从动物侧面穿出来的箭头，很容易让人联想到创作这些岩画是一种仪式，为了祈求狩猎平安，有所收获。很多岩画中的确出现了众多通常被捕杀的动物，但有时候也会出现一些捕食动物，比如肖维洞穴中那些画风夸张的母狮（图 8.4）。也有一些人认为，这些画作和成年礼或者其他仪式有关，有些手印太小，不像是成年人的，有些画的地方很低，也不是成人容易够到的（当然也不是不可能），这些迹象都显示小孩也会被带到洞穴里。还有一种解释是，这些岩画描述的是巫

图 8.6

西班牙北部方廷西林洞穴手模的局部拓印，距今两万年前。手模画的制作过程可能是将颜料含于口中，然后喷向按于岩壁的手上。

根据 Lewis-Williams（2002）重绘，© Arran Dunbar 2014 。

师在迷幻神游时看到的另一个世界的情景，这个观点的证据是图 8.3a 中那些半人半兽的图案。但是，这些图案也可能是某些特殊俱乐部和组织的图腾或象征，如果真的是这样，那么，正如我们将要在下一章中展开讨论的，这些图案和男人俱乐部的特殊仪式或迷幻舞蹈有关。

为什么有这么多社交层次？

我曾经说过，宗教信仰和讲述故事对维系灵长类的大型群体很重要，当然，这里所谓的大型群体是按照原始社会的标准，那么，再让我们来深入地探讨一下，在现代人类社会中，这些活动又会起到什么作用。我在第三章中指出，150 人的自然群体在社交意义上并不是同质的，而是按照不同的情感和社交质量，分成一系列不同的社交层次。在这 150 人中，我们会和其中的一小部分人保持紧密的联系，因此，和他们在一起度过的时间就会多很多。我们把社交圈分为四个层次，它们分别含有 5 人、15 人、50 人和 150 人。当然，这些层次还可以再延伸，达到 500 人和 1,500 人（图 3.4）。其实，这种分层结构的体系本来就是灵长类社会的特性，所以这种层次结构本身对人类来说并没有什么特别之处。但是，人类社会的特别之处在于层次的数量，那么，这些不同的层次起到了什么作用呢？对这个问题的回答，为我们下一章即将开始讨论的第五次过渡提供了一个关键性的框架。

灵长类群体的分层结构的缘起，是为了形成联盟或者互助体系，以对冲个体在大型群体中生存的代价。因此，每一层的架构都是为了支撑上一层，上层是从下层中间浮现出来的，两个层次密不可分。人类社会的分层架构也是出于同样的原因，在每一个层次上，内层较小的群体是其外层较大群体存在的基础。

从某些角度来说，最容易解释的是 15 人层次，依照梳理小群体的规模和灵长类新皮质层大小，这个结果是可以推测出来的。在猿猴群体中，梳理小群体（也就是经常性在一起互相梳理的伙伴）的存在，是对大型群体生存压力的缓冲（见第二章）。所以，这个梳理小群体的规模会随着整个大型群体的规模的增加而同步增加。事实上，梳理小群体的存在，就是为了避免别人来骚扰你，从而减小身处大型群体之中的压力。身处的群体越大，要面临的压力也越大，作为联合防御体系的梳理小群体的规模也要相应扩大，才能有效地抵挡外来干预。用猿类等式来预测的人类亲密小群体的规模正好就是 15，这就告诉我们，这种规模群体的存在，其真正作用可能就是减少生存压力。事实上，这个社交层是我们的依靠，是为我们提供社会和经济上以及日常生活中的支持的基础，在我们需要的时候，这个层次里的人们会毫不犹豫地提供帮助。

在 15 人层次内部的核心 5 人层次其作用或许是提供更亲

密的情感支撑，这个层次的存在，表明了人类拥有更复杂的心智化能力，但是这种能力同时也让人类在心理上更容易受到伤害，这是我们和其他灵长类远亲的不同之处。心智理论能力和更强大的思维能力能使我们预见到现在的行为可能导致的未来的后果，因此我们会对将来可能降临到我们头上的可怕事情心怀恐惧，这些心理活动都是其他动物绝对不可能有的。在这种情形下，有一个可以伏在上面大哭一场的有力臂膀，对我们的心理健康就非常重要，也对我们鼓起勇气面对比其他灵长类复杂得多的社会非常重要。

在狩猎－采集族群中，50人层次最明显的特征是，这是一个集体过夜的理想规模。也许，这就是这个层次最原始的作用。其中的原因，部分是因为我们灵长类在夜间的视力不好，部分也因为我们睡在平地上，晚上是人类最容易遭到天敌攻击的时候。所以，我们只有依靠群体的力量，来抵御夜间来自天敌的侵犯。小型的树生灵长类只需要对付在白天出现的鹰类（主要是老鹰，在南美洲角雕也会对小型灵长类形成威胁），但是，体型更大的陆生灵长类更容易受到夜行动物的侵害。对于狒狒而言，最危险的天敌是豹子（夜行动物）、狮子（主要在夜间觅食）和鬣狗（夜行动物）。虽然50人的群体也为女性提供采集食物的环境（相对于男性，女性更倾向于结伴集体采集），但是，如果只是挖些根茎，采些莓子，没有必要组成这个规模的群体。所以，总体上来说，这个层次的功能主要是为抵御夜间捕食者的侵害，同时也能为白天觅食创造安全环境。

以下是我们总结的 50 人层次和 150 人层次的六大功能：一，保护成员不受猎食动物的威胁；二，保护生存区域或食物来源；三，保护生育期的配偶；四，为降低环境威胁的贸易协定；五，交换有关资源所在地的信息；六，防御邻近同类群体的侵犯（这就是所谓的战争假说）。通过一系列的研究，我们的结论是，战争假说（也就是为了抵御入侵者而形成 50 人和 150 人层次）是最有可能的一个解释（表 8.2）。大约在十万年前，人口突然开始了一个爆发期。根据社会大脑等式的推测，150 人层次就是在这个时候首次显示在考古记录中（图 3.3），也许，这并不是巧合。

当然，一旦有了一个紧密联系的群体做靠山，你自然就可以在更多的方面依托它。比如贸易协定可以给你更多的机会，在你自己所处的环境不适合生存的时候，去寻找贸易伙伴的帮助，到别处谋生，这也是大群体的另一个优势。同样构成优势的是，大型群体中的成员分布广泛，有关食物资源的信息也就相应的更加丰富。在多个狩猎社会中，都有关于交换贸易网络的描述。比如在非洲西南部的朱 / 霍安西部落（Ju/'hoansi），象征性的礼物被称为 "hxaro"，人们通过 hxaro 的交换，在部落中建立起一个分布式的互相支持的网络。hxaro 伙伴在居住地情况恶化时，会互相之间提供留宿

组织层次	大小	抵抗天敌	保护资源
家庭	~5	否	否
支线	~15	（也许）*	否
小队	~50	是	否
社群	~150	否	否
大队	~500	否	否
部落	~1500	否	否

（也许）* 表示这个功能可能成为一个自然涌现的特性（即当这个层次成立后可能出现，但并非选择这个层次出现的因素）。

资源交换	保护配偶	信息交换	袭击同类
否	否	否	否
否	否	否	否
否	否	（也许）	是
是	否	（也许）	是
是	否	是	是
是	否	是	是

表 8.2

现代狩猎–采集社会中六个群体层次的可能性功能分析。
资料来源：Lehmann等人的论述（2014）。

避难等方面的帮助。人类学家波莉·维斯纳（Polly Wiessner）记录了一个案例，在一个食物短缺的饥荒期，一个桑族部落将半数成员迁往远方的 hxaro 伙伴那里，如果不采取这样的策略，肯定会有人饿死。类似的交换网络在其他狩猎社会中也存在，也有迹象表明，这样的网络在欧洲旧石器时代后期就已经存在。

关于 hxaro 伙伴，很重要的一个特性是，他们并不属于住在一起的 50 人层次群体，相反，他们是住在别处的人。据维斯纳描述，在桑族里，hxaro 伙伴通常都相距四十千米左右。这个距离，按照人类学家鲍勃·莱顿（Bob Layton）和西昂·欧哈拉（Sean O'Hara）的研究发现，正好是热带狩猎－采集族群生活的平均半径。也就是说，hxaro 交换关系主要发生在 150 人层次这个级别的社群之中，这就再次证明了社群是交易行为依托的主体，而不是营地小组（band，一些学者在这个问题上有误判，见第三章）。

接下来，还需要分析的是我们所知道的 150 人之外的层次，根据对单种族社会的分析，这些层次是当代社会群体一系列层次的自然延伸（图 3.2 和 3.4）。有观点认为，500 人层次是保证了基因交换的同时又避免过分的近亲繁殖的最小值。在很多传统社会中，人们通常会避免和同一群体（150 人层次）中的成员结婚，而是会寻找邻近群体中的人结婚（也就是 500 人层次中的伙伴）。这样来解释的话，这个层次的存在就非常合理了，里面大部分成员是我们可称之为熟人关系的人，我们和他们之间是半熟络的关系。这种关系，不是基于互助互惠的个人关系，而是基于更加正式，也是更加类型明确的关系（当然，这些关系确立的前提完全就在于语言）。这点从择偶的角度来说很重要，因为两个群体之间的足够了解，是一个群体中的成员可以和另一群体中的成员成婚的基础。

现在，就剩下 1,500 人层次有待分析了。在民族学的习惯上，这个层次一般被定义为一个部落或者一个民族语言社群。这个定义是基于这个层次中的成员使用同一种语言这一事实。对这个层次最为合理的解释是，这个层次代表了一个贸易网络，这个网络覆盖了更大更宽阔的区域，能够在环境恶化的时候带来更多的缓冲。由莱顿和欧哈拉收集的热带狩猎群体样本，平均人数为 150 上下，覆盖面积大约 5,000 平方千米。所以，在一个贸易网络中，如果有 9 到 10 个这样的群体，覆盖的面积就有 50,000 平方千米（这是一个大约 225 千米 × 225 千米的区域）。在生态环境恶化时，或者遭受其他族群的入侵时，这个广大的区域就可以作为缓冲。这个面积也足以供人抵御灾难，毕竟灾难很少同步降临到这么大的范围内。

到现在为止，我们大概可以推断，部落层次的群体很可能是由数个 150 人群体通过贸易协定建立的。大约十万年前最后一个冰期生存环境的加速恶化，促进了群体通过贸易关系向外延展，这在时间上正好和人类最后一次脑容量的激增相吻合。很有可能的是，这个层次的出现，对现代人类能在四万年前以后成功地征服欧亚大陆高纬度地区起到了关键的作用。要维护这样庞大的延展性群体，必须依靠共同的文化背景和道德观念（以保证真诚相待和可靠互助），而这一切，正是解剖学意义上的现代人不同于之前物种的地方，是人类进化到发展到解剖学意义上的现代人这一阶段的结果。所以，迪肯的象征性社群（Deacon's symbolic community）的根源可能就出现在这里，因为到了这个阶段，人们开始有能力共同商讨协定。有了这样庞大群体的支持，在和尼安德特人发生冲突时，解剖学意义上的现代人也能占尽优势。面对解剖学意义上的现代人，尼安德特人大概是完全没有办法对付的，他们不具备召之即来的有力后援。

———————

本章描述的是人类文化的最终绽放，经历了六百万年漫长的生物演化之后，人类才站到这个高度。在这个过程中，人类演化历程中的最后一次过渡，也就是第五次过渡开始萌芽了。我们在本章中讨论的重点在于文化，文化是后天行为，是好奇和创新的产物。第五次过渡，也是最后一次过渡，是从迈进新石器时代开始。这一步标志着文化创新取代了生物进化，下一章的主题，就将围绕着这段重要的旅程展开。

第九章
CHAPTER 9

第五次过渡：
新石器时代
及以后

　　在最后一个冰期的末期，也就是大约一万两千年前，黎凡特的人们开始在村庄里住了下来，他们用泥砖和其他材料造了很多固定的房屋。这一天，距离他们"发明"农耕，进入后来定义的"新石器时代"还有好几千年。实际上，最初开始种植植物，很可能是为了保证更多的食物资源，喂饱定居地越来越多的人口。可是，为什么他们会选择定居下来，仍然是个未解之谜。一个比较明显的可能性是，定居起初是为了防御邻近群体的侵犯。即使不是出于这个原因，群体间的侵犯骚扰确实存在，并在不久之后就成为一个大问题。因为在接下来的五千年左右的时间里，定居人群的数量急剧增长，而防御入侵被认为是造成这种现象的主要原因。定居地最终成为城邦和小王国的雏形。

　　到公元前 8000 年，位于土耳其的一些定居点，比如加泰土丘（Çatal Hüyük）和哥贝克力石阵（Gobekli Tepe），以及后来在黎凡特的定居点杰里科（Jericho），都成为很有规模的城镇。城墙内的面积达到十五公顷，有上千座房屋，五千多居民居住其中。短短数千年后，这样规模的定居点已经遍布欧亚大陆的南部了（图 9.1），而这种结构是后来铁器时代北欧山丘堡垒的前奏。在过去，人们倾向于认为这些城墙的修建和防御目的无关，因为这些城墙的确没有那么坚固。但是，实在又找不到别的理由，可以解释如果不是出于实用的目的，为什么会花费这么多时间和精力来修建这些城墙，而且，有城墙总比没有好。即使是村子中的房屋，在结构上也呈现出防御的特性。这些房屋几乎都没有靠近地面的门窗（进出口是平顶上的一个洞），而且，这些房屋都团团簇簇地聚集在一起，出口非常之少。难道这只是因为他们的城市规划和房屋设计水平差劲？抑或是为了防御入侵者？要知道，从技术上来讲，在房顶上装门，可比在墙上装门要困难得多。

实际上，根据近年来对大量狩猎—采集族群和考古数据样本的分析发现，平均 15% 的人是因为战争而死亡的（或至少是因为这样或那样的暴力行为而死亡），这个比例，从新石器时代到人种学意义上的现代，并没有发生太大的变化（图 9.2）。在一项研究中，学者们对斯堪的纳维亚的 83 个遗址中总共 387 个墓葬进行了详细的分析，这些遗址的时代大约是公元前 3900 到前 1700 年，散布于丹麦和瑞典的南部。他们发现，9% 的瑞典头骨和 17% 的丹麦头骨都有明显的创伤痕迹，其中很大一部分是被武器从正面袭击的。男性头骨有更多愈合的伤口，但致命伤的比例在男性和女性中没有差别，这表明了虽然男性会更多地受到不至丧命的暴力伤害（骨头的再生长显示了伤口的愈合），但是，男女死于暴力的概率却是一样的。

有证据显示，这些人居住在一起时食用的食物，质量上不如分散居住的时候，或许，这能够最直接地证明了他们并非完全是主动要求居住在一起的。新石器时代居住地居民的体型比现代狩猎—采集人要矮小（体型矮小通常是营养不足的表现），而且，在他们的骨质中，显示出更多的饮食缺口。对营养摄取的分析显示，无论在历史上，还是在现代，通过耕种农业的方式，获取能量的效率要明显低于觅食方式。所以，一定有什么重大的原因，促使旧石器时代晚期的狩猎族群从自由觅食转变成定居。*

在所有这些讨论中，还有一个重要的因素被忽视了，那就是，生活在这么大型的集中区域会在心理上形成巨大的压力。在第二章中，我们看到，即使生活在规模适中的群体中，对灵长类来说也是很不容易的，尤其是对女性来说更不容易。群体生活带来了巨大的生存成本，如果这个成本不能得到很好的弥补，那么群体很快就会瓦解。狩猎－采集族群以时聚时散的方式来解决这个难题，实际上，大型群体会主动分散

---

* 旧石器时代晚期指的是最后一个冰期之后的第一个一千年。

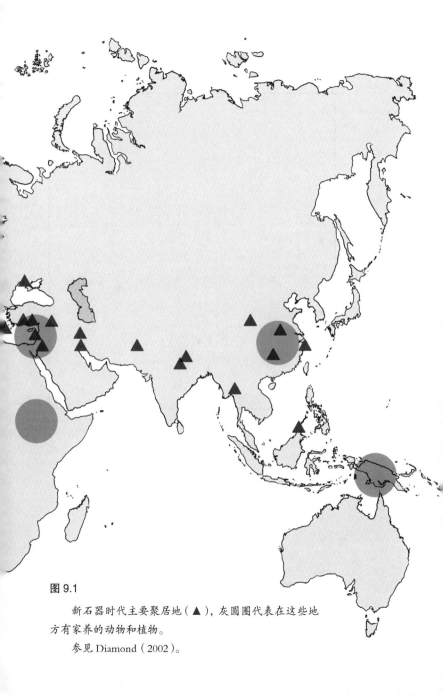

图 9.1

新石器时代主要聚居地（▲），灰圆圈代表在这些地方有家养的动物和植物。

参见 Diamond（2002）。

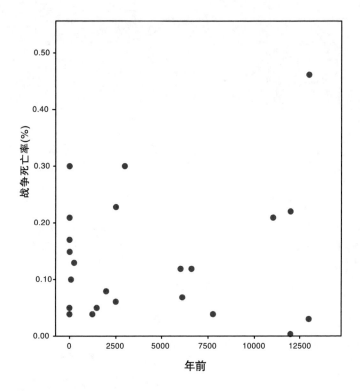

图 9.2

在一系列史前部落和史前社会中，因为战争而死亡的成人人数百分比与时间之间的关系，数据来自墓葬中的遗骨样本。

来源：Bowles（2009）。

到一个较大的区域中，从而减轻生活在一起的压力。但是，时聚时散的方式并没有从根本上解决问题，狩猎－采集的族群成为一个介于群居（可以防御天敌和外族的侵害）和散居压力之间的折中方案。在过去的三章中，我提出了几种能够缓解这些压力的工具，它们是音乐，包括歌唱和舞蹈，还有建立在语言基础上的故事讲述，当然还有宗教，它们能够帮助维持中型社群成员间的社会联系。

新石器时代带给了我们很多值得思考的问题，但这些问题并不在于人类如何发明了农业，或是发现了怎样储存食物，或是学会了盖房子。相对来说，这些都是人类取得成就中微不足道的那一类，而且很容易就解决了。但是，真正需要解决的难题，是由共同生活在规模庞大、空间密集的居住地所带来的。如何解决好这个问题，对后来城镇化的发展和城邦的出现至关重要，否则这些都不会发生。让我们成为现代人类的第五次伟大过渡是新石器时代的定居，重点在于"定居"，而不是"新石器"。

解决集体行动问题

我在第二章中说过，灵长类社会是一个有默认约定的社会，这个默认约定就是社会成员通过分摊成本，解决生存和繁殖的问题。生活在稳定群体中的猴子，在受到攻击的时候，能够依托群体，有效地防御天敌。防御并不必然需要是积极的行动，有时候，大型群体的威慑力，才是最重要的。这种默认社会协定的难点在于，经常会有不肯出力的投机者，搭便车享受协约的成果，却不愿意付出。一有危险，就退缩在后面，或者，不愿意将时间和精力花在对群体有益的活动上（比如轮流守望站岗，或为同伴梳理）。

为了遏制搭便车的行为，也有过很多惩罚的社会机制作为对策，*但是，从进化的角度看，这种惩罚存在一个问题。惩罚者的行为是利他的，根据传统达尔文进化论所述，站出来的惩罚者和躲在后面没有站出来的群体成员相比，在进化上是处于劣势的。实际上，没有站出来的成员就成了利用了惩罚者利他行为的投机者，这些只是把我们的问题又往后倒退了一步。群体选择（某个特性会因为有利于群体而不利于个人而进化）并不是答案，因为在所有传统的选择环境中，利他者总是会遭到选择的淘汰。如果群体中都是血亲的话，血缘选择可能会生效。但是实际上，血缘选择只有在有利于近亲时才会生效，因为血缘的亲密度在第一代表亲之外，就会快速降低。

惩罚当然有用，但不一定是最有效的解决问题的方法，如果被抓住的概率很小、群体又很大（在这种情况下，个人

* 这样的惩罚也被称作第二度的利他，对不劳而获者的惩罚是社会中利他者愿意为社会整体的利益而付出的前提。

会感到对别人不负有任何责任），那么，不管惩罚多么严厉，都不会真正起到效果。在传统的生物学中，这就是所谓的"偷猎者困境"（poacher's dilemma）。也就是说，被抓住后，受到的惩罚会非常严厉，但是，如果被抓住的概率很小，偷猎（或者是在禁渔区捕鱼、在热带雨林中砍树等等行为）还是划算的，即使我们心里知道，从长远来讲还是守规矩的好。在被经济学家称为"未来贴现"（future discounting）的这个方面，人类的表现相当糟糕。我们总是希望即刻得到奖励，而不愿意等待，即使等待的结果是未来的奖励会更丰厚。我们在第三章中说过，灵长类抑制冲动反应（或可称为强势反应）的能力，和大脑额叶部分的大小有关。

还有一个在心理学上更有效的，能够让人们遵守群体规则的方法，那就是自己首先树立一种使命感，对群体有所承诺，恪守群体规则，就会让其他成员产生一种责任感。显然，血缘关系是维护这种承诺的一种可靠形式。另一种形式是，让人们在加入这个团体时支付一定的代价。图 9.3 显示的是19 世纪美国的那些乌托邦公社的状况，一个公社能够存续的时间长短，取决于个人在加入公社时，公社对个人提出的要求。如果想成为公社的一员，个人在加入公社时必须放弃一定的权利。越想加入，意味着放弃得越多，那么他就越愿意忽视其他社员间那些无谓的争吵和脾气，于是公社存续的时间就更长。但是，这种形式，只对宗教型的团体起作用，没

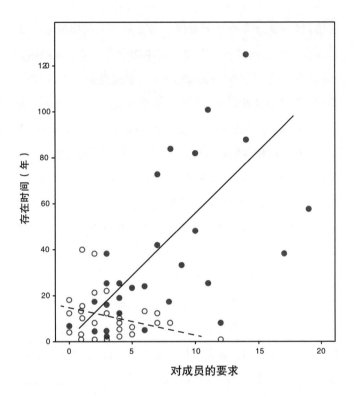

图9.3

十九世纪美国乌托邦公社成立后存在的时间长度，以及它们对成员要求的强度（以它们要求成员放弃的事物的数量来衡量）。一般而言，有宗教背景的公社（●，实线）存在的时间比没有宗教背景的（○，虚线）长，而它们存在的时间，也随着要求强度的增加而加长。

根据Sosis和Alcorta（2003）的图表重绘。

有信仰背景的团体存续的时间没有那么长，而且也没有这种保守承诺的效果。这样看来，团体在精神层面的高度对团体的持久性有着非同一般的效果，对团体成员的心理和精神面貌也会产生很大影响，使得成员能够更加节制不和谐以及自私自利的行为，也更愿意遵守团体的规则。

我们会使用一系列机制，来营造一种具有团体意识的氛围。在很多时候，最重要的是有一个共享的世界观。如果你我的世界观一致，我们说着同样的语言，我们遵守相同的道德准则，我们相信同一套对世上万物的解释，那么，这就表示我们很可能在同一个小群体中长大，这样我们就更容易互相信任。在小群体中，人们比较容易互相信任的原因是，我们很可能有血缘关系。另外还有很多文化层面的标志，比如穿什么款式的衣服，留着什么样的发型，制作什么风格的陶器，说着什么样的方言等等，都能表明我们属于同一个团体。

然而，还有一个重要的人类行为，几乎被以往的学者完全忽视，那就是宴饮活动。现在，在黎凡特的考古发现中，关于纳土夫时期（Natufian period，13,000 年到 9,800 年前）和 PPNA 时期（Pre-Pottery Neolithic A，陶器前的新石器时代，8,000 年到 7,000 年前）宴会的证据越来越多。在这些证据中，有很多大型动物（比如野牛）的遗骨，这样的食物对于家庭晚餐来说显然是过量了，应该是在更大规模的聚会中食用的。另外的证据还有在土耳其南部哥贝克力石阵发现的超大石缸，这些石缸中，有些容量达到 160 升，沉重得难以搬动，只能解释为用来酿酒的。的确，有些容器中甚至还有残留物，是酿酒的直接证据。所以说，酒和人类的渊源由来已久，事实上，最早期种植的大麦并不适合做面包（一来产量很低，二来麦粒上的颖苞也降低了它的价值）。但是，这种麦子做成泥糊状时，营养价值很高，虽然不是美味佳肴，但是用来酿啤酒却堪称完美。所以，最初种植大麦和原始单粒小麦，可能并不是为了用来做面包，而是用来酿制啤酒的。

巧的是，酒精能够极大地促进内啡肽的分泌。事实上，酗酒的人不是对酒精上瘾，而是对内啡肽上瘾，这就是为什么纳曲酮（naltrexone，一种抗 β 内啡肽的药物）* 会被用来治疗酗酒。或许，这就解释了为什么人们普遍地认为在一起喝酒能够建立感情，是一种有效的社交方式。我在第六章里也说过，一起吃饭也有强大的刺激内啡肽分泌的效果。所以，这就解释了为什么社交性的饭局和宴会在我们的生活占据如此重要的位置。很可能从新石器时代起，宴会就起到了既能维系群体团结融洽，又能欢迎远方客人（尤其是陌生人）的作用。邀请他人共进晚餐（不管是否喝酒）依然是现代社交生活的一个重要部分，但是没有人会对这种行为感到奇怪，

---

* 纳曲酮固定在 β 内啡肽 μ 接收器上，不让内啡肽接近这些区域而使其失效，纳曲酮是中性的，它阻断了内啡肽通常分泌的鸦片剂的止痛效果，只剩下酒精的负面作用。

或者去探究一下它的缘由。而答案可能就是宴会能够激发内啡肽的分泌，从而促进社交关系。

稳定的家庭、脆弱的友谊

毫无疑问，血缘关系在促进社会凝聚方面起到了显著的作用，因为自家人总是更加互相包容，而且，在需要的时候，也更加愿意相互帮助（这就是所谓的"亲属溢价"，来自亲缘选择的进化过程）。但是，当群体的规模超过150人时，就不可避免地会经常碰到没有亲属关系的人。我在上一章中说过，150人的层次差不多就是到有亲属关系人群的极限了。当一个定居点的居民数量超过这个层次时，或者最终有完全陌生的人加入其中时，我们就需要一些额外的东西，来维系我们群体的完整性了。

透过观察现代人结交朋友的方式，或许我们可以推测一下在新石器时代，大型群体是如何建立的。我们通过社交活动来维持和朋友之间的友谊，传统上，社交活动意味着面对面的交流和接触。在一项研究中，我们就友情和距离的关系展开了探讨，我们想了解的是，当相聚会面的时间由于距离的拉开而减少时，会对朋友之间的关系产生什么影响。在调研过程中，我和山姆·罗贝斯要求参与实验的人以离开家乡十八个月为期，评估与亲戚以及朋友之间的感情亲密度。结

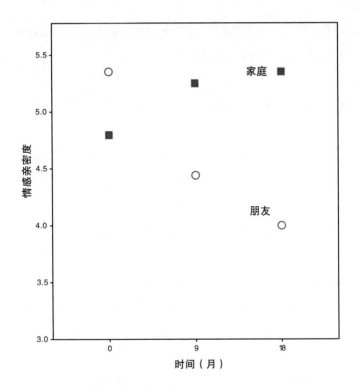

图 9.4

　　这是研究对象在十八个月的时间段里，对所有个人社交网络中成员的情感亲密度的评分（按照从1到10来表示）。在第六个月的时候，大部分研究对象搬离了原来的家，地理距离的产生使得他们不像以前那样方便与原来的社交圈成员保持联系。这张图表给出的数据是研究对象在最初（第零个月）对家庭成员和初始朋友圈的平均评分。

果发现，有亲属关系的人们在分开之后，感情亲密度保持着
持续性的稳定（甚至有可能还变得更加亲密）。但是，朋友之
间的亲密度则呈现相反的态势，随着见面机会的减少而逐渐
减弱（图 9.4）。也就是说，维护没有亲属关系的朋友之间的
友谊，需要花费更高的成本，不然友情的质量就会急剧衰退。
这是一个重要的发现，说明为了维持超过 150 人的大型群体，
需要花很多的时间精力来维持亲属关系以外的朋友关系，而
这无疑会给时间分配带来巨大的压力。

　　在当代人的个人社交网络中，50 人层次中有超比例的朋
友，而 150 人层次中有超比例的亲戚。因为对待亲戚，不用
像对待朋友那样花费大量的时间和精力，也就是说，社交资
本的投入更少，所以外层次的要求明显少于内层次的要求。
如果我们像对待外层次亲戚那样对待朋友，在他们身上只花
费少量的时间，那么，朋友就会逐渐变得跟熟人差不多，也
就是所谓的点头之交，只有这点交情的朋友在我们遇到困难
时是不会来帮我们的。如果把内外层的朋友亲戚比例倒过来，
那就会大大增加我们的维护代价，最终会减弱社交群体成员
相互间的承诺和凝聚力。事实上，这也许就是为什么朋友都集
中在 50 人层次之中，因为我们和外层次的人的交往频率太低
了，不足以维持正常的友谊。如果有朋友落入 150 人层次，那
么，他们很快就会再次滑出去，落入 500 人的熟人层次之中。

　　我们不能选择亲戚，无论是否喜欢他们，他们都是我们

的亲戚；但是，至少我们可以选择朋友，选择和喜欢的人相处。那么，我们会选什么样的人做朋友呢？我们询问了大量的实验对象，让他们在三个社交层次（15、50和150）中各选一个朋友，然后根据问卷中罗列的个人特性，比较这三个朋友和他们自己的共同点。答案显示，友情有六个主要的维度，它们是共同的语言、共同的出生地、相似的教育背景、共同的兴趣和爱好、共同的世界观（比如相似的政治观点，以及相通的宗教和道德态度）和共同的幽默感。如果有两个以上相同的维度，就能结成具有一定亲密度的友谊，当然，相同点越多，友谊就越牢固。这六个维度似乎可以互相替代，也就是说，任意三个相同的维度就能形成三星级的友情，至于具体是哪三个却并不重要。更重要的是，你愿意为朋友奉献的程度，以及你在他们陷入困境时伸出援手的可能性，也与这些相同维度的数量有关。这样看来，友情似乎是生来就安排好的，而不是像我们认为的那样，是后天发生的。所以，我们能遇到什么样的朋友只能靠缘分，至于友谊的质量，以及能够维持的时间长度，则我们共享维度的多少有关。

需要注意的是，所有这些这些保障友情的特性，从根源上来说都是文化特性，没有一种是生物学上的或者固定不变的。这一点之所以重要，恰恰在于文化特性定义了我们生长的社群，因此，拥有同样的文化特性，能够追溯到我们出生于同一个社群。更重要的是，这些社群成员的标识会随着时间的流逝而发生变化，因为文化是会变化的，因此它用来帮助辨别这个社群成员的会员身份的有效性也相应地更新了。它还能对搭顺风车的投机分子形成一定的控制作用，这是丹尼尔·内特尔和我从一个计算机模型中发现的。如果你对一个社群的风格了然于心，生活在其中毫无违和感，那肯定是因为你是在那儿长大的。换成一个陌生人，融入一个社群，并学会当地的那种风格，还是很困难的。亮出你的社群成员的身份，你的诚信就得到了认可，因为社群本身就成了你的行为的担保人。

奥利佛·科瑞（Oliver Curry）和我做过一个简单的测试，我们要求参加测试的人评估一下他们和八位朋友（在 15 人层次里的朋友）之间的亲密度，并评估一下他们为这八位朋友提供无私帮助的意愿度。那些相互间有着更紧密的关系，朋友圈有更多交集的朋友（他们之间见面更频繁，经常结伴出行）更愿意相互间提供无私的帮助。从某种层面来看，这只是个声誉问题。有了一个社交关系网，成员的行为就会受到关注和监控，如果有一个成员不去帮助他人，或者不去回报他人的好意，这个成员就会引起别人的侧目和议论。有时候，我们愿意对朋友提供无私帮助，是因为担心落下一个不好的名声，而在朋友之间，确实也会躲避那些名声不好的人。不过，关系网也有积极的一面，如果朋友经常见面，把酒言欢，相互间的关系就会更加紧密融洽。这种良好的感觉，有助于相互间正能量的传递，增强个人的亲社会性，在这种情况下，无私地对待他人就不是出于对惩罚的恐惧了。

在研究友谊的过程中，我们发现，不同的性别对待社交圈的方式是非常不同的。其中，有两个不同之处特别重要。不同之一是女性通常在她们的亲密伴侣（通常是男性）之外还会有个非常亲密的朋友，这个朋友通常是女性，但也不一定，这个朋友就是所谓的"闺密"（BBF，即 Best Friend Forever）。但是，男性就没有这样的朋友。男性的友情似乎更加随意，因此常常是同时拥有数位朋友，相互间的关系都相对松散。这个特性，对于友情的稳定性来说，会带来一系列的重要影响。女性之间亲密的友谊为她们提供了重要的情感支持，但是，这种友谊同时也更加脆弱，女性朋友之间一旦反目，其后果就是毁灭性的，很难再重归于好。而男性之间的关系，因为相对更随意，破裂之后也就更容易被修复。女性会花费很多的精力来维持相互间的亲密关系，而男性一旦感觉不爽就会扭头离开，眼不见为净，走出这段友谊之后，遇见的新朋友就会迅速取代老朋友。

所以，通常来说，女性的朋友数量不多，但亲密度很高。男性则相反，数量不少，但亲密度不高，男性这种随意性的交友方式会让他们对俱乐部的形式感到很舒服。俱乐部的交往形态深受男性的喜爱，无论是氛围还是建立关系的规矩（而女性会对这些心存疑虑），这种现象似乎证明了男性之间比较容易形成团体或者帮派。虽然这种特性或许起源于小型群体的狩猎活动（或者，更有可能是源自打仗和战争）。这里面牵涉到的心理机制，也普遍适用于更大范围的群体，比如成员人数众多的教会和军队。

两性之间的另一个不同之处，体现在维持友情的方式上。在关于友谊的十八月调研中，我们探讨了为友谊保鲜的各种方式。我们对调研对象提出了很多问题，比如，他们和朋友联系的频率，无论是见面聚会，还是通过电话或者邮件联系，以及和朋友一起活动的频率，比如购物、度假、喝酒、帮助搬家，等等。结果，我们发现，女性防止关系变淡的方式是聊天谈心，而男性防止关系变淡的方式是一起活动，聊天交谈对维持男性之间的关系没有任何帮助。

通过这个对友谊的本质所做的简短调研，我们得出了一个重要的结论：对于超大规模的群体，也就是规模超过传统150人狩猎群体的大型群体，想要维持这种群体的社会凝聚力，绝非易事。这个时候，必须有外力的辅助，而这种额外的力量，似乎自从人类之间产生友谊，就已经自然而然地萌芽了。那就是俱乐部的形成，尤其是男性俱乐部。或许，我们需要的只是基于单一主题的俱乐部，这些单一主题俱乐部通常起源于血缘关系，因为血缘关系的外层网络都是纯粹以语言为基础的。宗教很可能就是在这个基础上发展起来的另一个早期案例。

文明边缘的网络

考古学家菲奥娜·科沃德（Fiona Coward）研究了新石器时代期间及之前黎凡特不同部落社群的艺术品（比如罐子、石像、石器、饰品等等），利用它们之间的相似之处，以获取这些早期部落内部和部落之间的关系网的特性。她发现，群体规模变得越大，群体之间的关联性就会相应地变得更小，表现为它们的艺术品看上去与其他社群越来越不同。但是，同时也没有证据显示这些群体的内部有任何分裂，之所以没有发生分裂，很可能是因为物质文化（表现为新的艺术形式和个性化的装饰）的复杂程度随时间增加。由更为复杂的文化来代表整个群体，或许减缓了群体规模变大之后走向分裂的自然趋势。也就是说，物质文化复杂程度的增加，是群体变大之后抵消群体分裂的特定反应，而并非群体变大的意外副产品。从这个角度看，物质文化的发展，在时间上和欧洲旧石器时代晚期革命的爆发是并行的，都是在距今大约两万年前。的确，在黎凡特，很多变化发生在 PPNB（Pre-Pottery Neolithic B，距今大约 8,000 年到 6,000 年前）中晚期，这也正是新石器时代蓄势待发的前夜。

新石器时代的宗教有一个重要的变化，这个变化可能是由旧石器时代向新石器时代过渡的关键所在。一直以来，宗教史学家把今天的世界上能够找到的数千种宗教分为迥然不同的两大类别，它们分别是萨满宗教和教义宗教。我们在第八章中曾经详细讨论过第一种，它是体验型的宗教。而第二种宗教则是和神圣空间（例如寺庙或者教堂）、祭司位阶、神学、神（有时候，会有一个最高的神主宰所有人的生命）以及能够取悦神并带来好运的仪轨等有关。这第二种宗教，在形式和表现上都和萨满宗教有着很大的不同。而人类固定居所的形成，似乎是这两种宗教的分界点。即使在今天，在全世界范围内，游居或半游居狩猎－采集族群以及放牧族群依然信仰萨满宗教，而有固定居所的社会群体则毫无例外地信奉教义宗教。

当然，有了固定的村落作为定居点，才有举行仪式的场所，如果这样来解释由萨满宗教向教义宗教的转变，似乎就很简单了。但是，并没有明显的理由使得居住在村落里的居民必须修建一个寺庙，而且，即使住在村子里，也不是不能继续信奉萨满类型的宗教。其实，有些已经定居的农耕户，依然信奉萨满教，比如像美国西南部的霍皮部落（Hopi）。既然萨满宗教通常和伴随着音乐的舞蹈有关，那么，真正需要的条件无非是一块可供跳舞的空地。反之亦然，游居的狩猎－采集族群也没有理由不能拥有一块神圣土地，很多狩猎－采集族群都有自己的圣地，比如澳洲土著就有被他们奉为神祇的乌鲁鲁／艾尔斯岩石（Uluru/Ayers Rock）。在新石器时代的遗址哥贝克力山丘，甚至有考古证据显示早就有类似于寺庙的建筑，它们的出现甚至早于固定的居所。有可能的是，曾有很多人住在围绕着这些宗教仪式场所搭建的临时住宿处，这些人或许都没能生存下来。至于这个临时居住的时期究竟延续了多久，取决于这种社群所面临的入侵风险。一般来说，当人们聚集在一起时，目标更容易被锁定，所以，当他们集中地住在同一地点时，更容易受到攻击，由此推断这个过渡时期是较短的。

完全出于仪式的需要而建造了特殊用途的建筑，这就意味着人们在有意识地转向一种集体性的仪式，而这种集体性仪式和以随意性为标志的萨满宗教仪式有着很大的不同。有了正规的仪式建筑，就需要有专业的祭司以社群的名义举行特殊的仪式，在这种仪式中，普通的社群成员只能作为旁观者。半世纪前，拉乌尔·纳罗尔（Raoul Naroll）对一系列小型群体的数据进行分析研究，发现了一个现象，当群体人数超过 500 人时，就会有专业人员（比如那些制作陶罐的、制作手工艺品的、开店铺的、雇佣兵以及祭司和行政管理人员等）出现在群体里。这或许明示了一个自然的危机点，在临近或超越这个危机点时，如果依然要维持社群凝聚力以及和谐度，就必须有组织上的变化。

至少从现代宗教的角度来看，从萨满宗教到仪式宗教的转变，标志着另一个重要的变化，那就是宗教仪式在强度和密度上的变化。在萨满宗教中，迷幻舞蹈或者与之等同的仪式是不定期发生的（通常是在有需要的时候），仪式间隔时间大约在一个月左右。而教义宗教则不同，仪式的情绪感没有那么激烈，但仪式发生的频率更高（通常是每周一次）。这就说明了一个问题，迷幻的状态对释放压力非常有效，但是，这种体验由于强度太大，情绪太过激烈而不可能经常发生，否则反而会增加压力。那么，如果在大型群体中生活压力急剧增加，那么就会需要次数更加频繁，间隔时间更短的宗教活动。为了让宗教仪式在情绪和强度上更加平缓，仪式的间隔更短，一个明显的解决方案就是把举行仪式的专业人员（受过专门训练，能够承受压力的人员）和只是参与仪式的普通教徒区分开来，在仪式过程中，普通教徒相当于旁观者。

事实上，大部分参与者无法体验到进入迷幻入神的状态之后的癫狂，这意味着宗教的社群维系效果还需加强，外力的引入变得必要。显然，在教义宗教中出现至高神（High Gods）并不是偶然的，这位至高神直接参与人类活动，要求人类遵守某种行为准则，并对人类行为进行全方位监督，这位至高神只有在教义宗教中才承担一个非凡的角色。*事实上，在现代的部落社会中，至高神（或者多神）的存在，和群体的规模成正比（也就是说，群体规模越大，出现拥有至高神

---

* 有人可能会拿出佛教这种没有一个至高神的宗教作为反面例子，但其实佛教并没有不同。它也有一系列的行为准则（通常是公认的圣人的教导），个人必须自律地遵守这些准则（因果轮回，一生中的所有行为都无处可藏）。

的宗教的可能性也越大）。一系列的研究发现，在这种社会中，相信至高神的人比不相信的人在行为上更具社会化，也更加遵守社会规则。即使在当代美国，也是参加教会活动程度高的州（即信教的人口比例更高的州），遵守社会契约的程度更高，而犯罪率则更低。关于这种现象，罗伯特·帕特南（Rober Putnam）在他的重要著作《独自打保龄》（*Bowling Alone*）中做过很有说服力的描述。

同时，我们也不能低估因为拥有宗教信仰而产生的归属感和群体存在感，以及和宗教信仰并存的错综复杂的世界观、起源故事和道德行为准则。从这个角度来说，宗教似乎直接建立在定义友谊的那些基本的维度之上。看来，支撑着友谊的基础心理过程，在教义宗教的历史进化中，已经被其充分利用。于是，在一个有着大量陌生人的抽象社群里，每个成员都找到了一种归属感。而血缘关系的重要作用在此也同样被利用了，几乎所有教义宗教都会用到血缘关系的语汇（如父亲、母亲、兄弟、姐妹等等称呼）。很显然，这是为了制造一种家庭关系的幻觉。

在我看来，新石器革命其实就是一场宗教革命，这场革命是从较为随意的萨满宗教到更有组织的教义宗教的转变。在教义宗教的领域中，自封为神灵世界代言人的专门神职人员形成了等级分明的组织，教义和戒律由上而下传达，神灵世界的定义也更加清晰，特定的个体（比如上帝或者圣徒）

被支持者们广泛接受。

　　然而，从萨满宗教到教义宗教的转变并没有那么彻底。所有的教义宗教都同样有着难以维持凝聚力的苦恼，或许，这也折射了它们的起源。虽然有着层层等级结构的管理，以及今生或来世的惩罚的威胁，但是，所有的教义宗教都面临不断分裂出去的异教和宗派的威胁。这种过程，类似于语言中方言的形成，我们在第八章中说到，方言的出现，呼应了区分和确定群体身份，从而加强小型群体内部忠诚度的需要。这样看来，教义宗教似乎也从来未能完全撇清和萨满宗教之间的渊源。因为那些异教宗派看起来总是更加神秘，令人迷醉，它们是基于情绪上的感召，而不是理性的认同。因为它们的存在威胁到了祭司在神学和政治上的控制，结果是历史上绝大部分教义宗教（印度教大概是唯一的例外）都会积极采取措施，排挤压制它们眼中的异端邪教。

　　某些成功脱离出来的小宗派，最终成了世界级的主流宗教，其中最为大家所熟悉的有以下几个：从犹太教脱离出来的基督教和伊斯兰教，从罗马天主教脱离出来的新教和东正教，什叶派、逊尼派和苏菲派等等从伊斯兰教出来的各个分支，以及佛教的不同派别。教义宗教似乎永远都不能摆脱这些古老的动力：小型的、个人的、体验式的类萨满宗教团体层出不穷。小宗派的崛起，似乎总是伴随着极具魅力的领袖人物（通常是男性）的出现，这位领袖于是成为一个小型的支持者团体（通常是女性，不过也有例外）的精神象征和实质领导。正因为如此，比起这位领袖所倡导的教义，他的人格魅力以及处事方式更为重要，对小宗派最初的成功起到了决定性的作用。最近知名的典型案例有玛哈里息（Maharishi）、戴维·科里什（David Kores）和吉姆·琼斯牧师（Jim Jones，琼斯镇惨案的主角）。

迪肯的困境

我们还有最后一个事项需要说明。在新石器时代，随着定居点的不断扩大，人类社会行为中的一个方面也随之放大，这个方面对社会的凝聚力产生着重大的影响。在人类演化的过程中，我们发展出了一种结成亲密伴侣关系的方式，这种方式无论对物种繁殖还是对社交安排都有着重大的影响。正如特里·迪肯在他的《象征的物种》（The Symbolic Species）一书中所述，当某种形式的社会分工形成后，就会带来巨大的问题，如果雄性常常离开居住地，他们就无法看守自己的伴侣，这时竞争对手很可能趁虚而入。这种偷偷摸摸的不正当交配或许对雌性是有益的（她们可能为后代获得更好的基因，或者能获得更多资源），但是，对于把时间和精力花在抚养别人后代的雄性来说，这显然是不利的，这种形态的利他在进化上也是不利的。我把这个问题称作"迪康的困境"，在新石器时代的聚居地，社群规模更加大型化，个人行为更加隐秘化，这个问题的渗透性和危害因此也会更加严重。

在第八章中我们提到，迪肯的解决方案是人类逐渐形成了正式的婚姻协议，当然是基于语言。这样的协议，明示了个人的归属，不应该被破坏。至于诸如婚姻协议或者结婚戒指等公众信号是否具备预防通奸的功效，依然值得商榷（答案是：多半不能）。但是，事实上人类通常都会用这种方式来打出已婚的信号，这种信号固然不够完美，但多少还会有点作用。不过，现在我们关心的不是这个问题，而是更重要的，迪康的中心论点：性竞争和嫉妒不仅伤害伴侣之间的关系，而且，当伴侣分手或者有第三者介入时，还会影响到整个社群，尤其是规模较小的社群。虽然通过某些文化方式，能够减低嫉妒的程度，但还是不能彻底解决问题。这团绿雾，终究会透过文化之网的空隙，紧随其后的，就是红雾。在十九世纪的美国，很多乌托邦组织（比如震撼者联盟就是一个经典的例子）并非仅仅是因为道德洁癖而颁布禁欲令，相反，他们直觉地感受到了潜在的破坏性后果。

那么，我们现在又不可避免地回到了这个古老问题之上，人类究竟是单偶制还是多偶制的？在此，我不想再重复那些围绕着这个问题展开的云里雾里的争执，因为这些争执基本上都是无的放矢。人类的交配关系是伴侣式的，无论婚姻制度是一夫一妻或是一夫多妻（或是一妻多夫）。也就是说，亲密关系的形态本身和婚姻制度无关，婚姻制度无法左右伴侣的浪漫关系。*婚姻制度相当有弹性，主要取决于当地的经济和文化传统。

虽然如此，纵观所有区分单偶制和多偶制灵长类的解剖学指标，人类的指标不偏不倚地恰好落在两者的中间，这对于争执的双方来说，谁也没有占到上风。在第四章中我们看到，多配偶或是滥交的猿类有较低的 2D：4D 比例（这反映出雌性猿类在孕期有较高的睾丸素）；单配偶的猿类，比如长臂猿，这个比例几乎均等；而现代人类的比例正好处在这两种猿类的中间（见图 4.5）。从体重上来观察性别的二态性，结果也是如此，我们的性别二态性相对适中（男性比女性在身高上多出 8%，在体重上多出 20%），也是居于像长臂猿这种单态单配偶物种和像狒狒和大猿这种极度二态多配偶物种（雄性体重比雌性体重多出 50—100%）的中间。雄性睾丸的相对大小，也是灵长类交配制度的一个解剖学指标。像黑猩猩这样多配偶物种，雄性的睾丸相对于它们的体型来说就比较大；而像长臂猿这样单配偶物种以及像大猩猩这种严格后

---

* 这并不是说，一个人可以在同时，以同样的程度爱上几个人。只是说，即使在一夫多妻或一妻多夫的情况下，也会发生浪漫的亲密关系。在这种情况下，不同的男女之间，亲密程度也会有所不同，而且在同一个人身上也不是同时发生，而是有先来后到的。

宫式物种，其睾丸相对于体型来说就很小。[*]再一次，现代人类的指标含含糊糊地落在了这两者之间，显示出人类具有一定程度的多偶倾向。简单地说，对于现代人类，需要解释的不是一夫一妻制，而是浪漫的伴侣关系。不同于某些社会人类学家们的看法，我认为这种关系是无所不在的，跨越人类所有的文化。[†]

那么，为什么会进化出伴侣关系呢？在第二章中，我们阐述了关于灵长类单配偶制（也就是伴侣关系）进化的三种解释，其中只有一种（杀婴的风险）解释得到了真正的支持。雌性需要单配偶制，是为了免受其他雄性的骚扰，这也就是所谓的"雇佣军（或者保镖）假设"。在某些情况下，比如像大猩猩那样，几个雌性同时寻求一个雄性的保护，于是产生了多偶制。但是在大部分情况下，一个雌性只寻求一个雄性的保护，于是产生了真正意义上的单偶制。

在考虑人科的情况时，我们可以把这个问题加以简化，

---

[*]　这是精子竞争的结果，如果很多雄性和一个雌性交配，留下最多精子的那个雄性，也就最有可能成为父亲。所以，在滥交的体系中，选择性压力会倾向精子多的雄性，于是就有了相对来更大的睾丸（参照 Harcourt 等人的论述，1981）。虽然雄性大猩猩在争取对后宫的控制权时会发生争斗，但一旦安顿下来，它们就能获得和所有雌性交配的专利权利，所以不必再担心要有更大的、相对成本更高的睾丸了。

[†]　即使在同一文化之中，也不是每个人都能体验到"坠入爱河"的感觉，爱的程度也会因人而异，何况还有文化和文化之间的差异。但是，以上这些都不能否定一个事实，那就是，古往今来，爱情存在于所有不同的文化之中（参见 Jankowiak 和 Fischer 的论述，1992；以及 Fisher 和 Marcus 的论述，2006；Dunbar 的论述，2012），爱情是人类的普遍存在。

只需要对比双亲照顾和杀婴风险这两种假设。至于第三种假设（由于雌性比较分散，雄性无法同时保护多个雌性，所以被迫产生单偶制），其实和人科物种无关。因为人科中的雌性从来就不是在个人的领地里单独生活，而且，我们也看到，在人科物种进化的过程中，也没有发生过这种情况。[*]人科中的雌性总是非常社会化，而且总是生活在群体之中。生物学家、人类学家和考古学家都一致认为，现代人类的伴侣关系是出于双亲共同照顾后代的需要。他们的主要理由是，在大部分的现代社会中，父亲也都会给孩子一定的照顾。或许，更有说服力的理由是，父亲用自己的能力（比如狩猎），为配偶和孩子提供食物。但是，有些事物是选择的原因，而有些则是选择的结果，这两者之间存在着本质区别。在第二章中我们看到，灵长类的双亲照顾（或者，表述得更直接一点，就是来自父亲的照顾）是在伴侣关系出现以后才有的，同样，也没有任何理由可以论证人类的状况有所不同。

更重要的是，正如人类学家克里斯汀·霍克斯（Kristen Hawkes）所指出的那样，在狩猎－采集群体中，雄性通过提供食物的方式来照顾家庭的证据根本就不明显。他们有时的确会这样做，但有时就不会，至少，某些看似可以解读为间

---

[*] 这是 Lukas 和 Clutton-Brock（2013）在最近提出来的，但是，声称雌性人亚科曾经单独在大面积个体区域内觅食显然是无稽之谈。他们对灵长类数据的粗陋分析，相比 Shultz 等学者（2012）以及 Opie 等学者（2013）的精深研究，高下立判。

接家庭抚育的行为（比如狩猎大型动物），其实更合理的解释是雄性在向异性做自我展示。*虽然她的观点引起了很多争议，但是人类能够提供的雄性参与家庭抚育的证据的确不多，而且相当牵强，根本达不到令人心服口服的程度。如果雄性能够躲避家庭抚育的义务，那他们肯定就会这么做的，即使在狩猎－采集群体之中，情况也是如此。比如在非洲巴卡俾格米人族群（Baka pygmies）中，善于狩猎的男人对小孩的照顾就很少，因为他们知道，即使他们在家里什么活都不干，在女人眼里还是充满吸引力的。在单配偶的猿猴中，父亲参与家庭抚育，很可能是在伴侣关系形成之后才有的。因为有了伴侣关系，雄性才会觉得值得承担抚养义务，从中可以得到更多的利益，如果共同抚养能培育出更好的后代的话，这样的行为就是有意义的。

　　归根到底，如果现代人抚养小孩确实需要两个成人的共同努力，那么，克里斯汀·霍克斯提出了一个更加合情合理的解释，那就是祖辈的参与。在所有文化中，外祖母都会积极参与抚养孙辈，帮她的女儿带孩子，在我们自己的文化中也是如此。虽然在形式上会有些许不同，但总的来说，母亲的母亲显然会比父亲的母亲甚至父亲本人更多地参与抚养，

---

*　大型猎物固然能提供大量的肉食，但是，捕获它们比捕获小型猎物难度大得多。而且，考虑到时间和精力的投入，回报甚至低于采集素食。狩猎的真正优势在于，正因为非常危险，所以是对男性体质和勇气（所以也就是他的基因）无可隐瞒的测试。

当然，前提是她住得不是很远。即使在当代的工业化社会中，四五十岁的女性，也会自然而然地把精力从丈夫身上，转移到开始进入生育年龄的女儿身上，我们对电话通话方式的分析也证明了这一点。化石证据显示，只有到了解剖学意义上的现代人时代，人们才有更大的可能性活到看得见孙辈的年龄。由此可见，祖辈抚养进化得很晚，从南方古猿到尼安德特人，它们的雌性很少能活到成为外祖母的年龄。

有人认为，祖辈抚养解释了人类女性为什么会经历绝经期（女性通常在 45 到 50 岁开始丧失生育的能力），这在哺乳动物中是很独特的。尽管也有一些不同的看法，认为其他长寿物种（比如大象和黑猩猩）也有绝经期，但是，在成年生命的中途就基本上完全丧失生育能力却是我们这个物种所特有的。*如果说，女性的绝经不是用来把精力从自己的生育转移到帮助女儿生育之上，那么，她们这么做就肯定是为了要看到自己的最后一个后代长大成人。这就折射出一个事实，人类在抚育后代上的投入不仅是昂贵的，而且是个漫长的过程，如果父母过早离世，脆弱的后代生存很不容易。

所以，伴侣关系对两性都有益处，一方面降低了雌性受

---

* 有人认为，直到上世纪之前，人类女性通常还活不过 35 岁。这种看法忽略了一个要点。从进化的角度来讲，重要的是能传宗接代的女性（也就是那些能活过青春期之后的女性）的死亡年龄，而不是所有人的平均死亡年龄（毫无疑问，在旧石器时代和史上的一些族群中，最低死亡年龄只有 30 岁）。但是，在狩猎族群和历史上族群中，能活过青春期的女性通常能活到 60 岁。关于这一点，去古老的教堂墓地看看就知道了。

到骚扰的风险，另一方面也保证了雄性至少拥有一个可以与之交配的雌性。当然，前提是雄难以同时垄断多个雌性，这不是因为雌性住得很分散，而是因为更容易遭到对手的侵犯，更不要提一直存在的杀婴风险。在大部分的狩猎－采集社会中，得了他人配偶（她原来的丈夫可能死了或者离开了群体）的男人，都会杀死女人的未成年孩子。即使在我们的社会中，继子也比亲生孩子更容易受到歧视，而且，遭到虐待和杀害的风险巨大，尤其是来自继父的风险。

伴侣关系是何时进化的？

现在，我们只剩下最后一个需要解答的问题：伴侣关系是在智人支线的哪个时点上开始进化的？我们已经看到，有不少观点都试图证明单配偶制（或者应该称为对偶结合？）很早就进化了，甚至早在南方古猿时期。但是，正如我们在第四章中所下的结论，南方古猿是极度不可能有任何形式的单配偶配对制度的。

既然我们判断一夫一妻制（以及对偶结合）的根源在于对杀婴风险的防范，那么，我们是否能够继而判断具体是在哪个时点上，杀婴风险大到必须放弃一夫多妻制呢？通过分析人科物种觅食群体的规模，我们大致找到了一个估测杀婴风险程度的切入口，因为多个雄性的存在会加剧这个风险。

在我为野山羊和猿类的交配策略开发的一系列数学模型中可以发现，一起觅食的雌性的数量是决定雄性觅食方式的关键因素，雄性以此决定是融入群体（合群型，也就是找到一个雌性群体之后，就和她们待在一起），还是继续四处游荡（游荡型，在和一个群体中的雌性交配之后，再去寻找下一个群体）。这个关系也受到以下几个因素的影响，雌性的生育周期（即两次生育中间相隔的时间），生活范围内雌性群体的密度以及雄性的搜寻方式（这个生活范围指的是雄性每天觅食的区域），最重要的还是雌性分布的状态。

图 9.5 显示了用交配策略模型测算出的合群型雄性的比例（也就是和雌性群体待在一起），以及这两种策略（合群或者游荡）分别所能获得的利益的比例，数据包含了数个猿类群体和一个人类狩猎 - 采集群体。在某些物种中，比如黑猩猩和红猩猩，雌性经常以小群体的形式觅食，或者单独行动。在这种情况下，雄性采取合群型的策略就没有什么好处（当然更不用说单配偶制了），于是，大多数雄性更喜欢以游荡的方式寻找可以交配的雌性。但是，当雌性群体的规模增加，雄性找到雌性群体的概率就会下降（比如大猩猩和人类狩猎 - 采集群体就是如此），这时雄性采取合群型的策略肯定益处更大。一旦雄性选择了合群型策略，而雌性群体又大到足以吸引多个雄性时，迪康的困境就不可避免地浮出水面了。

南方古猿的大脑不比黑猩猩的大多少（因此它们会有类

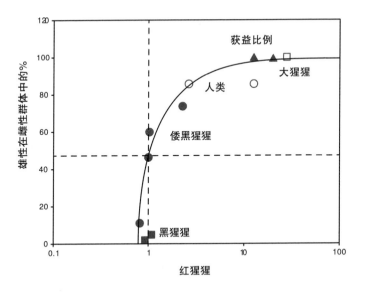

图 9.5

　　雄性猿类的两种交配策略（和一群雌性合群地长久住在一起，或者是四处游荡）。本图显示了和雌性群体住在一起的雄性比例和两种策略获益比例之间的关系。合群型雄性的获益就是它那个群体中的雌性数量（实际上是雌性群体的平均数）；游荡型雄性的获益取决于它每天能搜寻的区域、雌性群体的大小及密度、以及当它找到一个雌性群体时正好有雌性发情的可能性。当获益比例是1时，两种策略无优劣之别；当比例大于1时，合群型策略更好；当比例小于1时，游荡型策略更佳。请注意，曲线会穿过中间点（这时的雄性徘徊在合群还是游荡的矛盾之中），这和最佳觅食模型是一样的。人类的数据来自!Kung 桑族部落。本模型的详细数据参见Dunbar的论述（1998）。

　　根据Dunbar（2000）重绘。

似的孕期和哺乳期模式），假设它们觅食群体的规模也差不多，那么，南方古猿的杀婴风险也不会比黑猩猩的高很多。不过，正如我们在第四章中所描述的，南方古猿很可能更加社会化，其中的部分原因是它离开森林之后，需要面对更大的天敌风险，另外的部分原因是它们栖息在丰饶的湖畔河边，有利于形成更大的觅食群体，以防御天敌的侵犯。如果这一切的结果是它们的雌性群体比现在的黑猩猩雌性群体大十倍，*那么，雄性南方古猿肯定是合群型的，并且和雌性群体居住在一起，就像我们在倭黑猩猩中看到的那样，很多雌性在一起觅食（图9.5）。这种结构，毫无疑问会增加骚扰和杀婴的风险。然而，合群型和单配偶制之间，有着天壤之别，基于南方古猿的性别二态性（见第四章），滥交式或者后宫式的交配体系是最有可能的，后者在杀婴风险升高时更加有可能成为一种权宜之策。

早期古人出现后，社群规模略有扩大，生活方式更为游居化，因此，觅食群体即使只是为了抵御天敌也需要增大。不过，这种增大的幅度可能不会很惊人，即使脑容量的增加导致孕期的略微延长，杀婴风险并不会由此急剧增加。相比之下，最大的变化无疑是伴随着海德堡人的出现而发生，当

---

* 或者说它们一天的行程只有黑猩猩（每天5千米的行程）的十分之一，那几乎是不可能的。对于南猿来说，每天行程不到0.5千米，那是完全不合理的，即使生活在河畔栖息地的狒狒一天的行程也有1—2千米。

时，群体规模增加了 50%（雄性数量也相应增加），对雌性的骚扰和杀婴的风险也急剧增加。而且，因为脑容量的急剧增加导致了生育周期的急剧增长，这个风险更是加速发酵。在这个时点上，雌性采取雇佣保镖的策略，凭借依靠一个雄性，以获得自身的安全，对于雌性来说显然有着明显的益处。即使在现代人类社会中，单身女性如果有男性相伴（起到了保镖的作用），在公共场合被其他男性骚扰的风险就会大大降低。不过，正如我们在第六章中所述，无论是解剖学还是基因学的数据都显示出古人是多偶的，或许是类似于大猩猩的后宫式。*既然雄性不参与抚育后代（前面已经提到，没有解剖学的证据能证明），那么，雌性也不会介意和别人共享同一雄性的保护。

　　这个问题会随着解剖学意义上的现代人的出现而更加恶化，因为群体规模的增长又有了一个飞跃。更多的雄性相互竞争，以期得到独占雌性的权利，这给占据统治地位的雄性施加了更大的压力。我和博古斯瓦夫·帕夫洛夫斯基在数年前就已发现，在滥交的灵长类中，如果群体中还有另外四个雄性，居于统治地位的雄性就不可能独占雌性，当他忙于和其中的一个雌性交配时，对手就会钻空子和其他雌性交配。在这种情况下，雄性只能放弃对所有雌性的独占，而转向一

---

* 也就是说，后宫中的雌性对雄性产生了非常个体化的伴侣关系，但是，对于雄性而言，并没有对雌性产生不一般的伴侣关系。

次一个配偶的滥交模式。*也就是说，随着周边区域雄性对手数量的增加，临时性的对偶（像狒狒和黑猩猩那种形式的"配偶"）自然而然地产生了，这种情势逼着雄性去守护好一个雌性。如果雌性和一个雄性以更持久的方式相伴，至少这就提供了一个向永久伴侣转变的可能性。雄性相应地也会越来越愿意把所有的社交兴趣都集中在一个雌性身上，即使在她从发情期进入孕期之后，也会一直陪伴左右，因为要保护他们的后代。人类女性在经期内性行为的减少（在灵长类中，只有倭黑猩猩和狨猴也有类似情况，不过程度更轻微一些），或许是为孕期更少的性行为做准备，只有这样，伴侣间的性行为才可能得以持续发生。

图 4.5 列出了一系列人科物种的 2D:4D 比例，将之与现存猿类和人类的数据作比较。我们没有早期古人类的数据，但是，五个尼安德特人和一个古人的手指比例都在现代人类的下方。这和有着后宫式交配方式的大猩猩并无不同，但是，没有一个物种（包括人类）的手指比例和终生单配偶的长臂猿相同。综合而言，所有这些数据都显示了亚人科的交配体系是多偶的（也就是滥交或者后宫式），大概只有当解剖学意义上的现代人出现后，人类才有了真正意义上的互惠的伴

---

* 如果雄性能够守住自己的领地，并把对手全部从雌性身边赶走，那它就能够持续独占这些雌性。但是，它们这样做也是有限度的，当雌性的数量超过 12，而被驱赶在外的雄性数量多到一定程度，那么就很难抵挡那些雄性的进攻了（参见 Andelman 的论述，1986，以及 Dunbar 的论述，1988）。

侣关系。

从西班牙北部西德罗洞穴（El Sidron）遗址里，我们得到了一些有关多配偶制的考古证据。证据来自12个尼安德特人，这些人被认为是同时被埋葬的。通过mtDNA的分析，我们发现，其中三个男性同属一个mtDNA支线，而三个成年女性属于完全不同的支线，这就揭示了尼安德特人随夫居住的体系，这种体系和所有猿类是一样的。周边群体中的雌性受到吸引，加入到另一群体，和一群有血缘关系的雄性居住在一起。到了解剖学意义上的现代人时代，随夫居住对应的是一夫多妻制，而在一夫一妻制中，居住地总是双边分布的。尼安德特人一夫多妻的概率是很大的，这一推测有2D:4D的证据辅佐。尼安德特人的比例，落于解剖学意义上的现代人在一夫多妻制的那一端，和大猩猩的平均值差不多。

解剖学意义上的现代人在所有解剖学指标上的不确定性，或许意味着人类的交配体系实际上就是多态性的，也就是说，人类并不遵从某一种体系。从行为学的角度来看，这种多态性就是进化心理学家所谓的"浪子和父亲"（cads vs. dads）的区别。在任何一个群体中，有些男性相对来说对伴侣更专一，在孩子身上会花更多的时间和精力，这种人就是有责任心的好父亲；而另外一些男人更花心，喜欢有不同的性伴侣，也不管孩子，这些人就是拈花惹草的浪子。这两种男人的区别，在数年前丹尼尔·裴罗思（Daniel Pérusse）的一项研究中分析得很透彻。他针对魁北克的男人展开了调研，发现男人可以根据他们的行为特征分为两大类：一类相对来说更专注于一个伴侣（至少表现在长期的关系之中），另一类则比较风流博爱，他们之间的比例大概是 2：1。*最近在瑞典也开展了两项针对这个问题的研究，通过研究男人的加压素接收器基因和他们的对偶结合方式之间的关系，学者们发现，大约25% 的男人有这个等位基因，结果是使他们的行为更加随意任性。类似的结果也出现在我和拉斐尔·沃达尔斯基（Rafael Wlodarski）的实验之中，通过分析 2D:4D 比例和社会群体内性关系取向的心理衡量，†我们发现，在男性中，专一的和花心的比例大约是 45:55，女性差不多也是这个人数划分但比例正好相反。虽然在不同的样本中，这两种人群的表现形态有一定的差别，但是，这些数据在总体上显示了人类（包括男性和女性）在社会群体内性关系取向的形态可分为两种：一种人会投入到长期关系中，而另一种人不会（虽然他们都会拥有浪漫亲密的关系）。更重要的是，两项研究和 2D:4D 数据都显示了这两种表现形态有一个遗传基础，虽然它们表现出来

---

* 遗憾的是，Russe（1993）所定义的一夫一妻男性是在婚姻状态之中的男性。这种计算方式，肯定会高估了纯粹一夫一妻男性的数量。因为在任何时候，在西方的文化背景下，即使是婚姻状态之中的男性，也包括了那些其实处于暂时性婚姻状态的滥交男性。

† 性取向指数（或简称为 SOI，Sexual Orientation Index）（参见 Penke 和 Asendorpf 的论述，2008）。

的程度会因为不同文化的影响而产生一定的差异。

综上所述，有强有力的证据显示，人科物种在进化过程中的绝大部分时间里，都是有着和猿类相似的多偶制交配体系。如果说一夫一妻制确实得到了进化，那么大概也只能出现在解剖学意义上的现代人之中。即使如此，解剖学意义上的现代人的一夫一妻也不会是绝对纯粹的，而且也不会成为可以代表整个物种的特性。在人科物种中，两种性别都表现出性关系取向的多态性，对偶和滥交的两种表现形态大致均分。如果我们拿大猩猩和黑猩猩（加上红猩猩）之间的区别作为对偶结合和滥交之间不同点的基本参照，我们得到的数据将会显示，至少从古人开始（或许甚至从早期古人开始），就形成了某种类似大猩猩的伪单配偶形式，直到解剖学意义上的现代人出现，才有了在一定程度上更明确的对偶结合交配体系（当然，和固性的一夫一妻制还是有一定的距离）。

在这段关于人类演化故事的旅程中，我们把侧重点放在了认知和社会方面，而不是传统上更受青睐的化石和遗骨。这是因为，最终我们会发现，关于我们是如何从远古洪荒走到今天的这个终极问题，其实就是关于那些真正把我们和其他猿类区分开来的认知和社会方面的特性。从这个角度来说，

在这个故事的第一个阶段出现的南方古猿，无非是一种过渡到了双足行走的猿。现代人类从这个古老的猿类进化而来的过程曲折而漫长，仅仅是早期古人的出现就等待了整整两百万年。虽然双足行走在现代人类崛起的过程中扮演了一个重要的角色（因为实现了双足行走，才有可能对呼吸以一定的方式加以控制，继而成为欢笑和语言出现的关键），但是，单凭这一点还不足以让我们将南方古猿排除出猿类。和所有生态辐射一样，猿类的进化是围绕着同一主题的不断的精彩实验，有些非常成功（其中的一个，最终成就了我们），有些却令人扼腕。

关于我们是如何走到今天的这个故事，真正的开篇是第一个人类物种的出现。传统上，我们认为这个物种是匠人，但也有人认为是他们如流星般短暂存在的先驱（鲁道夫人和豪登人）。从那时起，这个故事就开始了它的斗争主题，一个在时间分配压力和环境选择下群体不断变大之间的斗争。从一开始的对抗天敌肉搏战，到后来的稀缺资源保卫战，到最后是和外族较量的迂回战。

人类演化的故事是一个不断寻找适应压力的新方案的过程，一个解决因为大脑和体型的变化所带来的社会和营养需求的过程。这个过程，有时候是一个阶段接着一个阶段的跳跃，惊涛拍岸中，推动着人类异常快速的进化；有时候却是朝着某个方向的静水深流，缓慢而坚定，雕刻着人类的面孔。

最终造就了我们的，是对基础人科物种的一系列精致入微的复杂调整，从生理角度，从社会角度，从认知角度。当然，是认知上的变化带给了我们现代世界的科学和艺术，但是，只有当这三个角度融合在一起，才拉开了现代人类关系的浩瀚画卷。

参考文献

第一章 几个事先的说明

- Balter, V., Braga, J., Télouk, P., and Thackeray, J. F. Evidence for dietary change but not landscape use in South African early hominins. *Nature* 489: 558–60.
- Brunet, M., Guy, F., Pilbeam, D., Mackaye, H. et al. (2002). A new hominid from the Upper Miocene of Chad, Central Africa. *Nature* 418: 145–51.
- De Miguel, C., and Heneberg, M. (2001). Variation in hominin brain size: how much is due to method? *Homo* 52: 3–58.
- Dunbar, R. I. M. (1993). Coevolution of neocortex size, group size and language in humans. *Behavioral and Brain Sciences* 16: 681–735.
- Dunbar, R. I. M. (2004). *The Human Story*. London: Faber and Faber.
- Dunbar, R. I. M. (2008). Mind the gap: or why humans aren't just great apes. *Proceedings of the British Academy* 154: 403–23.
- Dunbar, R. I. M., and Shultz, S. (2007). Understanding primate brain evolution. *Philosophical Transactions of the Royal Society, London* 362B: 649–58.
- Gowlett, J. A. J., Gamble, C., and Dunbar, R. I. M. (2012). Human evolution and the archaeology of the social brain. *Current Anthropology* 53: 693–722.
- Harrison, T. (2010). Apes among the tangled branches of human origins. *Science* 327: 532–4.
- Haslam, M., Hernandez-Aguílar, A., Ling, V. et al. (2009). Primate archaeology. *Nature* 460: 339–444.
- Ingman, M., Kaessmann, H., Pääbo, S., and Gyllensten, U. (2000). Mitochondrial genome variation and the origin of modern humans. *Nature* 408: 708–13.
- Klein, R. (1999). *The Human Career*, 2nd edition. Chicago: University of Chicago Press.
- Krause, J., Fu, Q., Good, J. et al. (2010). The complete mitochondrial DNA genome of an unknown hominin from southern Siberia. *Nature* 464: 894–97.

- Lahr, M. M., and Foley, R. (1994). Multiple dispersals and modern human origins. *Evolutionary Anthropology* 3: 48–60.
- Lockwood, C. A., Kimbel, W. H., and Lynch, J. M. (2004). Morphometrics and hominoid phylogeny: support for a chimpanzee–human clade and differentiation among great ape subspecies. *Proceedings of the National Academy of Sciences, USA* 101: 4356–60.
- McGrew, W. C. (1992). *Chimpanzee Material Culture: Implications for Human Evolution.* Cambridge: Cambridge University Press.
- Relethford, J. H. (1995). Genetics and modern human origins. *Evolutionary Anthropology* 4: 53–63.
- Reno, P., Meindl, R., McCollum, M., and Lovejoy, O. (2003). Sexual dimorphism in *Australopithecus afarensis* was similar to that of modern humans. *Proceedings of the National Academy of Sciences, USA* 100: 9404–9.
- Ruvolo, M. (1997). Molecular phylogeny of the hominoids: inferences from multiple independent DNA sequence data sets. *Molecular Biology and Evolution* 14: 248–65.
- Satta, Y., Klein, J., and Takahata, N. (2000). DNA archives and our nearest relative: the trichotomy problem revisited. *Molecular Phylogenetics and Evolution* 14: 259–75.
- Senut, B., Pickford, M., Gommery, D., Mein, P., Cheboi, K., and Coppens, Y. (2001). First hominid from the Miocene (Lukeino Formation, Kenya). *Comptes Rendus* 332: 137–44.
- Shultz, S., Nelson, E., and Dunbar, R. I. M. (2012). Hominin cognitive evolution: identifying patterns and processes in the fossil and archaeological record. *Philosophical Transactions of the Royal Society, London* 367B: 2130–40.
- Steudel-Numbers, K. L. (2006). Energetics in Homo erectus and other early hominins: the consequences of increased lower-limb length. *Journal of Human Evolution* 51: 445–53.
- Stoneking, M. (1993). DNA and recent human evolution. *Evolutionary Anthropology* 2: 60–73.
- Swedell, L., and Plummer, T. (2012). Papionin multilevel society as a model for hominin social evolution. *International Journal of Primatology* 33: 1165–93.
- Tooby, J., and DeVore, I. (1987). The reconstruction of hominid behavioural evolution through strategic modelling. In: W. G. Kinzey (ed.) *The Evolution of Human Behavior: Primate Models*, pp. 183–238. New York: State University of New York Press.
- Whiten, A., and Byrne, R. W. (eds) (1988). *Machiavellian Intelligence*. Oxford: Oxford University Press.

– Whiten, A., Horner, V., and Marshall-Pescini, S. (2003). Cultural panthropology. *Evolutionary Anthropology* 12: 92–105.
– Wynn, T., and Coolidge, F. L. (2004). The expert Neanderthal mind. *Journal of Human Evolution* 46: 467–87.

第二章　灵长类社会化的基础

– Abbott, D. H., Keverne, E. B., Moore, G. F., and Yodyinguad, U. (1986). Social suppression of reproduction in subordinate talapoin monkeys, *Miopithecus talapoin*. In: J. Else and P. C. Lee (eds) *Primate Ontogeny*, pp. 329–41. Cambridge: Cambridge University Press.
– Altmann, J. (1980). *Baboon Mothers and Infants*. Cambridge, MA: Harvard University Press.
– Apperly, I. A. (2012). What is 'theory of mind'? Concepts, cognitive processes and individual differences. *Quarterly Journal of Experimental Psychology* 65: 825–39.
– Aron, A., Aron, E. N., and Smollan, D. (1992). Inclusion of other in the self scale and the structure of interpersonal closeness. *Journal of Personality and Social Psychology* 63: 596–612.
– Berscheid, E. (1994). Interpersonal relationships. *Annual Review of Psychology* 45: 79–129.
– Berscheid, E., Snyder, M., and Omoto, A. M. (1989). The relationship closeness inventory: assessing the closeness of interpersonal relationships. *Journal of Personality and Social Psychology* 57: 792–807.
– Bettridge, C., and Dunbar, R. I. M. (2012). Perceived risk and predation in primates: predicting minimum permissible group size. *Folia Primatologica* 83: 332–52.
– Bowman, L. A., Dilley, S. R., and Keverne, E. B. (1978). Suppression of oestrogen-induced LH surges by social subordination in talapoin monkeys. *Nature* 275: 56–8.
– Broad, K. D., Curley, J. P., and Keverne, E. B. (2006). Mother–infant bonding and the evolution of mammalian social relationships. *Philosophical Transactions of the Royal Society, London* 361B: 2199–214.
– Carrington, S. J., and Bailey, A. J. (2009). Are there Theory of Mind regions in the brain? A review of the neuroimaging literature. *Human Brain Mapping* 30: 2313–35.
– Cartmill, E. A., and Byrne, R. B. (2007). Orangutans modify their gestural signaling according to their audience's comprehension. *Current Biology* 17: 1–4.

- Cowlishaw, G. (1994). Vulnerability to predation in baboon populations. *Behaviour* 131: 293–304.
- Crockford, C., Wittig, R. M., Mundry, R., and Zuberbühler, K. (2012). Wild chimpanzees inform ignorant group members of danger. *Current Biology* 22: 142–6.
- Curly, J. P., and Keverne, E. B. (2005). Genes, brains and mammal social bonds. *Trends in Ecology and Evolution* 20: 561–7.
- Depue, R. A., and Morrone-Strupinsky, J. V. (2005). A neurobehavioral model of affiliative bonding: implications for conceptualizing a human trait of affiliation. *Behavioral and Brain Sciences* 28: 313–95.
- Dunbar, R. I. M. (1980). Determinants and evolutionary consequences of dominance among female gelada baboons. *Behavioral Ecology and Sociobiology* 7: 253–65.
- Dunbar, R. I. M. (1988). *Primate Social Systems*. London: Chapman & Hall.
- Dunbar, R. I. M. (1988). Habitat quality, population dynamics and group composition in colobus monkeys (*Colobus guereza*). *International Journal of Primatology* 9: 299–329.
- Dunbar, R. I. M. (1989). Reproductive strategies of female gelada baboons. In: A. Rasa, C. Vogel and E. Voland (eds) *Sociobiology of Sexual and Reproductive Strategies*, pp. 74–92. London: Chapman & Hall.
- Dunbar, R. I. M. (1991). Functional significance of social grooming in primates. *Folia Primatologica* 57: 121–31.
- Dunbar, R. I. M. (1995). The mating system of Callitrichid primates. I. Conditions for the coevolution of pairbonding and twinning. *Animal Behaviour* 50: 1057–70.
- Dunbar, R. I. M. (2010). Brain and behaviour in primate evolution. In: P. M. Kappeler and J. Silk (eds) *Mind the Gap: Tracing the Origins of Human Universals*, pp. 315–30. Berlin: Springer.
- Dunbar, R. I. M. (2010). The social role of touch in humans and primates: behavioural function and neurobiological mechanisms. *Neuroscience and Biobehavioral Reviews* 34: 260–68.
- Dunbar, R. I. M., and Dunbar, P. (1988). Maternal time budgets of gelada baboons. *Animal Behaviour* 36: 970–80.
- Dunbar, R. I. M., and Lehmann, J. (2013) Grooming and cohesion in primates: a comment on Grueter et al. *Evolution and Human Behavior* 34: 453–455.
- Dunbar, R. I. M., and Shultz, S. (2010). Bondedness and sociality. *Behaviour* 147: 775–803.
- Fedurek, P., and Dunbar, R. I. M. (2009). What does mutual grooming tell us about why chimpanzees groom? *Ethology* 115: 566–75.

- Gallagher, H. L., and Frith, C. D. (2003). Functional imaging of 'theory of mind'. *Trends in Cognitive Sciences* 7: 77–83.
- Granovetter, M. (1973). The strength of weak ties. *American Journal of Sociology* 78: 1360–80.
- Granovetter, M. (1983). The strength of weak ties: a network theory revisited. *Sociological Theory* 1: 201–33.
- Grueter, C. C., Bissonnette, A., Isler, K., and van Schaik, C. P. (2013). Grooming and group cohesion in primates: implications for the evolution of language. *Evolution and Human Behavior* 34: 61–8.
- Harcourt, A. H. (1992). Coalitions and alliances: are primates more complex than non-primates? In: A. H. Harcourt and F. B. M. de Waal (eds.) *Coalitions and Alliances in Humans and Other Animals*, pp. 445–72. Oxford: Oxford University Press.
- Harcourt, A. H., and Greenberg, J. (2001). Do gorilla females join males to avoid infanticide? A quantitative model. *Animal Behaviour* 62: 905–15.
- Hare, B., Call, J., Agnetta, B., and Tomasello, M. (2000). Chimpanzees know what conspecifics do and do not see. *Animal Behaviour* 59: 771–85.
- Hare, B., Call, J., and Tomasello, M. (2001). Do chimpanzees know what conspecifics know? *Animal Behaviour* 61: 139–51.
- Hill, R. A., and Dunbar, R. I. M. (1998). An evaluation of the roles of predation rate and predation risk as selective pressures on primate grouping behaviour. *Behaviour* 135: 411–30.
- Hill, R. A., and Lee, P. C. (1998). Predation pressure as an influence on group size in Cercopithecoid primates: implications for social structure. *Journal of Zoology* 245: 447–56.
- Hill, R. A., Lycett, J., and Dunbar, R. I. M. (2000). Ecological determinants of birth intervals in baboons. *Behavioral Ecology* 11: 560–64.
- Huelsenbeck, J. P., Ronquist, F., Nielsen, R., and Bollback, J. P. (2001). Bayesian inference of phylogeny and its impact on evolutionary biology. *Science* 294: 2310–14.
- Isler, K., and van Schaik, C. P. (2006). Metabolic costs of brain size evolution. *Biology Letters* 2: 557–60.
- Karbowski, J. (2007). Global and regional brain metabolic scaling and its functional consequences. *BMC Biology* 5: 18–46.
- Keverne, E. B., Martensz, N., and Tuite, B. (1989). Beta-endorphin concentrations in cerebrospinal fluid of monkeys are influenced by grooming relationships. *Psychoneuroendocrinology* 14: 155–61.
- Kinderman, P., Dunbar, R. I. M., and Bentall, R. P. (1998). Theory-of-mind deficits and causal attributions. *British Journal of Psychology* 89: 191–204.

- Komers, P. E., and Brotherton, P. N. M. (1997). Female space use is the best predictor of monogamy in mammals. *Proceedings of the Royal Society, London* 264B: 1261–70.
- Lehmann, J., Korstjens, A. H., and Dunbar, R. I. M. (2007). Group size, grooming and social cohesion in primates. *Animal Behaviour* 74: 1617–29.
- Lewis, P. A., Birch, A., Hall, A., and Dunbar, R. I. M. (2013). Higher order intentionality tasks are cognitively more demanding: evidence for the social brain hypothesis.
- Lewis, P. A., Rezaie, R., Browne, R., Roberts, N., and Dunbar, R. I. M. (2011). Ventromedial prefrontal volume predicts understanding of others and social network size. *NeuroImage* 57: 1624–9.
- Machin, A., and Dunbar, R. I. M. (2011). The brain opioid theory of social attachment: a review of the evidence. *Behaviour* 148: 985–1025.
- O'Connell, S., and Dunbar, R. I. M. (2003). A test for comprehension of false belief in chimpanzees. *Evolution and Cognition* 9: 131–9.
- Opie, C., Atkinson, Q., Dunbar, R. I. M., and Shultz, S. (2013). Male infanticide leads to social monogamy in primates. *Proceedings of the National Academy of Sciences, USA* 110: 13328–32.
- van Overwalle, F. (2009). Social cognition and the brain: a meta-analysis. *Human Brain Mapping* 30: 829–58.
- Powell, J., Lewis, P. A., Dunbar, R. I. M., García-Fiñana, M., and Roberts, N. (2010). Orbital prefrontal cortex volume correlates with social cognitive competence. *Neuropsychologia* 48: 3554–62.
- Roberts, S. B. G., and Dunbar, R. I. M. (2011). The costs of family and friends: an 18-month longitudinal study of relationship maintenance and decay. *Evolution and Human Behavior* 32: 186–97.
- Roberts, S. B. G., Arrow, H., Lehmann, J., and Dunbar, R. I. M. (2014). Close social relationships: an evolutionary perspective. In: R. I. M. Dunbar, C. Gamble and J. A. J. Gowlett (eds) *Lucy to Language: The Benchmark Papers*, pp. 151–80. Oxford: Oxford University Press.
- van Schaik, C. P., and Dunbar, R. I. M. (1990). The evolution of monogamy in large primates: a new hypothesis and some crucial tests. *Behaviour* 115: 30–61.
- van Schaik, C. P., and Kappeler, P. M. (2003). The evolution of social monogamy in primates. In: Reichard, U. H., and Boesch, C. (eds) *Monogamy: Mating Strategies and Partnerships in Birds, Humans and Other Mammals*, pp. 59–80. Cambridge: Cambridge University Press.
- Shultz, S., Opie, C., and Atkinson, Q. D. (2011). Stepwise evolution of stable sociality in primates. *Nature* 479: 219–222.
- Silk, J. B., Alberts, S. C., and Altmann, J. (2003). Social bonds of female baboons enhance infant survival. *Science* 302: 1232–4.

- Silk, J. B., Beehner, J. C., Bergman, T. J., et al. (2009). The benefits of social capital: close social bonds among female baboons enhance offspring survival. *Proceedings of the Royal Society, London* 276B: 3099–104.
- Stiller, J., and Dunbar, R. I. M. (2007). Perspective-taking and memory capacity predict social network size. *Social Networks* 29: 93–104.
- Sutcliffe, A., Dunbar, R. I. M., Binder, J., and Arrow, H. (2012). Relationships and the social brain: integrating psychological and evolutionary perspectives. *British Journal of Psychology* 103: 149–68.
- Vrontou, S., Wong, A., Rau, K., Koerber, H., and Anderson, D. (2013). Genetic identification of C fibres that detect massage-like stroking of hairy skin in vivo. *Nature* 493: 669–73.
- Wittig, R. M., Crockford, C., Lehmann, J. et al. (2008). Focused grooming networks and stress alleviation in wild female baboons. *Hormones and Behavior* 54: 170–77.

第三章　基本的架构

- Barrickman, N. L., Bastian, M. L., Isler, K., and van Schaik, C. P. (2007). Life history costs and benefits of encephalization: a comparative test using data from long-term studies of primates in the wild. *Journal of Human Evolution* 54: 568–90.
- Barton, R. A., and Dunbar, R. I. M. (1997). Evolution of the social brain. In: A. Whiten and R. Byrne (eds) *Machiavellian Intelligence II*, pp. 240–63. Cambridge: Cambridge University Press.
- Bergman, T. J., Beehner, J. C., Cheney, D. L., and Seyfarth, R. M. (2003). Hierarchical classification by rank and kinship in baboons. *Science* 302: 1234–6.
- Bettridge, C., and Dunbar, R. I. M. (2013). Perceived risk and predation in primates: predicting minimum permissible group size. *Folia Primatologica*
- Bettridge, C., Lehmann, J., and Dunbar, R. I. M. (2010). Trade-offs between time, predation risk and life history, and their implications for biogeography: a systems modelling approach with a primate case study. *Ecological Modelling* 221: 777–90.
- Byrne, R. W., and Corp, N. (2004). Neocortex size predicts deception rate in primates. *Proceedings of the Royal Society, London* 271B: 1693–9.
- Curry, O., Roberts, S. B. G., and Dunbar, R. I. M. (2013). Altruism in social networks: evidence for a 'kinship premium'. *British Journal of Psychology* 104: 283–95.

– Deeley, Q., Daly, E., Asuma, R. et al. (2008). Changes in male brain responses to emotional faces from adolescence to middle age. *NeuroImage* 40: 389–97.
– Dunbar, R. I. M. (1988). *Primate Social Systems*. London: Chapman & Hall.
– Dunbar, R. I. M. (1992a). Neocortex size as a constraint on group size in primates. *Journal of Human Evolution* 22: 469–93.
– Dunbar, R. I. M. (1992b). A model of the gelada socio-ecological system. *Primates* 33: 69–83.
– Dunbar, R. I. M. (1993). Coevolution of neocortex size, group size and language in humans. *Behavioral and Brain Sciences* 16: 681–735.
– Dunbar, R. I. M. (1998). The social brain hypothesis. *Evolutionary Anthropology* 6: 178–90.
– Dunbar, R. I. M. (2008). Mind the gap: or why humans aren't just great apes. *Proceedings of the British Academy* 154: 403–23.
– Dunbar, R. I. M. (2011). Evolutionary basis of the social brain. In: J. Decety and J. Cacioppo (eds) *Oxford Handbook of Social Neuroscience*, pp. 28–38. Oxford: Oxford University Press.
– Dunbar, R. I. M. (2011). Constraints on the evolution of social institutions and their implications for information flow. *Journal of Institutional Economics* 7: 345–71.
– Dunbar, R. I. M. (2014). What's so social about the social brain hypothesis? *Frontiers of Human Neuroscience* {to come}
– Dunbar, R. I. M., and Shi, J. (2013). Time as a constraint on the distribution of feral goats at high latitudes. *Oikos* 122: 403–10.
– Dunbar, R. I. M., and Shultz, S. (2007). Understanding primate brain evolution. *Philosophical Transactions of the Royal Society, London* 362B: 649–58.
– Dunbar, R. I. M., and Shultz, S. (2010). Bondedness and sociality. *Behaviour* 147: 775–803.
– Dunbar, R. I. M., Korstjens, A. H., and Lehmann, J. (2009). Time as an ecological constraint. *Biological Reviews of the Cambridge Philosophical Society* 84: 413–29.
– Elton, S. (2006). Forty years on and still going strong: the use of hominin-cercopithecid comparisons in palaeoanthropology. *Journal of the Royal Anthropological Institute* 12: 19–38.
– Fay, J. M., Carroll, R., Peterhans, J. C. K., and Harris, D. (1995). Leopard attack on and consumption of gorillas in the Central African Republic. *Journal of Human Evolution* 29: 93–9.
– Hamilton, M. J., Milne, B. T., Walker, R. S., Burger, O., and Brown, J. H. (2007). The complex structure of hunter-gatherer social networks. *Proceedings of the Royal Society, London* 274B: 2195–203.

- Hill, R. A., and Dunbar, R. I. M. (2003). Social network size in humans. *Human Nature* 14: 53–72.
- Hill, R. A., Bentley, A., and Dunbar, R. I. M. (2008). Network scaling reveals consistent fractal pattern in hierarchical mammalian societies. *Biology Letters* 4: 748–51.
- Joffe, T. H. (1997). Social pressures have selected for an extended juvenile period in primates. *Journal of Human Evolution* 32: 593–605.
- Joffe, T. H., and Dunbar, R. I. M. (1997). Visual and socio-cognitive information processing in primate brain evolution. *Proceedings of the Royal Society, London* 264B: 1303–7.
- Kanai, R., Bahrami, B., Roylance, R., and Rees, G. (2012). Online social network size is reflected in human brain structure. *Proceedings of the Royal Society, London* 279: 1327–34.
- Kelley, J. L., Morrell, L. J., Inskip, C., Krause, J., and Croft, D. P. (2011). Predation risk shapes social networks in fission-fusion populations. *PLoS-One* 6: e24280.
- Korstjens, A. H., and Dunbar, R. I. M. (2007). Time constraints limit group sizes and distribution in red and black-and-white colobus monkeys. *International Journal of Primatology* 28: 551–75.
- Korstjens, A. H., Lehmann, J., and Dunbar, R. I. M. (2010). Resting time as an ecological constraint on primate biogeography. *Animal Behaviour* 79: 361–74.
- Korstjens, A. H., Verhoeckx, I., and Dunbar, R. I. M. (2006). Time as a constraint on group size in spider monkey. *Behavioural Ecology and Sociobiology* 60: 683–94.
- Kudo, H., and Dunbar, R. I. M. (2001). Neocortex size and social network size in primates. *Animal Behaviour* 62: 711–22.
- Layton, R., O'Hara, S., and Bilsborough, A. (2012). Antiquity and social functions of multilevel social organization among human hunter-gatherers. *International Journal of Primatology* 33: 1215–45.
- Lehmann, J., and Dunbar, R. I. M. (2009). Network cohesion, group size and neocortex size in female-bonded Old World primates. *Proceedings of the Royal Society, London* 276B: 4417–22.
- Lehmann, J., and Dunbar, R. I. M. (2009). Implications of body mass and predation for ape social system and biogeographical distribution. *Oikos* 118: 379–90.
- Lehmann, J., Korstjens, A. H., and Dunbar, R. I. M. (2007). Group size, grooming and social cohesion in primates. *Animal Behaviour* 74: 1617–29.
- Lehmann, J., Korstjens, A. H., and Dunbar, R. I. M. (2007). Fission–fusion social systems as a strategy for coping with ecological constraints: a primate case. *Evolutionary Ecology* 21: 613–34.

- Lehmann, J., Korstjens, A. H., and Dunbar, R. I. M. (2008a). Time management in great apes: implications for gorilla biogeography. *Evolutionary Ecology Research* 10: 517–36.
- Lehmann, J., Korstjens, A. H., and Dunbar, R. I. M. (2008b). Time and distribution: a model of ape biogeography. *Ecology, Evolution and Ethology* 20: 337–59.
- Lehmann, J., Korstjens, A. H., and Dunbar, R. I. M. (2010). Apes in a changing world – the effects of global warming on the behaviour and distribution of African apes. *Journal of Biogeography* 37: 2217–31.
- Lehmann, J., Lee, P. C., and Dunbar, R. I. M. (2014). Unravelling the evolutionary function of communities. In: R. I. M. Dunbar, C. S. Gamble and J. A. J. Gowlett (eds) *Lucy to Language: The Benchmark Papers*, pp. 245–76. Oxford: Oxford University Press.
- Lewis, P. A., Rezaie, R., Browne, R., Roberts, N., and Dunbar, R. I. M. (2011). Ventromedial prefrontal volume predicts understanding of others and social network size. *NeuroImage* 57: 1624–9.
- Marlowe, F. G. (2005). Hunter-gatherers and human evolution. *Evolutionary Anthropology* 14: 54–67.
- Mink, J. W., Blumenschine, R. J., and Adams, D. B. (1981). Ratio of central nervous system to body metabolism in vertebrates – its constancy and functional basis. *American Journal of Physiology* 241: R203–12.
- O'Donnell, S., Clifford, M., and Molina, Y. (2011). Comparative analysis of constraints and caste differences in brain investment among social paper wasps. *Proceedings of the National Academy of Sciences, USA* 108: 7107–12.
- Palombit, R. A. (1999). Infanticide and the evolution of pairbonds in nonhuman primates. *Evolutionary Anthropology* 7: 117–29.
- Passingham, R. E., and Wise, S. P. (2012). *The Neurobiology of the Prefrontal Cortex.* Oxford: Oxford University Press.
- Pawłowski, B. P., Lowen, C. B., and Dunbar, R. I. M. (1998). Neocortex size, social skills and mating success in primates. *Behaviour* 135: 357–68.
- Pérez-Barbería, J., Shultz, S., and Dunbar, R. I. M. (2007). Evidence for intense coevolution of sociality and brain size in three orders of mammals. *Evolution* 61: 2811–21.
- Powell, J., Lewis, P. A., Roberts, N., García-Fiñana, M., and Dunbar, R. I. M. (2012). Orbital prefrontal cortex volume predicts social network size: an imaging study of individual differences in humans. *Proceedings of the Royal Society, London* 279B: 2157–62.
- de Ruiter, J., Weston, G., and Lyon, S. M. (2011). Dunbar's number: group size and brain physiology in humans reexamined. *American Anthropologist* 113: 557–68

-   Roberts, S. B. G., and Dunbar, R. I. M. (2011). The costs of family and friends: an 18-month longitudinal study of relationship maintenance and decay. *Evolution and Human Behavior* 32: 186–97.
-   Roberts, S. B. G., Dunbar, R. I. M., Pollet, T., and Kuppens, T. (2009). Exploring variations in active network size: constraints and ego characteristics. *Social Networks* 31: 138–46.
-   Sallet, J., Mars, R. B., Noonan, M. P., et al. (2011). Social network size affects neural circuits in macaques. *Science* 334: 697–700.
-   Saramäki, J., Leicht, E., López, E., Roberts, S., Reed-Tsochas, F., and Dunbar, R. I. M. (2014): The persistence of social signatures in human communication. *Proceedings of the National Academy of Sciences, USA.*
-   Sayers, K., and Lovejoy, C. O. (2008). The chimpanzee has no clothes: a critical examination of *Pan troglodytes* in models of human evolution. *Current Anthropology* 49: 87–114.
-   van Schaik, C. P. (1983). Why are diurnal primates living in groups? *Behaviour* 87: 91–117.
-   Shultz, S., and Dunbar, R. I. M. (2006). Chimpanzee and felid diet composition is influenced by prey brain size. *Biology Letters* 2: 505–8.
-   Shultz, S., and Dunbar, R. I. M. (2007). The evolution of the social brain: Anthropoid primates contrast with other vertebrates. *Proceedings of the Royal Society, London* 274B: 2429–36.
-   Shultz, S., and Dunbar, R. I. M. (2010). Encephalisation is not a universal macroevolutionary phenomenon in mammals but is associated with sociality. *Proceedings of the National Academy of Sciences, USA* 107: 21582–6.
-   Shultz, S., and Finlayson, L. V. (2010). Large body and small brain and group sizes are associated with predator preferences for mammalian prey. *Behavioral Ecology* 21: 1073–9.
-   Shultz, S., Noe, R., McGraw, S., and Dunbar, R. I. M. (2004). A community-level evaluation of the impact of prey behavioural and ecological characteristics on predator diet composition. *Proceedings of the Royal Society, London* 271B: 725–32.
-   Smith, A. R., Seid, M. A., Jimenez, L., and Wcislo, W. T. (2010). Socially induced brain development in a facultatively eusocial sweat bee *Megalopta genalis* (Halictidae). *Proceedings of the Royal Society, London* 277B: 2157–63.
-   Smuts, B. B., and Nicholson, N. (1989). Dominance rank and reproduction in female baboons. *American Journal of Primatology* 19: 229–46.
-   Tsukahara, T. (1993). Lions eat chimpanzees: the first evidence of predation by lions on wild chimpanzees. *American Journal of Primatology* 29: 1–11.
-   Wellman, B. (2012). Is Dunbar's number up? *British Journal of Psychology.* 103: 174–6.

- Willems, E., and Hill, R. A. (2009). A critical assessment of two species distribution models taking vervet monkeys (*Cercopithecus aethiops*) as a case study. *Journal of Biogeography* 36: 2300–312.
- Zhou, W.-X., Sornette, D., Hill, R. A., and Dunbar, R. I. M. (2005). Discrete hierarchical organization of social group sizes. *Proceedings of the Royal Society, London* 272B: 439–44.

第四章　第一次过渡：南方古猿

- Barrett, L., Gaynor, D., Rendall, D., Mitchell, D., and Henzi, S. P. (2004). Habitual cave use and thermoregulation in chacma baboons (*Papio hamadryas ursinus*). *Journal of Human Evolution* 46: 215–22.
- Boesch-Achermann, H., and Boesch, C. (1993). Tool use in wild chimpanzees: new light from dark forests. *Current Directions in Psychological Science* 2: 18–22.
- Boesch, C., and Boesch, H. (1983). Optimization of nut-cracking with natural hammers by wild chimpanzess. *Behaviour* 83: 265–86.
- Berger, L. (2007). Further evidence for eagle predation of, and feeding damage on, the Taung child. *South African Journal of Science* 103: 496–8.
- Bettridge, C. M. (2010). *Reconstructing Australopithecine Socioecology Using Strategic Modelling Based on Modern Primates*. DPhil thesis, University of Oxford.
- Brain, C. K. (1970). New finds at the Swartkrans australopithecine site. *Nature* 225: 1112–19.
- Carvalho, S., Biro, D., Cunha, E. et al. (2012). Chimpanzee carrying behaviour and the origins of human bipedality. *Current Biology* 22: R180–81.
- Cerling, T., Mbua, E., Kirera, F. et al. (2011). Diet of *Paranthropus boisei* in the early Pleistocene of East Africa. *Proceedings of the National Academy of Sciences, USA* 108: 9337–41.
- Copeland, S., Sponheimer, M., de Ruiter, J. et al. (2011). Strontium isotope evidence for landscape use by early hominins. *Nature* 474: 76–9.
- Dezecache, G., and Dunbar, R. I. M. (2012). Sharing the joke: the size of natural laughter groups. *Evolution and Human Behavior* 33: 775–9.
- Dunbar, R. I. M. (2010). Deacon's dilemma: the problem of pairbonding in human evolution. In: R. I. M. Dunbar, C. Gamble and J. A. G. Gowlett (eds) *Social Brain, Distributed Mind*, pp. 159–79. Oxford: Oxford University Press.
- Foley, R. A., and Elton, S. (1995). Time and energy: the ecological context for the evolution of bipedalism. In: E. Strasser, J. Fleagle, A. Rosenberger and H. McHenry (eds) *Primate Locomotion: Recent Advances*, pp. 419–33. New York: Plenum Press.

- Hunt, K. D. (1994). The evolution of human bipedality: ecology and functional morphology. *Journal of Human Evolution* 26: 183–202.
- Klein, R. G. (2000). *The Human Career: Human Biological and Cultural Origins*, 3rd edition. Chicago: Chicago University Press.
- Lawrence, K. T., Sosdian, S., White, H. E., and Rosenthal, Y. (2010). North Atlantic climate evolution through the Plio-Pleistocene climate transitions. *Earth and Planetary Science Letters* 300: 329–42.
- Lehmann, J., and Dunbar, R. I. M. (2009). Implications of body mass and predation for ape social system and biogeographical distribution. *Oikos* 118: 379–90.
- Lovejoy, C. O. (1981). The origin of man. *Science* 211: 341–50.
- Lovejoy, C. O. (2009). Reexamining human origins in light of *Ardipithecus ramidus*. *Science* 326: 74e1–8.
- McGraw, W. S., Cooke, C., and Shultz, S. (2006). Primate remains from African crowned eagle (*Stephanoaetus coronatus*) nests in Ivory Coast's Tai Forest: Implications for primate predation and early hominid taphonomy in South Africa. *American Journal of Physical Anthropology* 131: 151–65.
- McPherron, S., Alemseged, Z., Marean, C. et al. (2010). Evidence for stone-tool-assisted consumption of animal tissues before 3.39 million years ago at Dikika, Ethiopia. *Nature* 466: 857–60.
- Marlowe, F., and Berbesque, J. (2009). Tubers as fallback foods and their impact on Hadza hunter-gatherers. *American Journal of Physical Anthropology* 140: 751–58.
- Nelson, E., and Shultz, S. (2010). Finger length ratios (2D:4D) in anthropoids implicate reduced prenatal androgens in social bonding. *American Journal of Physical Anthropology* 141: 395–405.
- Nelson, E., Rolian, C., Cashmore, L., and Shultz, S. (2011). Digit ratios predict polygyny in early apes, *Ardipithecus*, Neanderthals and early modern humans but not in Australopithecus. *Proceedings of the Royal Society, London* 278B: 1556–63.
- Pawłowski, B. P., Lowen, C. B., and Dunbar, R. I. M. (1998). Neocortex size, social skills and mating success in primates. *Behaviour* 135: 357–68.
- Platt, J. R. (1964). Strong inference. *Science* 146: 347–53.
- Pontzer, H., Raichlen, D. A., Sockol, M. D. (2009). The metabolic costs of walking in humans, chimpanzees and early hominins. *Journal of Human Evolution* 56: 43–54.
- Reno, P. L., McCollum, M. A., Meindl, R. S., and Lovejoy, C. O. (2010). An enlarged postcranial sample confirms *Australopithecus afarensis* dimorphism was similar to modern humans. *Philosophical Transactions of the Royal Society* 365B: 3355–63.

- Reno, P. L., Meindl, R. S., McCollum, M. A., and Lovejoy, C. O. (2003). Sexual dimorphism in *Australopithecus afarensis* was similar to that of modern humans. *Proceedings of the National Academy of Sciences, USA* 100: 9404–9.
- Richmond, B. G., Aiello, L. C., and Wood, B. (2002). Early hominin limb proportions. *Journal of Human Evolution* 43: 529–48.
- Richmond, B. G., Strait, D. S., and Begun, D. R. (2001). Origin of human bipedalism: the knuckle-walking hypothesis revisited. *Yearbook of Physical Anthropology* 44: 70–105.
- Ruxton, G. D., and Wilkinson, D. M. (2011). Thermoregulation and endurance running in extinct hominins: Wheeler's models revisited. *Journal of Human Evolution* 61: 169–75.
- Ruxton, G. D., and Wilkinson, D. M. (2011). Avoidance of overheating and selection for both hair loss and bipedality in hominins. *Proceedings of the National Academy of Sciences, USA* 108: 20965–9.
- Schmid, P., Churchill, S. E., Nalla, S. et al. (2013). Mosaic morphology in the thorax of *Australopithecus sediba*. *Science* 340.
- Sockol, M. D., Raichlen, D. A., and Pontzer, H. (2007). Chimpanzee locomotor energetics and the origin of human bipedalism. *Proceedings of the National Academy of Sciences, USA* 104: 12265–9.
- Sponheimer, M., and Lee-Thorpe, J. (2003). Differential resource utilization by extant great apes and australopithecines: towards solving the C_4 conundrum. *Comparative Biochemistry and Physiology* 136A: 27–34.
- Sponheimer, M., Lee-Thorpe, J., de Ruiter, D. et al. (2005). Hominins, sedges, and termites: new carbon isotope data from the Sterkfontein valley and Kruger National Park. *Journal of Human Evolution* 48: 301–12.
- Tsukahara, T. (1993). Lions eat chimpanzees: the first evidence of predation by lions on wild chimpanzees. *American Journal of Primatology* 29: 1–11.
- Ungar, P. S., and Sponheimer, M. (2011). The diets of early hominins. *Science* 334: 190–93.
- Ungar, P. S., Grine, F. E., and Teaford, M. F. (2006). Diet in early *Homo*: a review of the evidence and a new model of adaptive versatility. *Annual Review of Anthropology* 35: 209–28.
- Wheeler, P. E. (1984). The evolution of bipedality and loss of functional body hair in hominids. *Journal of Human Evolution* 13: 91–8.
- Wheeler, P. E. (1985). The loss of functional body hair in man: the influence of thermal environment, body form and bipedality. *Journal of Human Evolution* 14: 23–8.
- Wheeler, P. E. (1991). The thermoregulatory advantages of hominid bipedalism in open equatorial environments: the contribution of increased

convective heat loss and cutaneous evaporative cooling. *Journal of Human Evolution* 21: 107–15.

- Wheeler, P. E. (1991). The influence of bipedalism on the energy and water budgets of early hominids. *Journal of Human Evolution* 21: 117–36.
- Wheeler, P. E. (1992). The thermoregulatory advantages of large body size for hominids foraging in savannah environments. *Journal of Human Evolution* 23: 351–62.
- Wheeler, P. E. (1992). The influence of the loss of functional hair on the water budgets of early hominids. *Journal of Human Evolution* 23: 379–88.
- Wheeler, P. E. (1993). The influence of stature and body form on hominid energy and water budgets: a comparison of Australopithecus and early *Homo* physiques. *Journal of Human Evolution* 24: 13–28.

第五章　第二次过渡：早期古人

- Aiello, L. C., and Wells, J. (2002). Energetics and the evolution of the genus *Homo*. *Annual Review of Anthropology* 31: 323–38.
- Aiello, L. C., and Wheeler, P. (1995). The expensive tissue hypothesis: the brain and the digestive system in human evolution. *Current Anthropology* 36: 199–221.
- Allen, K. L., and Kay, R. F. (2012). Dietary quality and encephalization in platyrrhine primates. *Proceedings of the Royal Society,London* 279B: 715–21.
- Alperson-Afil, N. (2008). Continual fire-making by hominins at Gesher Benot Ya'aqov, Israel. *Quaternary Science Reviews* 27: 1733–9.
- Bailey, D., and Geary, D. (2009). Hominid Brain Evolution. *Human Nature* 20: 67–79.
- Barbetti, M., Clark, J. D., Williams, F. M., and Williams, M. A. J. (1980). Palaeomagnetism and the search for very ancient fireplaces in Africa. Results from a million-year-old Acheulian site in Ethiopia. *Anthropologie* 18: 299–304.
- Behrensmeyer, A. K., Todd, N. E., Potts, R., and McBrinn, G. E. (1997). Late Pliocene faunal turnover in the Turkana Basin, Kenya and Ethiopia. *Science* 278: 1589–94.
- Bellomo, R. V. (1994). Methods of determining early hominid behavioural activities associated with the controlled use of fire at FxJj20 Main, Koobi Fora, Kenya. *Journal of Human Evolution* 27: 173–95.
- Berna, F., Goldberg, P., Horwitz, L. K. et al. (2012). Microstratigraphic evidence of in situ fire in the Acheulean strata of Wonderwerk Cave, Northern Cape Province, South Africa. *Proceedings of the National Academy of Sciences, USA* 109: E1215–20.

– Binford, L. R., and Ho, C. K. (1985). Taphonomy at a distance: Zhoukoudian, 'the cave home of Beijing man'? *Current Anthropology* 26: 413–42.

– Brain, C. K., and Sillen, A. (1988). Evidence from the Swartkrans cave for the earliest use of fire. *Nature* 336: 464–6.

– Brown, K. S., Marean, C. W., Herries, A. I. R. et al. (2009). Fire as an engineering tool of early modern humans. *Science* 325: 859–62.

– Carmody, R. N., and Wrangham, R. W. (2009). The energetic significance of cooking. *Journal of Human Evolution* 57: 379–91.

– Clark, J. D., and Harris, J. W. K. (1985). Fire and its roles in early hominid lifeways. *African Archaeological Review* 3: 3–27.

– Coqueugniot, H., Hublin, J.-J., Veillon, F., Houët, F., and Jacob, T. (2004). Early brain growth in *Homo erectus* and implications for cognitive ability. *Nature* 431: 299–302.

– Cordain, L., Miller, J. B., Eaton, S. B., Mann, N., Holt, S. H. A., and Speth, J. D. (2000). Plant-animal subsistence ratios and macronutrient energy estimations in worldwide hunter-gatherer diets. *American Journal of Clinical Nutrition* 71: 682–92.

– Davila Ross, M., Allcock, B., Thomas, C., and Bard, K. A. (2011). Aping expressions? Chimpanzees produce distinct laugh types when responding to laughter of others. *Emotion* 11: 1013–20.

– Davila Ross, M., Owren, M. J., and Zimmermann, E. (2009). Reconstructing the evolution of laughter in great apes and humans. *Current Biology*, 19, 1–6.

– deMenocal, P. B. (2004). African climate change and faunal evolution during the Pliocene/Pleistocene. *Earth and Planetary Science Letters* 220: 3–24.

– De Miguel, C., and Heneberg, M. (2001). Variation in hominin brain size: how much is due to method? *Homo* 52: 3–58.

– Dezecache, G., and Dunbar, R. I. M. (2012). Sharing the joke: the size of natural laughter groups. *Evolution and Human Behavior* 33: 775–9.

– Dunbar, R. I. M. (2000). Male mating strategies: a modelling approach. In: P. Kappeler (ed.) *Primate Males*, pp. 259–68. Cambridge: Cambridge University Press.

– Dunbar, R. I. M. (2012). Bridging the bonding gap: the transition from primates to humans. *Philosophical Transactions of the Royal Society, London* 367B: 1837–46.

– Dunbar, R. I. M., and Gowlett, J. A. J. (2013). Fireside chat: the impact of fire on hominin socioecology. In: R. I. M. Dunbar, C. Gamble and J. A. J. Gowlett (eds) *The Lucy Project: The Benchmark Papers*, pp. 277–96. Oxford: Oxford University Press.

– Dunbar, R. I. M., and Shultz, S. (2007). Understanding primate brain evolution. *Philosophical Transactions of the Royal Society, London* 362B: 649–58.

– Dunbar, R. I. M., Baron, R., Frangou, A. et al. (2012). Social laughter is correlated with an elevated pain threshold. *Proceedings of the Royal Society, London* 279B: 1161–7.

– Dunbar, R. I. M., Marriot, A., and Duncan, N. (1997). Human conversational behaviour. *Human Nature* 8: 231–46.

– Gonzalez-Voyer, A., Winberg, S., and Kolm, N. (2009). Social fishes and single mothers: brain evolution in African cichlids. *Proceedings of the Royal Society, London* 276B: 161–7.

– Goren-Inbar N., Alperson N., Kislev, M. E. et al. (2004). Evidence of hominin control of fire at Gesher Benot Ya'aqov, Israel. *Science* 304: 725–7.

– Goudsbloom, J. (1995). *Fire and Civilisation*. Harmondsworth: Penguin.

– Gowlett, J. A. J. (2006). The early settlement of northern Europe: fire history in the context of climate change and the social brain. *Comptes Rendus Palevol* 5: 299–310

– Gowlett, J. A. J. (2010). Firing up the social brain. In: R. I. M. Dunbar, C. Gamble and J. A. J. Gowlett (eds) *Social Brain and Distributed Mind*, pp. 345–70. Oxford: Oxford University Press.

– Gowlett, J. A. J., and Wrangham, R. W. (2013). Earliest fire in Africa: towards convergence of archaeological evidence and the cooking hypothesis. *Azania* 48: 5–30.

– Gowlett, J. A. J., Hallos, J., Hounsell, S., Brant, V., and Debenham, N. C. (2005). Beeches Pit – archaeology, assemblage dynamics and early fire history of a Middle Pleistocene site in East Anglia, UK. *Eurasian Prehistory* 3: 3–38.

– Gowlett, J. A. J., Harris, J. W. K., Walton, D., and Wood, B. A. (1981). Early archaeological sites, hominid remains and traces of fire from Chesowanja, Kenya. *Nature* 294: 125–9.

– Hallos J. (2005). '15 Minutes of Fame': exploring the temporal dimension of Middle Pleistocene lithic technology. *Journal of Human Evolution* 49: 155–79.

– Hartwig, W., Rosenberger, A., Norconk, M., and Owl, M. (2011). Relative brain size, gut size, and evolution in New World Monkeys. *Anatomical Record* 294: 2207–21.

– Isler, K., and van Schaik, C. P. (2009). The expensive brain: a framework for explaining evolutionary changes in brain size. *Journal of Human Evolution* 57: 392–400.

– Isler, K., and van Schaik, C. P. (2012). How our ancestors broke through the gray ceiling. *Current Anthropology* 53: S453–65.

– Klein, R. G. (2000). *The Human Career: Human Biological and Cultural Origins*, 3rd edition. Chicago: Chicago University Press.

- Kotrschal, A., Rogell, B., Bundsen, A. et al. (2013). Artificial selection on relative brain size in the guppy reveals costs and benefits of evolving a larger brain. *Current Biology* 23: 1–4.
- Larson, S. G. (2007). Evolutionary transformation of the hominin shoulder. *Evolutionary Anthropology* 16: 172–87.
- Lehmann, J., Korstjens, A. H., and Dunbar, R. I. M. (2007). Group size, grooming and social cohesion in primates. *Animal Behaviour* 74: 1617–29.
- Leonard, W. R., Robertson, M. L., Snodgrass, J. J., and Kuzawa, C. W. (2003). Metabolic correlates of hominid brain evolution. *Comparative Biochemistry and Physiology* 136A: 5–15.
- Ludwig, B. (2000). New evidence for the possible use of controlled fire from ESA sites in the Olduvai and Turkana basins. *Journal of Human Evolution* 38: A17.
- de Lumley, H. (2006). Il y a 400,000 ans: la domestication du feu, un formidable moteur d'hominisation. In: H. de Lumley (ed.) *Climats, Cultures et Sociétés aux Temps Préhistoriques, de l'Apparition des Hominidés Jusqu'au Néolithique. Comptes Rendus Palevol* 5: 149–54.
- McKinney, C. (2001). The uranium-series age of wood from Kalambo Falls. Appendix D in: J. D. Clark (ed.) 2001. *Kalambo Falls*, Vol. 3, pp. 665–74. Cambridge: Cambridge University Press.
- Maslin, M. A., and Trauth, M. H. (2009). Plio-Pleistocene East African pulsed climate variability and its influence on early human evolution. In: F. E. Grine, J. G. Fleagle and R. E. Leakey (eds.) *The First Humans: Origin and Early Evolution of the Genus Homo*, pp. 151–8. Berlin: Springer.
- Morwood, M., Soejono, R., Roberts, R. et al. Archaeology and age of a new hominin from Flores in eastern Indonesia. *Nature* 431: 1087–91. http://www.nature.com/nature/journal/v431/n7012/abs/nature02956.html – a8(2004).
- Navarette, A., van Schailk, C. P., and Isler, K. (2011). Energetics and the evolution of human brain size. *Nature* 480: 91–3.
- Niven, J. E., and Laughlin, S. B. (2008). Energy limitation as a selective pressure on the evolution of sensory systems. *Journal of Experimental Biology* 211: 1792–804.
- Osaka City University (2011). Catalogue of Fossil Hominids Database. http://gbs.ur-plaza.osaka-cu.ac.jp/kaseki/index.html
- Pawtowski, B. P., Lowen, C. B., and Dunbar, R. I. M. (1998). Neocortex size, social skills and mating success in primates. *Behaviour* 135: 357–68.
- Plavcan, J. M. (2012). Body size, size variation, and sexual size dimorphism in early *Homo*. *Current Anthropology* 53: S409–23.
- Preece, R. C., Gowlett, J. A. J., Parfitt, S. A., Bridgland, D. R., and Lewis, S. G.

(2006). Humans in the Hoxnian: habitat, context and fire use at Beeches Pit, West Stow, Suffolk, UK. *Journal of Quaternary Science* 21: 485–96.

- Provine, R. (2000). *Laughter.* Harmondsworth: Penguin Books.
- Richmond, B. G., Aiello, L. C., and Wood, B. (2002). Early hominin limb proportions. *Journal of Human Evolution* 43: 529–48.
- Roach, N. T., Venkadesan, M., Rainbow, M. J., and Lieberman, D. E. (2013). Elastic energy storage in the shoulder and the evolution of high-speed throwing in *Homo. Nature* 498: 483–7.
- Roebroeks, W., and Villa, P. (2011). On the earliest evidence for habitual use of fire in Europe. *Proceedings of the National Academy of Sciences, USA* 108: 5209–14.
- Rolland, N. (2004). Was the emergence of home bases and domestic fire a punctuated event? A review of the Middle Pleistocene record in Eurasia. *Asian Perspectives* 43: 248–80.
- Shipman, P., and Walker, A. (1989). The costs of becoming a predator. *Journal of Human Evolution* 18: 373–92.
- Shultz, S., and Dunbar, R. I. M. (2010). Social bonds in birds are associated with brain size and contingent on the correlated evolution of life-history and increased parental investment. *Biological Journal of the Linnean Society* 100: 111–23.
- Shultz, S., and Dunbar, R. I. M. (2010). Encephalisation is not a universal macroevolutionary phenomenon in mammals but is associated with sociality. *Proceedings of the National Academy of Sciences, USA* 107: 21582–6.
- Shultz, A., and Maslin, M. (2013). Early human speciation, brain expansion and dispersal influenced by African climate pulses. *PLoS One* 8: e76750.
- Simpson, S. W., Quade, J., Levin, N. E. et al. (2008). A female *Homo erectus* pelvis from Gona, Ethiopia. *Science* 322: 1089–92.
- Speth, J. D. (1991). Protein selection and avoidance strategies of contemporary and ancestral foragers: unresolved issues. *Philosophical Transactions of the Royal Society, London* 334: 265–70.
- Ungar, P. S. (2012). Dental evidence for the reconstruction of diet in African early *Homo. Current Anthropology* 53: S318–29.
- Weiner S., Xu Q., Goldberg P., Lui J., and Bar-Yosef, O. (1998). Evidence for the use of fire at Zhoukoudian, China. *Science* 281: 251–3.
- Williams, D. F., Peck, J., Karabanov, E. B. et al. (1997). Lake Baikal record of continental climate response to orbital insolation during the past 5 million years. *Science* 278: 1114–17.
- Wood, B., and Collard, M. (1999). The human genus. *Science* 284: 65–71.

- Wrangham, R. W. (2010). *Catching Fire: How Cooking Made Us Human*. New York: Basic Books.
- Wrangham, R. W., and Conklin-Brittain, N. (2003). Cooking as a biological trait. *Comparative Biochemistry and Physiology* A, 136: 35–46.
- Wrangham, R. W., and Peterson, D. (1996). *Demonic Males: Apes and the Origins of Human Violence*. New York: Houghton Mifflin.
- Wrangham, R. W., Jones, J. H., Laden, G., Pilbeam, D., and Conklin-Brittain, N. (1999). The raw and the stolen: cooking and the ecology of human origins. *Current Anthropology* 40: 567–94.
- Wrangham, R. W., Wilson, M. L., and Muller, M. N. (2006). Comparative rates of violence in chimpanzees and humans. *Primates* 47: 14–26.
- Wu, X., Schepartz, L. A., Falk, D., and Liu, W. (2006). Endocranial cast of Hexian *Homo erectus* from South China. *American Journal of Physical Anthropology* 130: 445–54.

第六章　第三次过渡：古人

- Bailey, D., and Geary, D. (2009). Hominid brain evolution. *Human Nature* 20: 67–79.
- Beals, K. L., Courtland, L. S., Dodd, S. M. et al.(1984). Brain size, cranial morphology, climate, and time machines. *Current Anthropology* 25: 301–30.
- Bergman (2013). Speech-like vocalized lip-smacking in geladas. *Current Biology* 23: R268–9.
- Arsuaga, J. L., Bermúdez de Castro, J. M., and Carbonell, E. (eds.) (1997). The Sima de los Huesos hominid site. *Journal of Human Evolution* 33: 105–421.
- Balzeau, A., Holloway, R. L., and Grimaud-Hervé, D. (2012). Variations and asymmetries in regional brain surface in the genus *Homo*. *Journal of Human Evolution* 62: 696–706.
- Bruner, E., Manzi, G., and Arsuaga, J. L. (2003). Encephalization and allometric trajectories in the genus *Homo*: evidence from the Neandertal and modern lineages. *Proceedings of the National Academy of Sciences, USA* 100: 15335–40.
- Carbonell, E., and Mosquera, A. (2006). The emergence of a symbolic behaviour: the sepulchral pit of Sima de los Huesos, Sierra de Atapuerca, Burgos, Spain. *Comptes Rendus Palevol* 5: 155–60.
- Churchill, S. E. (1998). Cold adaptation, heterochrony, and Neandertals. *Evolutionary Anthropology* 7: 46–61.
- Cohen, E., Ejsmond-Frey, R., Knight, N., and Dunbar, R. I. M. (2010). Rowers'

high: behavioural synchrony is correlated with elevated pain thresholds. *Biology Letters* 6: 106–8.

– Dunbar, R. I. M. (2011). On the evolutionary function of song and dance. In: N. Bannan (ed.) *Music, Language and Human Evolution*, pp. 201–14. Oxford: Oxford University Press.

– Dunbar, R. I. M., and Shi, J. (2013). Time as a constraint on the distribution of feral goats at high latitudes. *Oikos* 122: 403–10.

– Dunbar, R. I. M., Kaskatis, K., MacDonald, I., and Barra, V. (2012). Performance of music elevates pain threshold and positive affect. *Evolutionary Psychology* 10: 688–702.

– Foley, R. A., and Lee, P. C. (1989). Finite social space, evolutionary pathways, and reconstructing hominid behavior. *Science* 243: 901–6.

– Gunz, P., Neubauer, S., Golovanova, L. et al. (2012). A uniquely modern human pattern of endocranial development. Insights from a new cranial reconstruction of the Neandertal newborn from Mezmaiskaya. *Journal of Human Evolution* 62: 300–13.

– Gustison, M. L., le Roux, A., and Bergman, T. J. (2012). Derived vocalizations of geladas (*Theropithecus gelada*) and the evolution of vocal complexity in primates. *Philosophical Transactions of the Royal Society, London* B 367B: 1847–59.

– Holmes, J. A., Atkinson, T., Darbyshire, D. P. F. et al. (2010). Middle Pleistocene climate and hydrological environment at the Boxgrove hominin site (West Sussex, UK) from ostracod records. *Quaternary Science Reviews* 29: 1515–27.

– Joffe, T., and Dunbar, R. I. M. (1997). Visual and socio-cognitive information processing in primate brain evolution. *Proceedings of the Royal Society, London* 264B: 1303–7.

– Kirk, E. C. (2006). Effects of activity pattern on eye size and orbital aperture size in primates. *Journal of Human Evolution* 51: 159–70.

– Klein, R. G. (2000). *The Human Career: Human Biological and Cultural Origins*, 3rd edition. Chicago: Chicago University Press.

– Krings, M., Stone, A., Schmitz, R. W., Krainitzki, H., Stoneking, M., and Pääbo, S. (1997). Neandertal DNA sequences and the origin of modern humans. *Cell* 90: 19–30.

– Lalueza-Fox, C., Rosas, A., Estalrrich, A. et al. (2010). Genetic evidence for patrilocal mating behaviour among Neandertal groups. *Proceedings of the National Academy of Sciences, USA* 108: 250–53.

– McNeill, W. H. (1995). *Keeping in Time Together: Dance and Drill in Human History*. Cambridge, MA: Harvard University Press.

– Maslin, M. A., and Trauth, M. H. (2009). Plio-Pleistocene East African pulsed climate variability and its influence on early human evolution. In: F. E. Grine, J. G. Fleagle and R. E. Leakey (eds) *The First Humans: Origin and Early Evolution of the Genus Homo*, pp. 151–8. Berlin: Springer.

– Mithen, S. (2005). *The Singing Neanderthals: The Origins of Music, Language, Mind and Body.* Cambridge, MA: Harvard University Press.

– Niven, L., Steele, T., Rendu, W. et al. (2012). Neandertal mobility and large-game hunting: the exploitation of reindeer during the Quina Mousterian at Chez-Pinaud Jonzac (Charente-Maritime, France). *Journal of Human Evolution* 63: 624–35.

– Noonan, J. P., Coop, G., Kudaravalli, S. et al. (2006). Sequencing and analysis of Neanderthal genomic DNA. *Science* 314: 1113–18.

– Osaka City University (2011). Catalogue of Fossil Hominids Database. http://gbs.ur-plaza.osaka-cu.ac.jp/kaseki/index.html.

– Pearce, E., and Dunbar, R. I. M. (2012). Latitudinal variation in light levels drives human visual system size. *Biology Letters* 8: 90–93.

– Pearce, E., Stringer, C., and Dunbar, R. I. M. (2013). New insights into differences in brain organisation between Neanderthals and anatomically modern humans. *Proceedings of the Royal Society, London* 280B.

– Reed, K. E. (1997). Early hominid evolution and ecological change through the African Plio-Pleistocene. *Journal of Human Evolution* 32: 289–322.

– Reed, K. E., and Russak, S. M. (2009). Tracking ecological change in relation to the emergence of *Homo* near the Plio-Pleistocene boundary. In: F. E. Grine, J. G. Fleagle and R. E. Leakey (eds) *The First Humans: Origin and Early Evolution of the Genus Homo*, pp. 159–71. Berlin: Springer.

– Reich, R., Green, R., Kircher, M. et al. (2010). Genetic history of an archaic hominin group from Denisova cave in Siberia. *Nature* 468: 1053–60.

– Rhodes, J. A., and Churchill, S. E. (2009). Throwing in the Middle and Upper Paleolithic: inferences from an analysis of humeral retroversion. *Journal of Human Evolution* 56: 1–10.

– Richards, M. P., and Trinkaus, E. (2009). Isotopic evidence for the diets of European Neanderthals and early modern humans. *Proceedings of the National Academy of Sciences, USA* 106: 16034–9.

– Richards, M. P., Pettitt, P. B., Trinkaus, E., Smith, F. H., Paunović, M., and Karavanić, I. (2000). Neanderthal diet at Vindija and Neanderthal predation: the evidence from stable isotopes. *Proceedings of the National Academy of Sciences, USA* 97: 7663–6.

– Richards, M. P., Jacobi R., Cook, J., Pettitt, P. B., and Stringer, C. B. (2005). Isotope evidence for the intensive use of marine foods by Late Upper Palaeolithic humans. *Journal of Human Evolution* 49: 390–94.

– Roach, N. T., Venkadesan, M., Rainbow, M. J., and Lieberman, D. E. (2013). Elastic energy storage in the shoulder and the evolution of high-speed throwing in *Homo*. *Nature* 498: 483–7.

– Roberts, M. B., Stringer, C. B., and Parfitt, S. A. (1994). A hominid tibia from Middle Pleistocene sediments at Boxgrove, UK. *Nature* 369: 311–13.

– Roberts, S. B. G., Dunbar, R. I. M., Pollet, T., and Kuppens, T. (2009). Exploring variations in active network size: constraints and ego characteristics. *Social Networks* 31: 138–46.

– Saladié, P., Huguet, R., Rodríguez-Hidalgo, A. et al. (2012). Intergroup cannibalism in the European Early Pleistocene: the range expansion and imbalance of power hypotheses. *Journal of Human Evolution* 63: 682–95.

– Schmitt, D., Churchill, S. E., and Hylander, W. L. (2003). Experimental evidence concerning spear use in Neandertals and early modern humans. *Journal of Archaeological Science* 30: 103–14.

– Sutcliffe, A., Dunbar, R. I. M., Binder, J., and Arrow, H. (2012). Relationships and the social brain: integrating psychological and evolutionary perspectives. *British Journal of Psychology* 103: 149–68.

– Thieme, H. (1998). The oldest spears in the world: Lower Palaeolithic hunting weapons from Schöningen, Germany. In: E. Carbonell, J. M. Bermudez de Castro, J. L. Arsuaga and X. P. Rodriguez (eds) *Los Primeros Pobladores de Europa* [*The First Europeans: Recent Discoveries and Current Debate*], pp. 169–93. Aldecoa: Burgos.

– Thieme, H. (2005). The Lower Palaeolithic art of hunting: the case of Schöningen 13 II–4, Lower Saxony, Germany. In: C. S. Gamble and M. Porr (eds) *The Hominid Individual in Context: Archaeological Investigations of Lower and Middle Palaeolithic Landscapes, Locales and Artefacts,* pp. 115–32. London: Routledge.

– Vallverdú, J., Allué, E., Bischoff, J. L. et al. (2005). Short human occupations in the Middle Palaeolithic level I of the Abric Romaní rock-shelter (Capellades, Barcelona, Spain). *Journal of Human Evolution* 48: 157–74.

– Vaquero, M., and Pastó, I. (2001). The definition of spatial units in Middle Palaeolithic sites: the hearth related assemblages. *Journal of Archaeological Science* 28: 1209–20.

– Vaquero, M., Vallverdú, J., Rosell, J., Pastó, I., and Allué, E. (2001). Neandertal behavior at the Middle Palaeolithic site of Abric Romani, Capellades, Spain. *Journal of Field Archaeology* 28: 93–114.

– Weaver, T. D., and Hublin, J.-J. (2009). Neandertal birth canal shape and the evolution of human childbirth. *Proceedings of the National Academy of Sciences, USA* 106: 8151–6.

– Wilkins, J., Schoville, B. J., Brown, K. S., and Chazan, M. (2012). Evidence for early hafted hunting technology. *Science* 338: 942–6.

– Zollikofer, C. P. E., Ponce de León, M. S., Vandermeersch, B., and Lévêque, F. (2002). Evidence for interpersonal violence in the St Césaire Neanderthal. *Proceedings of the National Academy of Sciences, USA* 99: 6444–8.

第七章　第四次过渡：解剖学意义上的现代人

– Aiello, L. C. (1996). Terrestriality, bipedalism, and the origin of language. In: G. Runciman, J. Maynard-Smith and R. I. M. Dunbar (eds) *Evolution of Social Behaviour Patterns in Primates and Man*, pp. 269–89. Oxford: Oxford University Press.

– Aiello, L. C., and Dunbar, R. I. M. (1993). Neocortex size, group size and the evolution of language. *Current Anthropology* 34: 184–93.

– Aiello, L. C., and Wheeler, P. (2003). Neanderthal thermoregulation and the glacial climate. In: T. H. van Andel and W. Davies (eds.) *Neanderthals and Modern Humans in the European Landscape During the Late Glaciation*. Cambridge: Cambridge University Press.

– Arensburg, B., Tillier, A. M., Vandermeersch, B., Duday, H., Schepartz, L. A., and Rak, Y. (1989). A Middle Palaeolithic human hyoid bone. *Nature* 338, 758–60.

– Atkinson, Q. D., Gray, R. D., and Drummond, A. J. (2009). Bayesian coalescent inference of major human mitochondrial DNA haplogroup expansions in Africa. *Proceedings of the Royal Society, London* 276B: 367–73.

– Bailey, D., and Geary, D. (2009). Hominid Brain Evolution. *Human Nature* 20: 67–79.

– Balzeau, A., Holloway, R. L., and Grimaud-Hervé, D. (2012). Variations and asymmetries in regional brain surface in the genus *Homo*. *Journal of Human Evolution* 62: 696–706.

– Barton, R. A., and Venditti, C. (2013). Human frontal lobes are not relatively large. *Proceedings of the National Academy of Sciences, USA* to come

– Bruner, E., Manzi, G., and Arsuaga, J. L. (2003). Encephalization and allometric trajectories in the genus *Homo*: Evidence from the Neandertal and modern lineages. *Proceedings of the National Academy of Sciences, USA* 100: 15335–40.

– Burke, A. (2012). Spatial abilities, cognition and the pattern of Neanderthal and modern human dispersals. *Quaternary International* 247: 230–35.

– Caspari, R., and Lee, S.-H. (2004). Older age becomes common late in human evolution. *Proceedings of the National Academy of Sciences, USA* 101: 10895–900.

- Comas, I., Coscolla, M., Luo, T. et al. (2013). Out-of-Africa migration and Neolithic coexpansion of *Mycobacterium tuberculosis* with modern humans. *Nature Genetics* 45: 1176–82.

- Cowlishaw, C., and : Dunbar, R. I. M. (2000). *Primate Conservation Biology.* Chicago IL: Chicago University Press.

- DaGusta, D., Gilbert, W. H., and Turner, S. P. (1999). Hypoglossal canal size and hominid speech. *Proceedings of the National Academy of Sciences, USA* 96: 1800–804.

- Deacon, T. W. (1995). *The Symbolic Species: The Coevolution of Language and the Human Brain.* Harmondsworth: Allen Lane.

- Dean, C., Leakey, M. G., Reid, D. et al. (2001). Growth processes in teeth distinguish modern humans from *Homo erectus* and earlier hominins. *Nature* 414: 628–31.

- Dobson, S. D. (2009). Socioecological correlates of facial mobility in nonhuman anthropoids. *American Journal of Physical Anthropology* 139: 413–20.

- Dobson, S. D. (2012). Face to face with the social brain. *Philosophical Transactions of the Royal Society* 367B: 1901–8.

- Dobson, S. D., and Sherwood, C. C. (2011). Correlated evolution of brain regions involved in producing and processing facial expressions in anthropoid primates. *Biology Letters* 7: 86–8.

- Dunbar, R. I. M. (2012). Bridging the bonding gap: the transition from primates to humans. *Philosophical Transactions of the Royal Society, London* 367B: 1837–46.

- Dunbar, R. I. M., and Shi, J. (2013). Time as a constraint on the distribution of feral goats at high latitudes. *Oikos* 122: 403–10.

- Dunsworth, H. M., Warrener, A. G., Deacon, T., Ellison, P. T., and Pontzer, H. (2012). Metabolic hypothesis for human altriciality. *Proceedings of the National Academy of Sciences, USA* 109: 15212–16.

- Enard, W., Przeworski, M., Fisher, S. E. et al. (2002). Molecular evolution of FOXP2, a gene involved in speech and language. *Nature* 418: 869–72.

- Féblot-Augustins, J. (1993). Mobility strategies in the Late Middle Palaeolithic of central Europe and western Europe: elements of stability and variability. *Journal of Anthropological Archaeology* 12: 211–65.

- Finlay, B. L., Darlington, R. B., and Nicastro, N. (2001). Developmental structure in brain evolution. *Behavioral and Brain Sciences* 24: 263–308.

- Finlayson, C. (2010). *The Humans Who Went Extinct: Why Neanderthals Died Out and We Survived.* Oxford: Oxford University Press.

- Fisher, S. E., and Marcus, G. F. (2006). The eloquent ape: genes, brains and the evolution of language. *Nature Reviews Genetics* 7: 9–20.
- Freeberg, T. M. (2006). Social complexity can drive vocal complexity. *Psychological Science* 17: 557–61.
- Goebel, T., Waters, M. R., and O'Rourke, D. H. (2008). The late Pleistocene dispersal of modern humans in the Americas. *Science* 319: 1497–502.
- Haesler, S., Rochefort, C., Georgi, B., Licznerski, P., Osten, P., and Scharff, C. (2007). Incomplete and inaccurate vocal imitation after knockdown of FoxP2 in songbird basal ganglia nucleus Area X. *PLoS Biology* 5: e321.
- Helgason, A., Hickey, E., Goodacre, S. et al. (2001). mtDNA and the islands of the North Atlantic: estimating the proportions of Norse and Gaelic ancestry. *American Journal of Human Genetics* 68: 723–37.
- Helgason, A., Sigurðardóttir, S., Gulcher, J. R., Ward, R., and Stefánsson, K. (2000). mtDNA and the origin of the Icelanders: deciphering signals of recent population history. *American Journal of Human Genetics* 66: 999–1016.
- Henn, B., Gignoux, C., Jobin, M. et al. (2011). Hunter-gatherer genomic diversity suggests a southern African origin for modern humans. *Proceedings of the National Academy of Sciences, USA* 108: 5154–62.
- Horan, R. D., Bulte, E., and Shogren, J. F. (2005). How trade saved humanity from biological exclusion: an economic theory of Neanderthal extinction. *Journal of Economic Behavior and Organization* 58: 1–29.
- Ingman, M., Kaessmann, H., Pääbo, S., and Gyllensten, U. (2000). Mitochondrial genome variation and the origin of modern humans. *Nature, London* 408: 708–13.
- Joffe, T. H. (1997). Social pressures have selected for an extended juvenile period in primates. *Journal of Human Evolution* 32: 593–605.
- Jungers, W. L., Pokempner, A., Kay, R. F., and Cartmill, M. (2003). Hypoglossal canal size in living hominoids and the evolution of human speech. *Human Biology* 75: 473–84.
- Kay, R. F., Cartmill, M., and Balow, M. (1998). The hypoglossal canal and the origin of human vocal behaviour. *Proceedings of the National Academy of Sciences, USA* 95: 5417–19.
- Klein, R. G. (2000). *The Human Career: Human Biological and Cultural Origins*, 3rd edition. Chicago: Chicago University Press.
- Krause, J., Lalueza-Fox, C., Orlando, L. et al. (2007). The derived *FoxP2* variant of modern humans was shared with Neanderthals. *Current Biology* 17: 1908–12.
- Lahr, M. M., and Foley, R. (1994). Multiple dispersals and modern human origins. *Evolutionary Anthropology* 3: 48–60.
- Lewis, P. A., Rezaie, R., Browne, R., Roberts, N., and Dunbar, R. I. M. (2011).

Ventromedial prefrontal volume predicts understanding of others and social network size. *NeuroImage* 57: 1624–9.

– McComb, K., and Semple, S. (2005). Coevolution of vocal communication and sociality in primates. *Biology Letters* 1: 381–5.

– MacLarnon, A., and Hewitt, G. (1999). The evolution of human speech: the role of enhanced breathing control. *American Journal of Physical Anthropology* 109: 341–63.

– Martín-González, J., Mateos, A., Goikoetxea, I., Leonard, W., and Rodríguez, J. (2012). Differences between Neandertal and modern human infant and child growth models. *Journal of Human Evolution* 63: 140–49.

– Martinez, I., Rosa, M., Jarabo, P. et al. (2004). Auditory capacities in Middle Pleistocene humans from the Sierra de Atapuerca in Spain. *Proceedings of the National Academy of Sciences, USA* 101: 9976–81.

– Noble, W., and Davidson, I. (1991). The evolutionary emergence of modern human behaviour. I. Language and its archaeology. *Man* 26: 222–53.

– Osaka City University (2011). Catalogue of Fossil Hominids Database. http://gbs.ur-plaza.osaka-cu.ac.jp/kaseki/index.html

– Powell, J., Lewis, P. A., Dunbar, R. I. M., García-Fiñana, M., and Roberts, N. (2010). Orbital prefrontal cortex volume correlates with social cognitive competence. *Neuropsychologia* 48: 3554–62.

– Richards, M. P., and Trinkaus, E. (2009). Isotopic evidence for the diets of European Neanderthals and early modern humans. *Proceedings of the National Academy of Sciences, USA* 38: 16034–9.

– Semendeferi, K., Damasio, H., Frank, R., and Van Hoesen, G. W. (1997). The evolution of the frontal lobes: a volumetric analysis based on three-dimensional reconstructions of magnetic resonance scans of human and ape brains. *Journal of Human Evolution* 32: 375–88.

– Slimak, L., and Giraud, Y. (2007). Circulations sur plusieurs centaines de kilomètres durant le Paléolithique moyen. Contribution à la connaissance des sociétés néandertaliennes. *Comptes Rendus Palevol* 6: 359–68.

– Smith, T. M., Tafforeau, P., Reid, D. J. et al. (2007). Earliest evidence of modern human life history in North African early *Homo sapiens. Proceedings of the National Academy of Sciences, USA* 104: 6128–33.

– Stedman, H. H., Kozyak, B. W., Nelson, A. et al. (2004). Myosin gene mutation correlates with anatomical changes in the human lineage. *Nature* 428: 415–18.

– Stoneking, M. (1993). DNA and recent human evolution. *Evolutionary Anthropology* 2: 60–73.

– Shultz, A., and Maslin, M. (2013). Early human speciation, brain expansion and dispersal influenced by African climate pulses. *PLoS One* 8: e76750.

- Thomas, M. G., Stumpf, M. P. H., and Härke, H. (2006). Evidence for an apartheid-like social structure in early Anglo-Saxon England. *Proceedings of the Royal Society, London* 273B: 2651–7.
- Toups, M. A., Kitchen, A., Light, J. E., and Reed, D. L. (2011). Origin of clothing lice indicates early clothing use by anatomically modern humans in Africa. *Molecular Biology and Evolution* 28: 29–32.
- Uomini, N. T. (2009). The prehistory of handedness: archaeological data and comparative ethology. *Journal of Human Evolution* 57: 411–19.
- Uomini, N., and Meyer, G. (2013). Shared brain lateralization patterns in language and Acheulean stone tool production: a functional transcranial Doppler ultrasound study. *PLoS One* 8: e72693.
- Williams, A., and Dunbar, R. I. M. (2013). Big brains, meat, tuberculosis, and the nicotinamide switches: co-evolutionary relationships with modern repercussions? *International Journal of Tryptophan Research* 3: 73–88.
- Zerjal, T., Xue, Y., Bertorelle, G. et al.(2003). The genetic legacy of the Mongols. *American Journal of Human Genetics* 72: 717–21.

第八章　血缘关系、语言和文化是怎么来的

- Bader, N. O., and Lavrushin Y. A. (eds) (1998). *Upper Palaeolithic Site Sungir (graves and environment) (Posdnepaleolitischeskoje posselenije Sungir)*. Moscow: Scientific World.
- Bailey, D., and Geary, D. (2009). Hominid Brain Evolution. *Human Nature* 20: 67–9.
- Boyer, P. (2001). *Religion Explained: The Human Instincts That Fashion Gods, Spirits and Ancestors*. London: Weidenfeld & Nicholson.
- Burton-Chellew, M., and Dunbar, R. I. M. (2011). Are affines treated as biological kin? A test of Hughes' hypothesis. *Current Anthropology* 52: 741–6.
- Cashmore, L., Uomini, N., and Chapelain, A. (2008). The evolution of handedness in humans and great apes: a review and current issues. *Journal of Anthropological Science* 86: 7–35.
- Conard, N. J. (2003). Palaeolithic ivory sculptures from southwestern Germany and the origins of figurative art. *Nature* 426: 830–83.
- Curry, O., and Dunbar, R. I. M. (2013). Do birds of a feather flock together? The relationship between similarity and altruism in social networks. *Human Nature* 24: 336–47.
- Curry, O., Roberts, S., and Dunbar, R. I. M. (2013). Altruism in social networks: evidence for a 'kinship premium'. *British Journal of Psychology* 104: 283–95.

- D'Errico, F., Henshilwood, C., Vanhaeren, M., and van Niekerk, K. (2005). *Nassarius kraussianus* shell beads from Blombos Cave: evidence for symbolic behaviour in the Middle Stone Age. *Journal of Human Evolution* 48: 3–24.
- Deacon, T. W. (1995). *The Symbolic Species: The Coevolution of Language and the Human Brain*. Harmondsworth: Allen Lane.
- Dunbar, R. I. M. (1993). Coevolution of neocortex size, group size, and language in humans. *Behavioral Brain Sciences* 16: 681–735.
- Dunbar, R. I. M. (1995). On the evolution of language and kinship. In: J. Steele and S. Shennan (eds) *The Archaeology of Human Ancestry: Power, Sex and Tradition*, pp. 380–96. London: Routledge.
- Dunbar, R. I. M. (1996). *Grooming, Gossip and the Evolution of Language*. London: Faber & Faber.
- Dunbar, R. I. M. (2008). Mind the gap: or why humans aren't just great apes. *Proceedings of the British Academy* 154: 403–23.
- Dunbar, R. I. M. (2009). Why only humans have language. In: R. Botha and C. Knight (eds) *The Prehistory of Language*, pp. 12–35. Oxford: Oxford University Press.
- Dunbar, R. I. M. (2013). The origin of religion as a small scale phenomenon. In: S. Clark and R. Powell (eds) *Religion, Intolerance and Conflict: A Scientific and Conceptual Investigation*, pp. 48–66. Oxford: Oxford University Press.
- Fincher, C. L., and Thornhill, R. (2008). Assortative sociality, limited dispersal, infectious disease and the genesis of the global pattern of religion diversity. *Proceedings of the Royal Society, London* 275B: 2587–94.
- Fincher, C. L., Thornhill, R., Murray, D. R., and Schaller, M. (2008). Pathogen prevalence predicts human cross-cultural variability in individualism/collectivism. *Proceedings of the Royal Society, London* 275B: 1279–85.
- Frankel, B. G., and Hewitt, W. E. (1994). Religion and well-being among Canadian university students: the role of faith groups on campus. *Journal of the Scientific Study of Religion* 33: 62–73.
- Hamilton, W. D. (1964). The genetical evolution of social behaviour. I, II. *Journal of Theoretical Biology* 7: 1–52.
- Henshilwood, C. S., d'Errico, F., van Niekerk, K. L. et al. (2011). A 100,000-Year-Old Ochre-Processing Workshop at Blombos Cave, South Africa. *Science* 334: 219–22.
- Henshilwood, C. S., d'Errico, F., Yates, R. et al. (2002). Emergence of modern human behavior: Middle Stone Age engravings from South Africa. *Science* 295: 1278–80.
- Hughes, A. (1988). *Kinship and Human Evolution*. Oxford: Oxford University Press.

- Klein, R. G. (2000). *The Human Career: Human Biological and Cultural Origins*, 3rd edition. Chicago: Chicago University Press.
- Koenig, H. G., and Cohen, H. J. (eds) (2002). *The Link Between Religion and Health: Psychoneuroimmunology and the Faith Factor*. Oxford University Press: Oxford.
- Kudo, H., and Dunbar, R. I. M. (2001). Neocortex size and social network size in primates. *Animal Behaviour* 62: 711–22.
- Layton, R., O'Hara, S., and Bilsborough, A. (2012). Antiquity and social functions of multilevel social organization among human hunter-gatherers. *International Journal of Primatology* 33: 1215–45.
- Lehmann, J., Lee, P. C., and Dunbar, R. I. M. (2013). Unravelling the evolutionary function of communities. In: R. I. M. Dunbar, C. Gamble and J. A. J. Gowlett (eds) *Lucy to Language: The Benchmark Papers*, pp. 245–76. Oxford: Oxford University Press.
- Lewis-Williams, D. (2002). *The Mind in the Cave*. London: Thames & Hudson.
- Mesoudi, A., Whiten, A., and Dunbar, R. I. M. (2006). A bias for social information in human cultural transmission. *British Journal of Psychology* 97: 405–23.
- Mickes, L., Darby, R. S., Hwe, V. et al. (2013). Major memory for microblogs. *Memory and Cognition* 41: 481–89.
- Miller, G. (1999). Sexual selection for cultural displays. In R. I. M. Dunbar, C. Knight and C. Power (eds) *The Evolution of Culture*, pp. 71–91. Edinburgh: Edinburgh University Press.
- Nettle, D. (1999). *Linguistic Diversity*. Oxford: Oxford University Press.
- Nettle, D., and Dunbar, R. I. M. (1997). Social markers and the evolution of reciprocal exchange. *Current Anthropology* 38: 93–9.481–89.
- Osaka City University (2011). Catalogue of Fossil Hominids Database. http://gbs.ur-plaza.osaka-cu.ac.jp/kaseki/index.html
- Palmer, C. T. (1991). Kin selection, reciprocal altruism and information sharing among Maine lobstermen. *Ethology and Sociobiology* 12: 221–35.
- Redhead, G., and Dunbar, R. I. M. (2013). The functions of language: an experimental study. *Evolutionary Psychology* 11: 845–54.
- Rouget, G. (1985). *Music and Trance: A Theory of the Relations Between Music and Possession*. Chicago: University of Chicago Press.
- Silk, J. B. (1980). Adoption and kinship in Oceania. *American Anthropologist* 82: 799–820.
- Silk, J. B. (1990). Which humans adopt adaptively and why does it matter? *Ethology and Sociobiology* 11: 425–6.
- Thornhill, R., Fincher, C. L., and Aran, D. (2009). Parasites, democratization,

and the liberalization of values across contemporary countries. *Biology Reviews* 84: 113–31.

- Wiessner, P. (2002). Hunting, healing, and *hxaro* exchange: a long-term perspective on !Kung (Ju/'hoansi) large-game hunting. *Evolution and Human Behavior* 23: 1–30.

第九章　第五次过渡：新石器时代及以后

- Andelman, S. (1986). Ecological and social determinants of cercopithecine mating patterns. In: D. I. Rubenstein and R. W. Wrangham (eds) *Ecological Aspects of Social Evolution*, pp. 201–16. Princeton NJ: Princeton University Press.
- Atkinson, Q. D., and Bourrat, P. (2011). Beliefs about God, the afterlife and morality support the role of supernatural policing in human cooperation. *Evolution and Human Behavior* 32: 41–9.
- Bourrat, P., Atkinson, Q. D., and Dunbar, R. I. M. (2011). Supernatural punishment and individual social compliance across cultures. *Religion, Brain and Behavior* 1: 119–34.
- Bowles, S. (2009). Did warfare among ancestral hunter-gatherers affect the evolution of human social behaviors? *Science* 324: 1293–8.
- Bowles, S. (2011). Cultivation of cereals by the first farmers was not more productive than foraging. *Proceedings of the National Academy of Sciences, USA* 108: 4760–65.
- Bugos, P., and McCarthy, L. (1984). Ayoreo infanticide: a case study. In: G. Hausfater and S. B. Hrdy (eds) *Infanticide: Comparative and Evolutionary Perspectives*, pp. 503–20. Hawthorne: Aldine de Gruyter.
- Caspari, R., and Lee, S.-H. (2004). Older age becomes common late in human evolution. *Proceedings of the National Academy of Sciences, USA* 101: 10895–900.
- Cohen, M. N., and Crane-Kramer, G. (2007). *Ancient Health: Skeletal Indicators of Agricultural and Economic Intensification*. Gainesville, FL: University Press of Florida.
- Coward, F., and Dunbar, R. I. M. (2013). Communities on the edge of civilisation. In: R. I. M. Dunbar, C. Gamble and J. A. J. Gowlett (eds.) *Lucy to Language: The Benchmark Papers*, pp. 380–405. Oxford: Oxford University Press.
- Curry, O., and Dunbar, R. I. M. (2011). Altruism in networks: the effect of connections. *Biology Letters* 7: 651–3.

- Curry, O., and Dunbar, R. I. M. (2013). Do birds of a feather flock together? The relationship between similarity and altruism in social networks. *Human Nature* 24: 336–47.
- Curry, O., and Dunbar, R. I. M. (2013). Sharing a joke: the effects of a similar sense of humor on affiliation and altruism. *Evolution and Human Behavior* 34: 125–9.
- Daly, M., and Wilson, M. (1981). Abuse and neglect of children in evolutionary perspective. In: R. D. Alexander and D. W. Tinkle (eds) *Natural Selection and Social Behavior*, pp. 405–16. New York: Chiron Press.
- Daly, M., and Wilson, M. (1984). A sociobiological analysis of human infanticide. In: G. Hausfater and S. B. Hrdy (eds) *Infanticide: Comparative and Evolutionary Perspectives*, pp. 487–502. New York: Aldine de Gruyter.
- Daly, M., and Wilson, M. (1985). Child abuse and other risks of not living with both parents. *Ethology and Sociobiology* 6: 197–210.
- Daly, M., and Wilson, M. (1988). Evolutionary psychology and family homicide. *Science* 242: 519–24.
- Diamond, J. (2002). Evolution, consequences and future of plant and animal domestication. *Nature* 418: 700–707.
- Dietrich, O., Heun, M., Notroff, J., Schmidt, K., and Zarnkow, M. (2012). The role of cult and feasting in the emergence of Neolithic communities. New evidence from Göbekli Tepe, south-eastern Turkey. *Antiquity* 86: 674–95.
- Dunbar, R. I. M. (2000). Male mating strategies: a modelling approach. In: P. Kappeler (ed.) *Primate Males*, pp. 259–68. Cambridge: Cambridge University Press.
- Dunbar, R. I. M. (2010). Deacon's dilemma: the problem of pairbonding in human evolution. In: R. I. M. Dunbar, C. Gamble and J. A. J. Gowlett (eds.) *Social Brain, Distributed Mind*, pp. 159–79. Oxford: Oxford University Press.
- Dunbar, R. I. M. (2012). *The Science of Love and Betrayal*. London: Faber & Faber.
- Dunbar, R. I. M. (2012). Social cognition on the internet: testing constraints on social network size. *Philosophical Transactions of the Royal Society, London* 367B: 2192–2201.
- Dunbar, R. I. M. (2013). The origin of religion as a small scale phenomenon. In: S. Clark and R. Powell (eds) *Religion, Intolerance and Conflict: A Scientific and Conceptual Investigation*, pp. 48–66. Oxford: Oxford University Press.
- Dunbar, R. I. M., Lehmann, J., Korstjens, A. H., and Gowlett, J. A. J. (2014). The road to modern humans: time budgets, fission-fusion sociality, kinship and the division of labour in hominin evolution. In: R. I. M. Dunbar, C. Gamble and J. A. J. Gowlett (eds) *Lucy to Language: The Benchmark Papers*, pp. 333–55. Oxford: Oxford University Press.

- Ember, C. R., Adem, T. A., and Skoggard, I. (2013). Risk, uncertainty, and violence in Eastern Africa: a regional comparison. *Human Nature* 24: 33–58.
- Fehr, E., and Gächter, S. (2002). Altruistic punishment in humans. *Nature* 415: 137–40.
- Fibiger, L., Ahlström, T., Bennike, P., and Schulting, R. J. (2013). Patterns of violence-related skull trauma in Neolithic southern Scandinavia. *American Journal of Physical Anthropology* 150: 190–202.
- Fisher, H. E., Aron, A., and Brown, L. L. (2006). Romantic love: a mammalian brain system for mate choice. *Philosophical Transactions of the Royal Society, London* 361B: 2173–86.
- Harcourt, A. H., Harvey, P. H., Larson, S. G., and Short, R. V. (1981). Testis weight, body weight and breeding system in primates. *Nature* 293: 55–7.
- Henrich, J., Ensminger, J., McElreath, R. et al. (2010). Markets, religion, community size, and the evolution of fairness and punishment. *Science* 327: 1480–84.
- Hewlett, B. S. (1988). Sexual selection and paternal investment among Aka pygmies. In: L. Betzig, M. Borgerhoff-Mulder and P. Turke (eds) *Human Reproductive Behaviour*, pp. 263–75. Cambridge: Cambridge University Press.
- Jankowiak, W. R., and Fischer, E. F. (1992). A cross-cultural perspective on romantic love. *Ethnology* 31: 149–55.
- Johnson, A. W., and Earle, T. K. (2001). *The Evolution of Human Societies: From Foraging Group to Agrarian State*, 2nd edition. Palo Alto, CA: Stanford University Press.
- Johnson, D. D. P. (2005). God's punishment and public goods: a test of the supernatural punishment hypothesis in 186 world cultures. *Human Nature* 16: 410–46.
- Johnson, D. D. P., and Bering, J. (2009). Hand of God, mind of man. In: J. Schloss and M. J. Murray (eds), *The Believing Primate: Scientific, Philosophical, and Theological Reflections on the Origin of Religion*, pp. 26–44. Oxford: Oxford University Press.
- Knott, C. D., and Kahlenberg, S. M. (2007). Orangutans in perspective: forced copulations and female mating resistance. In: C. J. Campbell, A. Fuentes, K. C. MacKinnon, M. Panger and S. K. Bearder (2007). *Primates in Perspective*, pp. 290–305. New York: Oxford University Press.
- Lehmann, J., Korstjens, A. H., and Dunbar, R. I. M. (2007). Fission–fusion social systems as a strategy for coping with ecological constraints: a primate case. *Evolutionary Ecology* 21: 613–34.
- Lukas, D., and Clutton-Brock, T. H. (2013). The evolution of social monogamy in mammals. *Science* 341: 526–30.

- Manning, J. T. (2002). *Digit Ratio: A Pointer to Fertility, Health, and Behavior.* New Brunswick, NJ: Rutgers University Press.
- Mesnick, S. L. (1997). Sexual alliances: evidence and evolutionary implications. In: P. A. Gowaty (ed.) *Feminism and Evolutionary Biology*, pp. 207–60. London: Chapman & Hall.
- Munro, N. D., and Grosman L. (2010). Early evidence (ca. 12,000 B.P.) for feasting at a burial cave in Israel. *Proceedings of the National Academy of Sciences, USA* 107: 15362–6.
- Naroll, R. (1956). A preliminary index of social development. *American Anthropologist* 58: 687–715.
- Nelson, E., Rolian, C., Cashmore, L., and Shultz, S. (2011). Digit ratios predict polygyny in early apes, *Ardipithecus*, Neanderthals and early modern humans but not in Australopithecus. *Proceedings of the Royal Society, London* 278B: 1556–63.
- Nettle, D., and Dunbar, R. I. M. (1997). Social markers and the evolution of reciprocal exchange. *Current Anthropology* 38: 93–9.
- Norenzayan, A., and Shariff, A. F. (2008). The origin and evolution of religious prosociality. *Science* 322: 58–62.
- Opie, C., Atkinson, Q. D., Dunbar, R. I. M., and Shultz, S. (2013). Male infanticide leads to social monogamy in primates. *Proceedings of the National Academy of Sciences, USA* 110: 13328–32.
- Palchykov, V., Kaski, K., Kertész, J., Barabási, A.-L., and Dunbar, R. I. M. (2012). Sex differences in intimate relationships. *Scientific Reports* 2: 320.
- Palchykov, V., Kertész, J., Dunbar, R. I. M., and Kaski, K. (2013). Close relationships: a study of mobile communication records. *Journal of Statistical Physics* 151: 735–44.
- Pérusse, D. (1993). Cultural and reproductive success in industrial societies: testing the relationship at the proximate and ultimate levels. *Behavioral and Brain Sciences* 16: 267–322.
- Putnam, R. D. (2000). *Bowling Alone: The Collapse and Revival of American Community.* New York: Simon and Schuster.
- Reno, P. L., Meindl, R. S, McCollum, M. A., and Lovejoy, C. O. (2003). Sexual dimorphism in *Australopithecus afarensis* was similar to that of modern humans. *Proceedings of the National Academy of Sciences, USA* 100: 9404–9
- Roberts, S. B. G., and Dunbar, R. I. M. (2011). The costs of family and friends: an 18-month longitudinal study of relationship maintenance and decay. *Evolution and Human Behavior* 32: 186–97.
- Roberts, S. B. G., and Dunbar, R. I. M. (2011). Communication in social networks: effects of kinship, network size and emotional closeness. *Personal Relationships* 18: 439–52.

– Roes, F. L., and Raymond, M. (2003). Belief in moralizing gods. *Evolution and Human Behavior* 24: 126–35.
– van Schaik, C. P., and Dunbar, R. I. M. (1991). The evolution of monogamy in large primates: a new hypothesis and some critical tests. *Behaviour* 115: 30–62.
– Sosis, R., and Alcorta, C. (2003). Signaling, solidarity, and the sacred: the evolution of religious behavior. *Evolutionary Anthropology* 12: 264–74.
– Stanford, D., and Bradley, B. (2002). Ocean trails and prairie paths? Thoughts about Clovis origins. In: N. G. Jablonski (ed.) *The First Americans: The Pleistocene Colonization of the New World*, pp. 255–71. San Francisco: California Academy of Sciences.
– Sutcliffe, A., Dunbar, R. I. M., Binder, J., and Arrow, H. (2012). Relationships and the social brain: integrating psychological and evolutionary perspectives. *British Journal of Psychology* 103: 149–68.
– Ulijaszek, S. J. (1991). Human dietary change. *Philosophical Transactions of the Royal Society, London* 334B: 271–9.
– Voland, E., and Engel, C. (1989). Women's reproduction and longevity in a premodern population (Ostfriesland, Germany, 18th century). In: A. E. Rasa, C. Vogel and E. Voland (eds.) *The Sociobiology of Sexual and Reproductive Strategies*, pp. 194–205. London: Chapman & Hall.
– Walker, R. S., and Bailey, D. H. (2013). Body counts in lowland South American violence. *Evolution and Human Behavior* 34: 29–34.
– Watts, D. P. (1989). Infanticide in mountain gorillas: new cases and a reconsideration of the evidence. *Ethology* 81: 1–18.
– Wilson, M., and Mesnick, S. L. (1997). An empirical test of the bodyguard hypothesis. In: P. A. Gowaty (ed.) *Feminism and Evolutionary Biology*. London: Chapman & Hall.

图书在版编目（CIP）数据

人类的演化 / (英) 罗宾·邓巴著; 余彬译 . -- 修
订版 . -- 上海: 上海文艺出版社, 2023
(鹈鹕丛书)
ISBN 978-7-5321-8746-1

Ⅰ.①人… Ⅱ.①罗…②余… Ⅲ.①人类进化
Ⅳ.① Q981.1

中国国家版本馆 CIP 数据核字 (2023) 第 084179 号

出 品 人: 毕　胜
责任编辑: 肖海鸥
特约编辑: 王怡翾　刘　漪

书　　名: 人类的演化（修订版）
作　　者: ［英］罗宾·邓巴
译　　者: 余　彬
出　　版: 上海世纪出版集团　　上海文艺出版社
地　　址: 上海市闵行区号景路 159 弄 A 座 2 楼 201101
发　　行: 上海文艺出版社发行中心
　　　　　上海市闵行区号景路 159 弄 A 座 2 楼 206 室 201101 www.ewen.co
印　　刷: 苏州市越洋印刷有限公司
开　　本: 787×1092　1/32
印　　张: 12.5
字　　数: 195,000
印　　次: 2023 年 6 月第 1 版　2023 年 6 月第 1 次印刷
I S B N: 978-7-5321-8746-1/C.099
定　　价: 72.00 元
告 读 者: 如发现本书有质量问题请与印刷厂质量科联系 T: 0512-68180628